U0920716

中国当代
青年建筑师 Ⅷ

上册

CHINESE CONTEMPORARY YOUNG ARCHITECTS Ⅷ

何建国 主编

图书在版编目（CIP）数据

中国当代青年建筑师. Ⅷ. 上册 / 何建国主编. —
天津 ：天津大学出版社，2020.1
ISBN 978-7-5618-6589-7

Ⅰ. ①中… Ⅱ. ①何… Ⅲ. ①建筑师－生平事迹－中
国－现代②建筑设计－作品集－中国－现代 Ⅳ.
①K826.16②TU206

中国版本图书馆CIP数据核字(2019)第276168号

封面：广州市城市规划勘测设计研究院/作品
——2010年第十六届亚洲运动会开闭幕式场地——海心沙
［详见上册内文P203］

中国当代青年建筑师Ⅷ（上册）
ZHONGGUO DANGDAI QINGNIAN JIANZHUSHI Ⅷ

顾　　问　程泰宁　何镜堂　黄星元　刘加平　罗德启　马国馨　张锦秋　钟训正
主　　任　彭一刚
委　　员　戴志中　蒋涤非　李保峰　李翔宁　刘克成　刘宇波　梅洪元
　　　　　覃　力　仝　晖　魏春雨　吴　越　徐卫国　翟　辉　郑　炘
编　　辑　中联建文（北京）文化传媒有限公司
支持单位　筑博设计股份有限公司
统　　筹　何显军
编辑部主任　王红杰
编　　辑　丁海峰　李天华　雷方　刘享　宋玲　唐然　汪杰　赵晶晶　张瑞
美术设计　何世领
策划编辑　油俊伟　田　园
责任编辑　油俊伟
投稿热线　13920487878

出版发行　天津大学出版社
地　　址　天津市卫津路92号天津大学内（邮编：300072）
电　　话　发行部：022—27403647　邮购部：022—27402742
网　　址　publish.tju.edu.cn
印　　刷　北京盛通印刷股份有限公司
经　　销　全国各地新华书店
开　　本　230mm×300mm
印　　张　23.25
字　　数　703千
版　　次　2020年1月第1版
印　　次　2020年1月第1次
定　　价　380.00元

封底：浙江大学建筑设计研究院有限公司/作品
——宁海县会展中心
［详见下册内文P9］

中国当代青年建筑师VIII 战略合作伙伴

CHINESE CONTEMPORARY YOUNG ARCHITECTS VIII

www.cadri.cn

中国中元国际工程有限公司

www.ippr.com.cn

上海建筑设计研究院有限公司

www.isaarchitecture.com

北京市建筑设计研究院有限公司

BEIJING INSTITUTE OF ARCHITECTURAL DESIGN

www.biad.com.cn

广东省建筑设计研究院

Architectural Design and Research Institute of Guangdong Province

www.gdadri.com

www.chinacuc.com

同济大学建筑设计研究院（集团）有限公司

www.tjadri.com

上海中房建筑设计有限公司

www.shzf.com.cn

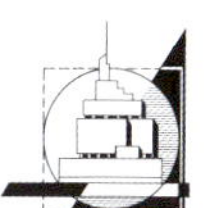

佛山市顺德建筑设计院股份有限公司

www.sdadi.com

新疆建筑设计研究院

www.xadi.com.cn

西安建筑科技大学

XI'AN UNIVERSITY OF ARCHITECTURE AND TECHNOLOGY

建筑设计研究院

www.xjdsjy.com

UAD

Architectural Design & Research Institute of Zhejiang University Co., Ltd.

www.zuadr.com

清华大学 建筑设计研究院有限公司

ARCHITECTURAL DESIGN & RESEARCH INSTITUTE OF TSINGHUA UNIVERSITY CO., LTD.

www.thad.com.cn

航天建筑设计研究院有限公司

www.jzsj.casic.cn

东南大学建筑设计研究院有限公司

ARCHITECTS & ENGINEERS CO., LTD. OF SOUTHEAST UNIVERSITY

adri.seu.edu.cn

重庆大学建筑设计研究院有限公司

sjy.cqu.edu.cn

www.zhubo.com

哈尔滨工业大学建筑设计研究院

The Architectural Design and Research Institute of HIT

www.hitadri.cn

中国当代青年建筑师VIII 战略合作伙伴

CHINESE CONTEMPORARY YOUNG ARCHITECTS VIII

上海现代建筑设计（集团）有限公司
现代都市建筑设计院

www.xd-ad.com.cn

中机中联工程有限公司

www.cmtdi.com

中国中建设计集团有限公司

www.ccdg.cscec.com

清华同衡
T-H-U-P-D-i

北京清华同衡规划设计研究院有限公司

www.thupdi.com

启迪设计集团股份有限公司
Tus-Design Group Co., Ltd.

www.tusdesign.com

深圳市建筑设计研究总院有限公司

www.sadi.com.cn

广州市城市规划勘测设计研究院

www.gzpi.com.cn

中衡设计集团股份有限公司

www.artsgroup.cn

www.scutad.com.cn

www.gxupdi.com

CCTN 筑境设计
DESIGN

杭州中联筑境建筑设计有限公司

www.acctn.com

CCDI悉地国际

www.ccdi.com.cn

中旭建筑设计有限责任公司

www.zpad.cc

上海三益建筑设计有限公司

www.sunyat.com

中广电广播电影电视设计研究院

www.drft.com.cn

浙江南方建筑设计有限公司

www.zsad.com.cn

重庆市设计院

www.cqadi.com.cn

山东省建筑设计研究院有限公司
Shandong Provincial Architectural Design & Research Institute Co., Ltd.

www.sdad.cn

中国当代青年建筑师 VIII

上册目录

CHINESE CONTEMPORARY YOUNG ARCHITECTS VIII

中国当代青年建筑师 VIII

上册目录

CHINESE CONTEMPORARY YOUNG ARCHITECTS VIII

132

方晔

中国联合工程有限公司

140

冯昶

湖南省建筑设计院有限公司

148

高建宇

中国建筑标准设计研究院有限公司

156

高英志

哈尔滨工业大学建筑设计研究院

164

关巍

悉地国际设计顾问（深圳）有限公司

170

黄琳

中衡设计集团股份有限公司

178

黄晓群

中国中元国际工程有限公司

186

何金生

航天建筑设计研究院有限公司

194

洪悦

深圳大学建筑设计研究院有限公司

中国当代青年建筑师 VIII

上册目录

CHINESE CONTEMPORARY YOUNG ARCHITECTS VIII

艾宏波

职务：西安建筑科技大学建筑设计研究院副院长
副总建筑师
职称：高级工程师
执业资格：国家一级注册建筑师

教育背景

1989年—1993年　西安冶金建筑学院建筑学学士

工作经历

1993年至今　西安建筑科技大学建筑设计研究院

个人荣誉

2016年中国中西部地区土木建筑杰出建筑师
参编陕西省复合自保温免拆模板构造图集技术审定
2018年国家工程建设规范《住宅项目规范》）编制组专家

主要设计作品

延安新区超高层中央活力区综合体
西安交大创新港医院
宝鸡大剧院
西安地方电力大厦
荣获：2019年陕西省优秀工程勘察设计三等奖
2013年西安建筑科技大学艺术创作三等奖
东方航空城A区
荣获：2019年陕西省优秀工程勘察设计三等奖
2013年西安建筑科技大学艺术创作二等奖
太白县海棠度假酒店
荣获：2019年陕西省优秀工程勘察设计三等奖
2015年西安建筑科技大学艺术创作二等奖
西安腾讯双创小镇展览馆
荣获：2018年西安建筑科技大学艺术创作一等奖
宝鸡千阳酒店
荣获：2016年西安建筑科技大学艺术创作一等奖
西部机场集团航空地面服务中心
荣获：2013年陕西省优秀设计二等奖
西咸新区泾河新城产业孵化中心
荣获：2012年西安建筑科技大学艺术创作二等奖
西安张家堡地铁控制中心
荣获：2011年西安建筑科技大学艺术创作二等奖

西安建筑科技大学建筑设计研究院成立于1958年，隶属于西安建筑科技大学，是西安建筑科技大学产、学、研一体化的综合设计研究机构及教学实习和研究生培养基地。具有建筑工程设计、工程咨询、工程造价咨询、工程监理甲级资质，风景园林工程设计、建材行业专项甲级资质，市政、冶金行业专项乙级资质，并通过ISO9001质量管理体系认证。2012年该院荣获当代中国建筑设计百家名院称号。

设计院现有工程技术人员300余人。其中中国工程院院士2人，教授、研究员、教授级高级工程师、高级职称以上100余人。国家各类注册师131人，其中国家一级注册建筑师28人、二级注册建筑师5人、注册城市规划师3人、一级注册结构工程师40人、二级注册结构工程师3人、注册设备工程师28人、注册咨询工程师12人、注册造价工程师10人、注册岩土工程师2人。有近一半的技术人员具有硕士以上学位，并拥有一批具有较高学术造诣的技术带头人。

设计院现设有三个建筑院、钢结构装配式建筑专项设计研究院、既有建筑改造更新专项设计研究院、两个综合设计所、建筑经济所、市政工程设计研究所、建材设计研究所、消防技术咨询研究所、建筑智能化设计研究所、建筑幕墙设计所、体育场馆规划设计研究所、方案创作中心、文化遗产研究中心、城市设计协同创新中心、特色小镇与美丽乡村规划设计研究中心、城市规划与文化旅游研究中心、BIM研究中心、信息中心、工程管理分院及施工图审查中心等机构。

设计院依托于西安建筑科技大学深厚广博的学术、科研及教学资源，作为建筑学院、艺术学院、土木工程学院、环境与市政工程学院和管理学院等院系教学、科研、实践相结合的重要基地，使该院在学术研究与科技成果的转化和应用方面具备了得天独厚的优势。设计院十分重视国际交流合作，目前，已和多个国家的科研机构、设计单位保持着良好的合作关系。

设计院正以全新的设计理念、独特的设计风格，融汇中外优秀传统建筑文化，溯本求源、大胆创新，以优质的技术服务于社会。遵循着“求源创新、精设广厦”的院训，承载梦想，演绎经典，构筑着城市生活的美好未来。西安建筑科技大学建筑设计研究院正以自强不息、奋发有为的精神，继续向中国建筑设计事业辉煌的高峰迈进。

地址：陕西省西安市雁塔路13号
邮编：710055
电话：029-82205131
传真：029-82205131
网址：www.xjdsjy.com
电子邮箱：xjdsjy@xauat.edu.cn

太白县海棠度假酒店

Taibai County Haitang Resort Hotel

项目业主：宝鸡建安集团
建设地点：陕西 宝鸡
建筑功能：酒店建筑
建筑面积：44 370平方米
设计时间：2015年
项目状态：建成
设计单位：西安建筑科技大学建筑设计研究院
主创设计：艾宏波、杨哲明

建筑呈“品”字形格局，围合开阔的主入口空间的同时分别形成各自面向城市的入口。客房区以院落的形式分别设于酒店公共部分的西南和东南两侧，以争取南侧大面积的景观资源。建筑体量以园林化的方式布局，散落在用地之中。

西侧的翠矶山是太白县最显著的山景资源。在酒店的整体布局中，尽量将用地撑开，屏蔽掉周边嘈杂的环境；同时充分利用场地东西向长的特点，为更多的客房赢得可以眺望翠矶山景的视野，营造更加自然的内部环境。

设计塑造与太白县城气质相融的酒店建筑形式，对双坡顶的选择主要是考虑太白县环境特点。设计师希望通过一种更加轻松、朴素的建筑形式去契合当地特有的自然气质，连同院落和景观用地，一同融入山景中去。

西部机场集团航空地面服务中心

West Airport Service Center

项目业主：西部机场集团
建设地点：陕西 西安
建筑功能：办公建筑
建筑面积：22 000平方米
设计时间：2008年
项目状态：建成
设计单位：西安建筑科技大学建筑设计研究院
主创设计：艾宏波、孔黎明

本项目位于西安市高新区，地理位置优越。设计从西安古城的文化符号中提取元素，结合西部机场集团的现代企业特质，打造具有地方文化印记，反映企业精神内涵的建筑形象。

建筑立面以西安古城墙的窗洞为灵感，用现代材料手法表现。整齐划一的立面结构单元包裹了整栋建筑，强化了建筑体量的雕塑感。

方案将生态化、人性化的办公理念融入对建筑空间的塑造中。多处设置的通高空间将阳光、绿化、空气、景观等自然元素引入建筑内部，实现阳光办公理念，为员工创造高品质工作环境，激发工作热情，提高工作效率。建筑形态如同飘逸的丝带，混凝土与玻璃的体量穿插，浑厚与轻盈的结合，使建筑凸显出与众不同的特点。

西安张家堡地铁控制中心

Xi'an Zhangjiabu Metro Control Center

项目业主：西安市地下铁道有限责任公司
建设地点：陕西 西安
建筑功能：办公建筑
建筑面积：55 000平方米
设计时间：2011年
项目状态：建成
设计单位：西安建筑科技大学建筑设计研究院
主创设计：艾宏波、马纯立、蔡晓方

本项目地处古都西安，是城市的重要标志性建筑，设计的目的是使它既富有地域的特色，同时又体现地铁控制中心这一特殊职能建筑的特点与内涵。

设计过程中力求表达建筑庄严的气质与威严的气度，同时又体现人性化的关怀。整体设计从西安汉唐文化提取符号，用于建筑表达，对称的布局、出挑深远的屋檐、中式的线脚与构件，都是对历史文化的呼应，同时又表现出现代办公建筑的时代特征。

立面设计主要以竖向线条为主，通过玻璃幕墙与竖向石材的穿插，消解横向的建筑体量，简洁、明快，突出建筑的雄伟、挺拔。

整座建筑各部分颜色相互之间既有强列对比，乂和谐统一，顶部屋檐的出挑深远，给人以舒展、飘逸、大气之感。

西安腾讯双创小镇展览馆

Xi'an Tencent Shuangchuang Town Exhibition Hall

项目业主：迈科集团
建设地点：陕西 西安
建筑功能：展览建筑
用地面积：30 973平方米
建筑面积：5 510平方米
设计时间：2018年
项目状态：建成
设计单位：西安建筑科技大学建筑设计研究院
主创设计：艾宏波、陈超、常方祎、Jacques

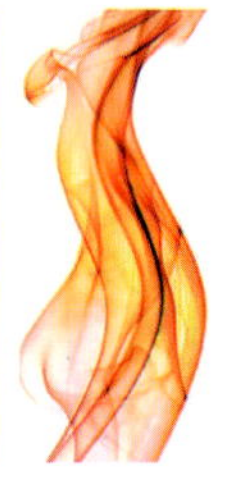

英国人沃利斯(John Wallis)首次提出用“∞”符号来表示“无穷大”。“无穷”的数学性质呼应了此建筑对于科技、智慧的定位。

腾讯宣称要用数字经济为中国企业铺就一条新“丝绸之路”，并提出中国的数字文化产品就是一种“新丝绸”。

根据以上两个概念，设计师将建筑形体采用了莫比乌斯带的形式来组合，带两面的东西就代表两个独立事物（“互联网科技”与“丝绸”）。莫比乌斯带在此的意义就是融合，是两个世界再交融：科技与传统的碰撞，共建数字丝绸之路。

设计哲学旨在唤起一个能够模拟现代生活的二元现实空间，在虚拟和现实之间进行游戏。

宝鸡大剧院

Baoji Grand Theatre

项目业主：宝鸡市人民政府
建设地点：陕西 宝鸡
建筑功能：文化建筑
用地面积：30 000平方米
建筑面积：44 000平方米
设计时间：2019年
项目状态：在建
设计单位：西安建筑科技大学建筑设计研究院
主创设计：艾宏波、常方祎、Jacques

作为城市入口的核心标志，建筑承载着展示宝鸡整体形象的重要作用。通过对宝鸡文化的挖掘与梳理，提取宝鸡城市精神中“闻鸡起舞、开放创新”的要义，将凤凰作为建筑的主要灵感来源。

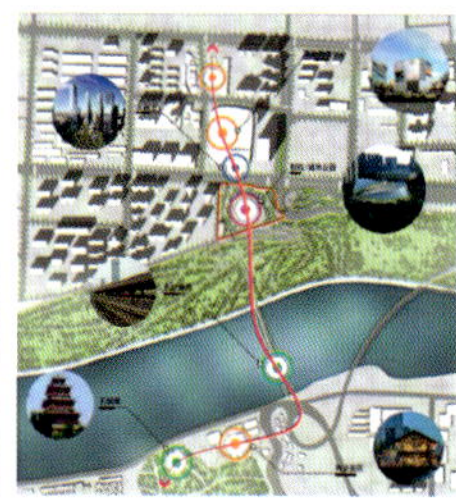

设计理念：凤凰来仪、渭水秋歌、石鼓文化。

本项目作为城市入口的核心标志，建筑承载着展示宝鸡整体形象的重要作用。通过对宝鸡文化的挖掘和梳理，提取宝鸡城市精神中“闻鸡起舞、开放创新”的要义，将凤凰作为建筑的主要灵感来源。

鸟瞰建筑时，又像三片羽毛随河边清风漂浮在基地上。由金台大道远观建筑，似凤凰向宝鸡文化中心石鼓阁腾空，寓意宝鸡将以文化服务为踏板，携带着人民进取与时代感召的精神力量，在现代化大都市进程中不断展翅高飞。

设计从基地周边自然公园、金融商业、居住社区的割裂形态入手，通过剧院及其周围环境的塑造，打造以文化艺术休闲为主题，联动周边功能元素的完整步行生态链。将原有片区激活为城市标志性的文化组团中心，构建艺术文化、绿色生态、金融商业三位一体的新型都市生态圈。

柏如超

职务： E+C水易石创建筑工作室暨上海易创建筑设计有限公司执行董事、总建筑师
职称： 高级工程师
执业资格： 国家一级注册建筑师

教育背景
1991年—1995年　安徽建筑大学建筑学学士

工作经历
1995年—2001年　合肥市建筑设计研究院
2001年—2003年　中国轻工业上海设计院
2003年—2010年　上海现代建筑设计（集团）有限公司
2006年　创立上海易创建筑设计有限公司
2011年　联合水石国际创立 E+C水易石创建筑工作室

个人荣誉
荣获：2017年国际人居生态建筑规划设计方案竞赛年度杰出设计师奖

主要设计作品
上海陆家嘴中央公寓
荣获：2006年上海市优秀设计奖
都江堰市新闻中心
荣获：2010年四川省优秀设计二等奖
上海市优秀设计三等奖
宁波南苑环球国际大酒店
荣获：2009年中国建筑学会优秀设计入围奖
盛世龙城
荣获：2016年国际人居生态建筑规划方案设计竞赛建筑、规划双金奖（中国建筑学会）
中国驻多哥使馆新建馆舍工程
枞阳县客运中心工程
中国轻纺城仓储物流中心
浙江蓝天影视文化中心
遵义东欣广场城市综合体
上海公安学院改扩建工程
东黄山谭家桥国际小镇产业策划和城市设计
成都龙樾湾
龙山徽韵

2007 年，柏如超先生创立了上海易创建筑设计有限公司，是基于“专业化”和“综合化”的设计咨询机构。十多年来，易创设计公司多次在全国有一定影响力的设计项目招标中中标，在业界获得了良好声誉。

公司业务内容包括前期策划、规划业务咨询及工程规划设计、建筑设计、园林景观设计、室内设计等。公司重视项目的全过程设计，坚持“精品设计”理念，以严谨务实、精益求精的工作方法和可靠完善的组织团队来完成各项设计任务。

2011 年，根据公司战略发展需要，为进一步提升易创设计竞争力，联合一线地产设计名企水石国际，整合创立了以“E+C水易石创”品牌为核心的建筑创作工作室，产生了更多颇具影响力的设计精品。

2016 年，易创设计荣获中国建筑学会主办的“2016 国际人居生态建筑规划方案设计竞赛杰出设计单位奖”。

地址：上海市徐汇区古宜路188号
A栋301室
电话：021-64286968
13918252709
传真：021-64286962
网址：www.ecad.sh.cn
电子邮箱：ecad_sh@126.com

成都龙樾湾

Chengdu Longyue Bay

项目业主：北京城建成都地产有限公司
建设地点：四川 成都
建筑功能：居住建筑
用地面积：199 980平方米
建筑面积：1 000 000平方米
设计时间：2011年—2014年
项目状态：建成
设计单位：上海水石建筑规划设计股份有限公司
E+C水易石创建筑工作室
设计团队：柏如超、李云辉、黄恕

本项目地处天府新区的战略核心区域，与亚洲最大的“五湖四海”城市森林湿地公园咫尺相隔，独享长约800米的公园景观面，让整个项目被公园亲密包围，拥有独一无二的景观资源，汲取无可限量的生态价值。“C”字形剧院式全景布局，户户直面公园美景，将风景线融入生活。700余米的中央龙湾水系，南北纵向贯穿整个社区，带来灵动的生活体验。

精细化设计流程控制和全程跟踪确保本项目得到高还原性实施，印证了项目团队的高度专业化和综合化。

中国轻纺城仓储物流中心

China Textile City Storage Logistics Center

项目业主：中国轻纺城市场开发建设有限公司
建设地点：浙江 绍兴
建筑功能：物流建筑
用地面积：68 931平方米
建筑面积：742 99平方米
设计时间：2007 年
项目状态：建成
设计单位：上海现代华盖建筑设计研究院有限公司（设计主体）
上海易创建筑设计有限公司（设计顾问）
设计团队：柏如超、马晓强、徐惠春

本项目设计采用国际先进的物流及报关办公设计理念，充分体现现代化、国际化、大型物流仓储中心特有的建筑风格。物流中心面对传统和现代交界的建筑形式以及具有包容态度的空间环境形态，对其进行有机组织并使之升华，使该区具有多样性、多层次的环境特性和形象特质，增强物流中心的创新性、包容性和整体性。

立面采用几何方块简洁的造型、钢构架玻璃等现代材料的组合、图案的多次灵活使用等手法，将独具轻纺城特色的物流仓储中心呈现于世人面前：办公建筑舒展大气、稳重简洁；仓储库房立面采用颇有轻纺面料肌理的处理手法和简洁的造型组合，仓储侧墙幕墙设计与办公楼呼应。

浙江蓝天影视文化中心

Zhejiang Blue Sky Film and Culture Center

项目业主：浙江华联置业公司
建设地点：浙江 绍兴
建筑功能：文化、商业建筑
用地面积：55 502平方米
建筑面积：117 000 平方米
设计时间：2008年
项目状态：建成
设计单位：上海现代华盖建筑设计研究院有限公司（设计主体）
上海易创建筑设计有限公司（设计顾问）
设计团队：柏如超、马晓强、徐惠春

设计是基于建筑师对绍兴这一历史悠久文化名城的认识以及对剧场这一特定功能的理解基础上产生的，考虑到影视文化中心位于绍兴的重要位置，设计中充分尊重城市的历史文脉关系及相应的城市空间，将优秀的建筑艺术与高超的技术相结合，创造具有鲜明个性与独特风格的文化和商业建筑。

立面造型的灵感来自优美精致的复古木制钢琴，造型中运用简单的几何元素进行形体组合，使整个建筑外形千变万化，从不同的角度获得不同的建筑造型，宛如舞台上不断变化的布景，充满戏剧效果。每当夜幕降临，大剧场内明亮的灯光透过大厅幕墙和顶棚映射在空中，色彩斑斓，在这里光与音乐交相辉映，使影视文化中心成为绍兴的一道亮丽风景线。

外墙材料主要采用石材与铝合金半透明幕墙及点式透明玻璃幕墙相结合，深灰、米黄、砖红三种颜色的花岗石互相衬托，仿如凝重的古典音乐，而透明的玻璃幕墙宛如轻快的圆舞曲，轻盈而悠扬，充分表现出现代文化建筑的特性。

枞阳县客运中心工程

Passenger Transportation Center Project of Zongyang County

项目业主：枞阳县县城汽车站迁建工作领导小组办公室
建设地点：安徽 枞阳
建筑功能：交通建筑
用地面积：40 003平方米
建筑面积：13 500平方米
设计时间：2011年—2014年
项目状态：建成
设计单位：上海华东建设发展设计有限公司（设计主体）
上海易创建筑设计有限公司（设计顾问）
设计团队：柏如超、刘萌萌、徐明杰

整体构思中，客运站房设计成优美的圆弧流线型。

建筑主体的曲线象征着水的流动，同时“流”也寓意人群的流动；建筑的玻璃屋顶从建筑主体中穿插出来成为整个建筑的视觉中心点，象征着矗立的山体，强调一个“穿”字；建筑屋顶曲线形的雨棚象征着扬帆，寓意枞阳经济扬帆远航、不断发展，体现一个“扬”字。“山河扬波，川流不息”，正是对枞阳经济发展和对外交往之间相辅相成、密不可分的完美诠释。

景观空间构思顺应整体规划与建筑设计理念，取意生活中餐布上精美餐具摆放的场景，从简单的图形中抽象联想，运用排比的线条铺底，利用绿植修剪成型，模仿纯天然景观的野趣美，以规则式的地形和植物来组织绿地景观，体现浓郁的生活情趣。

盛世龙城

Shengshi Longcheng

项目业主：安徽宗诚置业有限公司
建设地点：安徽 枞阳
建筑功能：居住建筑、商业综合体
用地面积：333 500平方米
建筑面积：880 000平方米
设计时间：2010年—2013年
项目状态：一二期建成
设计单位：上海易创建筑设计有限公司
设计团队：柏如超、李云辉、徐明杰

盛世龙城，一个承载连城湖新梦想的综合滨水社区，此次设计力图在建立起完备功能要素的基础之上，创造一个以人为本，具有鲜明滨水特色，充满活力的以休闲度假文化为主题，形态紧凑、层次清晰、功能明确、有机混合的空间结构。

作为连城湖新的旅游居住商业中心，在建立起具有强烈吸引力的高起点形象的同时，应特别注重形成可持续发展平台，以便周边地块的健康快速发展，为区域发展提供充足的动力、基础设施及人气。

杨晋女士拥有27年一线建筑设计及管理经验，擅长最大限度地整合建筑设计、技术开发及项目工程要求，以实现项目及客户的目标。在20多年的设计实践中，主持完成了涵盖商业综合体、超高层、产业园、高端居住等多类型、高完成度的多个项目，在建筑设计、工程技术和项目管理等领域，特别是功能复杂、对技术要求较高的项目方面积累了丰富的经验。近年在装配式建筑领域也有深入的研究和实践。在工作中倡导宜居性和可持续性的设计原则，致力于一体化及精细化的设计实践。

代表项目有深圳京基滨河时代广场、深圳天安云谷一期、长沙保利国际广场、东莞长安万科中心、惠州万科双月湾二期、广州富力东山新天地广场、阳江保利顺峰北洛秘境等。

2012年—2017年担任万科深圳"梦享家"系列装配式标准化定型产品研发的设计总负责人，研发成果运用于1.0系列产品包括万科公园里三期和四期、深圳金域九悦花园、金域中央花园二期、金域揽峰花园、紫悦山花园、天誉花园二期等；2.0系列产品包括深圳万科星城、万科麓山、万科光明项目等。

杨晋

职务：筑博集团高级副总裁、副总建筑师
筑博城市建筑设计公司总经理
职称：高级建筑工程师
执业资格：国家一级注册建筑师

教育背景

西北建筑工程学院 城市规划学士
北京大学光华管理学院 高级工商管理硕士

工作经历

1992年—1994年 甘肃省建筑勘察设计院
1994年—1996年 深圳建筑设计研究总院
1996年至今 筑博设计股份有限公司

个人荣誉

中国建筑学会资深会员
深圳市住建局建筑设计专家库专家
东莞市建筑工程专家库专家
2012年深圳土木建筑协会"十佳中青年技术精英"
2017年深圳市优秀装配式建筑设计师
2018年深圳市杰出青年建筑师

主持过的重大工程

深圳京基滨河时代广场
深圳天安云谷一期
广州富力东山新天地广场
东莞长安万科中心
长沙保利国际广场
深圳华强广场
深圳金地中心
东莞酷派天安云谷
鹤山十里方圆商业中心
深圳中海鹿丹名苑
深圳万科臻山府
深圳万科公园里花园三、四期
深圳万科麓城B、C、E地块
深圳万科星城
深圳万科蛇口公馆
武汉首地塔子湖项目
西安天地源·丹轩坊
西安天地源·兰亭坊
阳江保利顺峰北洛秘境
深圳万科惠州双月湾二、三期
三亚海棠华著
三亚土福湾福湾一号
鹤山十里方圆幼儿园
鹤山十里方圆小学

主要获奖作品

深圳京基滨河时代广场
荣获：2017年全国优秀工程勘察设计二等奖
2017年广东省优秀工程勘察设计二等奖
2016年深圳市优秀工程勘察设计一等奖
2015年"美居奖"南赛区中国最美商业综合体
深圳天安云谷一期03-02地块
荣获：2017年全国优秀工程勘察设计二等奖
2017年广东省优秀工程勘察设计二等奖
2016年深圳市优秀工程勘察设计一等奖
2016年金盘奖年度最佳产业地产奖
深圳中海鹿丹名苑
荣获：2018年中国土木工程詹天佑优秀住宅小区金奖
东莞长安万科中心
荣获：2014年东莞市优秀勘察设计二等奖
长沙保利国际广场B2、B3栋
荣获：2017年广东省优秀工程勘察设计三等奖
2016年深圳市优秀工程勘察设计二等奖
广州富力东山新天地广场F1-F3栋
荣获：2016年深圳市优秀工程勘察设计公建二等奖
2016年第十一届金盘奖年度最佳综合楼盘
阳江保利顺峰北洛秘境
荣获：第十三届金盘奖全国最佳旅游度假区奖
深圳金地中心
荣获：2018年深圳建筑创作奖（施工图类）金奖
深圳万科星城
住宅地块荣获：2018年深圳建筑创作奖（未建成类）金奖
公建地块荣获：2018年深圳建筑创作奖（未建成类）银奖
东莞酷派天安云谷
荣获：2017年深圳建筑创作奖（未建成类）二等奖
深圳万科惠州双月湾二—四期
荣获：2017年广东省优秀工程勘察设计三等奖
2016年深圳市优秀工程勘察设计二等奖
深圳金域九悦花园
荣获：2016年深圳市优秀工程勘察设计二等奖
鹤山十里方圆商业中心
荣获：2012年广东省岭南特色建筑设计铜奖
2010年深圳市优秀工程勘察设计二等奖
鹤山十里方圆住宅
荣获：2010年深圳市优秀工程勘察设计三等奖
鹤山十里方圆小学
荣获：2012年深圳市优秀工程勘察设计二等奖
鹤山十里方圆幼儿园
荣获：2012年深圳市优秀工程勘察设计三等奖

筑博设计股份有限公司成立于1996年，2012年正式改制为股份制公司，是具有建筑设计甲级资质、城市规划甲级资质、市政（道路、桥梁、给水工程）乙级资质和风景园林乙级资质的综合设计机构，会聚专业技术及管理人才1 800余人，其中25%人员拥有中高级职称、博士学位，国家一级注册建筑师、国家一级注册结构工程师、国家注册规划师、国家注册公用设备工程师、国家注册电气工程师、国家注册造价工程师共150余人。

公司现任中国勘察设计协会理事，深圳市城市规划学会常任理事单位，深圳市勘察设计行业协会副会长。一直以来，公司致力于打造设计全产业链与建筑技术开发综合解决方案服务商，业务范围涵盖了城市规划、建筑工程、建筑智能化、室内装饰、风景园林、照明工程、设计咨询。

筑博的战略是以深圳总部为核心辐射全国，在北京、上海、重庆、西安、佛山、武汉、成都等地拥有分支机构，形成总部——区域公司一体化的管控模式。根据市场及专业特点进行专业化细分，设置了城市规划、城市综合体、度假酒店、办公建筑、医疗建筑、文教体育建筑、居住建筑、绿色建筑、BIM技术、工厂化住宅、建筑智能化、室内设计等专业部门和机构，并配备经验丰富的精英设计团队。筑博设计的项目，覆盖全国30个省级行政区100个地级市，得到了社会各界的好评，并多次获奖，多个项目成为深圳乃至全国颇具影响力的精品工程。

地址：深圳市福田区车公庙泰然六路雪松大厦B座5-6层
座机：0755-83347155
网址：www.zhubo.com
电子邮箱：cssj@zhubo.com

深圳京基滨河时代广场

Shenzhen Kingkey Riverside Times Plaza

项目业主：深圳市京基房地产开发有限公司
建设地点：广东 深圳
建筑功能：商业、办公、酒店、商务公寓、住宅综合体建筑
用地面积：53 277平方米
建筑面积：532 613 平方米
设计时间：2009年—2014年
项目状态：建成
设计单位：筑博设计股份有限公司
设计团队：杨为众、杨晋、曾小飞、马镇炎、钟锦招、赵雪峰、郑潜程、龙浩、徐新伟、李强、黄曙光、汪清、朱旭、刘红

设计构思：京基滨河时代项目地块位于深圳市福田区西南端滨海的下沙片区，是一大型城市旧改项目，周边环境复杂，公共配套散乱且不够完善。但同时也给项目提供了契机：可以塑造复合功能的城市公共场所和形成有活力的片区聚合中心。同时达到与周边的交通、生活、休闲、娱乐进行无缝联结的目的。基于本项目的这一切入点，设计采用的策略是将商业空间向城市开放，形成一些能和周边发生关联的城市开放广场，并将这些城市广场进行巧妙串联，形成一条具有穿越体验的城市商业内街。它将给片区提供一个高质量的城市公共空间，同时能更好地激发商业活力，聚集更多商业人流。

空间塑造：城市商业内街设计塑造了一种城市开放空间，使建筑具有城市性、社会性。更重要的是这些空间不仅给人提供了购物的场所，还提供了人与人之间的交流途径。它是联系各商业体的一条纽带。下沉广场的设置，形成重要商业节点，聚集商业人气。中庭的设置，使人们在建筑中的行走变成一种不断流动的认识过程，增加了空间的趣味性。空中连廊的引入巧妙地利用水平的交通元素来解决道路带来的空间距离问题，有效地增强了地块间的商业联系。

造型与立面设计：项目立面设计风格现代、简洁、大气。在形体上既强调纵横向的差异对比，又寻求整体上的相互融合；既注重体量感的塑造，又注意细节上的刻画。建筑在形象上具有强列的标识感，体量简洁但富有力度。在色彩上通过冷暖两种色调，形成对比但又不失统一的风格，办公及酒店采用玻璃幕墙冷色调以强调其公建特点，商业、公寓、住宅采用暖色调石材形成温馨的生活氛围，使建筑更具人情味。

广州富力东山新天地广场

Guangzhou R&F Properties Dongshan Xintiandi Plaza

项目业主：广州富力地产股份有限公司
建设地点：广东 广州
建筑功能：商业、办公、公寓、住宅综合体建筑
用地面积：44 288 平方米
建筑面积：260 272平方米
设计时间：2011年
项目状态：建成
设计单位：筑博设计股份有限公司
设计团队：杨为众、杨晋、曾小飞、邴潜程、Colin、梅扬、蓝素芬、钟锦招、刘湘宁、陈丽莎、洪晗

本项目位于广州市越秀区与天河区的交界处，邻广州大道。属于超大型建筑综合体，集办公、公寓、商业、住宅、大型地下停车场于一体。针对项目用地狭长、分散、容积率高的基地特征，采用线性布局来强调与周边的良好关系。办公楼采用板式平面提高使用率，同时拥有较大的景观延展面，布局上通过东西方向的错动减弱对还迁住宅的压迫感，同时在东北侧形成尺度良好的城市广场。

办公塔楼设计角部采用化整为零的策略，既减小了高容积率的建筑体量对街道产生的压迫感，又使建筑形体更加轻盈，体量更为挺拔。办公主塔楼作为本区地标，形象应追求其独特性，体量处理上通过折面的语言来形成一种简洁、有力的造型。住宅和公寓以同样手法呼应，形成和谐统一的群造型。立面风格简约中蕴含丰富，统一中不失对比。在住宅和公寓用地内打造一条商业内街，同时与办公和会所用地形成连续的商业界面。

深圳天安云谷一期

Shenzhen Tian'an Cloud Park Phase I

项目业主：深圳天安骏业投资发展有限公司
建设地点：广东 深圳
建筑功能：产业研发用房、商业建筑
用地面积：27 378平方米
建筑面积：289 339平方米
设计时间：2012年—2014年
项目状态：建成
设计单位：筑博设计股份有限公司
设计团队：杨晋、毛厚德、靳克之、张实、徐新伟、龚少越、朱美霞、杨慧来、余中平、黄雪超、朱旭、吴少光、姜殿儒、谢波

天安云谷一期项目位于深圳市龙岗区坂雪岗科技城内，是坂雪岗科技城的“率先启动示范项目”、深圳市产业升级示范与城市更新示范项目、深圳市“十二五规划”重大规划建设项目。

项目由4座塔楼、4层裙房、3层地下车库组成，容积率为7.6。由于本项目容积率较高，设计力求将高容积率转化为高聚集性，将两个地块通过一个巨型的跨街“云平台”相连，并结合“云带”“主街”“共享”等创新设计理念，使园区底层连成一整片共享“云空间”。园区内人群从工作空间下降到“云空间”进行散步、交流、参观、就餐、健身等活动时，都拥有一整片“云”，从而在建筑规划层面上达到了不重复建设，高度体现“云计算”的共享精神。

阳江保利顺峰北洛秘境

Yangjiang Poly Shunfeng Bunlos Secret Land

项目业主：保利集团、顺峰集团

建设地点：广东 阳江

建筑功能：公寓、别墅、商业建筑

用地面积：237 490平方米

建筑面积：180 807平方米（一期）

设计时间：2015年—2017年

项目状态：建成

设计单位：筑博设计股份有限公司

设计团队：杨晋、陈伟平、陆芳莹、伏亚力、周曙光、李霄、张靖、余颖、孟凯、陈靖敏

规划轴线关系

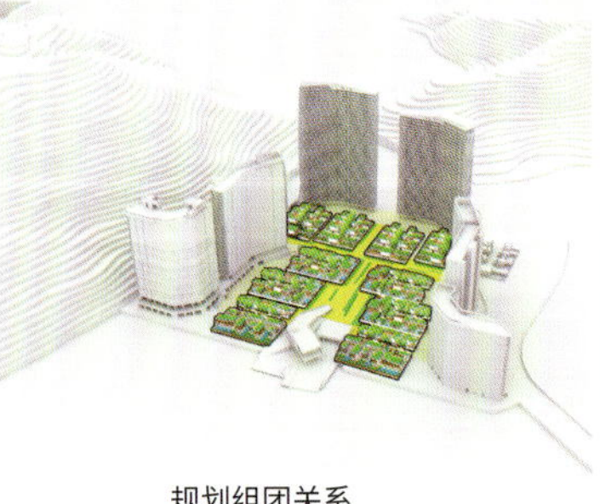

规划组团关系

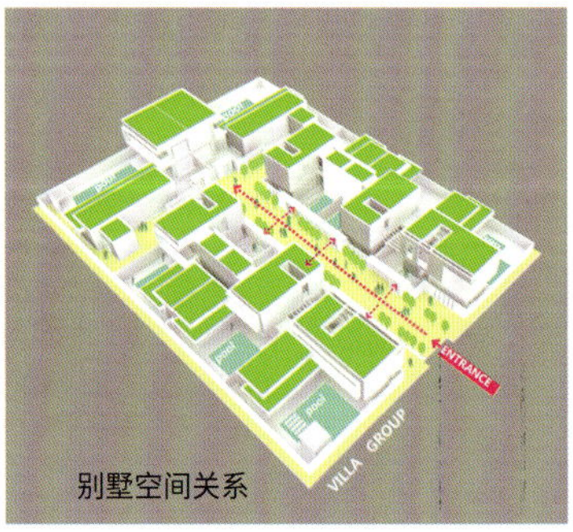

别墅空间关系

会所空间关系

本项目位于风景如画的阳江海陵岛，场地背山面海，自然条件优越，规划设计以尊重自然、融于自然、实现与自然有意义的接触为驱动理念。使生活空间与山海之间的互动产生感性融合，形成一个平静安宁的环境。

公寓、商业、别墅采用了线条简洁的现代度假风格，建筑室内外休闲空间的打造适宜当地气候，宛如由地面自然生长起来的会所和天际泳池静候将为之惊叹的游客。

惠州万科双月湾二—四期

Huizhou Vanke Shuangyue Bay Phase II-IV

项目业主：深圳万科房地产有限公司
建设地点：广东 惠州
建筑功能：住宅、公寓、酒店建筑
用地面积：1 136 000平方米
建筑面积：1 298 800平方米
设计时间：2015年—2017年
项目状态：建成
设计单位：筑博设计股份有限公司
设计团队：杨晋、周剑、游霞、龙浩、陈书敏、陈皓、周亚亮、史硕、黄凯熙、刘勇智、林丽锋

本项目位于广东省惠州市，建筑包含了公寓、住宅、酒店、商业及小区配套设施等。新型的复合型滨海度假社区以其前瞻性的规划理念与产品理念为双月湾注入了新的活力，使其成为粤港澳大湾区名副其实的第二居所。

鹤山十里方圆商业中心

Heshan Shilifangyuan Commercial Center

项目业主：方圆地产控股有限公司　　建设地点：广东 鹤山
建筑功能：商业建筑　　用地面积：1 864平方米
建筑面积：5 890平方米
设计时间：2007年—2009年
项目状态：建成
设计单位：筑博设计股份有限公司
设计团队：杨晋、龙浩、樊锐、禹平、马镇炎、蔡锦晨、周祖寿、袁少宁

鹤山十里方圆商业中心位于项目的主要入口地段，位置优越。在项目设计上充分营造一个开放的空间环境，北面倚山，三面环水，一层设亲水平台，大跨度大悬挑的结构设计、现代中式的建筑风格、独具匠心的内外空间营造，是该项目的一大亮点。

深圳万科定型产品——梦享家系列

Shenzhen Vanke Stereotyped Products—Dream Home Series

项目业主：深圳万科房地产有限公司
建设地点：广东 深圳
建筑功能：住宅建筑
设计时间：2013年—2018年
设计单位：筑博设计股份有限公司
设计团队：杨晋、郑潜程、陈书敏、焦践、陈莉、曾小飞、陈皓、田媛、陈曦、张晋、廖星、蓝素芬、姜威、陈靖敏、何柳维

万科梦享家1.0系列运用标准化定型产品，同时开发五个项目。率先以模数化、标准化、精细化、性能化设计的理念，满足工业化施工要求，在快速开发建设中保证项目品质。先后建成公园里三四期、金域揽峰花园、金域领峰花园、金域九悦花园、万科嘉悦山花园等项目。1.0产品系列的落地，为装配式建筑大规模落地带来了跃进式的发展，是住宅产业化阶段的新突破。

万科麓城

万科公园里三四期

万科金域九悦花园

万科嘉悦山花园

万科梦享家2.0系列是继1.0系列后的产品升级。住宅部分高层、超高层塔楼全部达到深圳装配式建筑认定要求。预制外墙板、预制楼梯、预制阳台、预制内墙板、高精度地坪、铝膜板施工等工业化做法全面覆盖所有塔楼。在装配式预制构件设计中，从超高层结构体系、构造做法防水节点、室内空间使用多维度优化设计，将产品功能与预制构件更好地结合起来。2.0产品系列，亦从城市—社区—产品三个层面细致推敲设计，在产品定型的同时，设计品质有了更大的提升。

万科沙井上星项目

万科麓山国际

万科和风轩住宅项目

包海泠

职务：上海中房建筑设计有限公司董事、总建筑师助理、建筑一所所长

教育背景

1994年—1999年　同济大学建筑学学士

工作经历

1999年至今　上海中房建筑设计有限公司

个人荣誉

2018年上海市杰出中青年建筑师提名奖

主要设计作品

杭州和家园紫园
荣获：全国优秀工程设计行业住宅小区三等奖
　　　2010年上海优秀住宅设计一等奖
黄浦中心大厦
荣获：2011年全国优秀工程设计行业建筑工程三等奖
　　　2011年上海市优秀工程设计二等奖
新凯家园三期
荣获：2013年全国保障性住房优秀设计专项奖三等奖
南通山水壹号
荣获：2014年上海市优秀住宅设计一等奖
新江湾城首府
荣获：2014年上海市优秀住宅设计二等奖
世茂香槟湖（三期）
荣获：2016年上海市优秀住宅设计二等奖
上海万源御境
荣获：2018年上海市优秀住宅设计二等奖

龚革非

职务：上海中房建筑设计有限公司建筑一所总建筑师
职称：高级工程师
执业资格：国家一级注册建筑师

教育背景

1990年—1995年　重庆大学建筑学学士

工作经历

1995年—1997年　上海城乡建筑设计院
1997年至今　上海中房建筑设计有限公司

个人荣誉

2018年上海市杰出中青年建筑师提名奖

主要设计作品

嘉兴江南润园
荣获：2009年上海市建筑学会第三届建筑创作奖居住类一等奖
　　　2010年上海市优秀城乡规划设计三等奖
　　　2012年上海青年建筑设计师“金创奖”入围奖
上海市静安区125号地块旧城改造项目
静鼎安邦
荣获：2006年上海市优秀住宅设计一等奖
　　　2006年第五届上海国际青年建筑师作品展项目类二等奖
明园森林都市
荣获：2015年上海市建筑学会第六届建筑创作佳作奖
　　　2015年度上海绿色建筑贡献奖
常熟世茂高层办公
荣获：2013年上海市优秀勘察设计三等奖
松江区佘山凤尾苑
荣获：2018年上海市优秀住宅设计三等奖
合肥美好紫蓬山1号
荣获：2018年第十三届“金盘奖”华中地区最佳预售楼盘奖

陆臻

职务：上海中房建筑设计有限公司董事、总建筑师助理、建筑二所所长
执业资格：国家一级注册建筑师

教育背景

1993年—1998年　同济大学建筑学学士
1999年—2002年　同济大学建筑学硕士

工作经历

1998年—1999年　上海中房建筑设计有限公司
2002年至今　上海中房建筑设计有限公司

个人荣誉

2018年上海市杰出中青年建筑师提名奖

主要设计作品

上海浦东九间堂别墅
荣获：2005年上海市优秀城市规划设计三等奖
　　　2007年上海市优秀住宅设计一等奖
万科公望别墅
荣获：2010年上海市建筑创作佳作奖
　　　2012年上海市优秀工程设计一等奖
　　　2013年全国优秀工程勘察设计三等奖
杭州万科良渚文化村郡西别墅
荣获：2013年上海市建筑创作优秀奖
　　　2016年上海市优秀住宅设计二等奖
　　　2017年全国优秀工程勘察设计二等奖
杭州良渚柳映坊
杭州万科良渚文化村随园嘉树
荣获：2017年上海市优秀住宅设计一等奖
　　　2018年全国优秀工程勘察设计一等奖
苏州筑园会所
荣获：2012年上海青年建筑设计师“金创奖”入围奖
世博会挪威国家馆
佘北大型居住区
荣获：2018年上海市优秀住宅设计一等奖
上海西藏南路养老院
松江国乐广场

黄涛

职务：上海中房建筑设计有限公司建筑二所总建筑师
执业资格：国家一级注册建筑师

教育背景
1995年—2000年　浙江大学建筑学学士

工作经历
2000年至今　上海中房建筑设计有限公司

主要设计作品
万科公望别墅
荣获：2010年上海市建筑创作佳作奖
　　　2012年上海市优秀工程设计一等奖
　　　2013年全国优秀工程勘察设计三等奖
杭州万科良渚文化村郡西别墅
荣获：2013年上海市建筑创作优秀奖
　　　2016年上海市优秀住宅设计二等奖
　　　2017年全国优秀工程勘察设计二等奖
香港新世界花园
荣获：2011年上海市优秀工程设计二等奖
嘉定黄渡新城
荣获：2013年上海市优秀工程咨询成果三等奖
嘉兴万科吴越
仁恒三亚海棠湾
南京仁恒凤凰山居温泉会所

朱亮

职务：上海中房建筑设计有限公司建筑五所所长
职称：高级工程师
执业资格：国家一级注册建筑师

教育背景
1995年—2000年　同济大学建筑学学士

工作经历
2000年至今　上海中房建筑设计有限公司

主要设计作品
宁波广洋海尚国际
荣获：2010年中国人居最佳建筑设计方案金奖
上海新江湾尚景园
荣获：2012年度上海优秀住宅设计一等奖
上海黄浦区五里桥路人才公寓
荣获：2012年“我最喜欢的保障房”设计创新奖
　　　2017年上海市建筑创作提名奖
上海日月光中心
宁波万科江东府
宁波万科翡翠滨江
华润宁波公园道
华润南通中心

上海中房建筑设计有限公司创建于1979年，是上海建筑界有影响的甲级综合性设计公司，从项目前期策划、规划、建筑、室内、景观、人防以及设计总包、设计咨询、设计审图、施工监理等各个环节，对项目建造的全过程提供设计服务和技术支持。

中房建筑采用由主要管理、技术骨干持股的股份制运作模式，依托各学科专业人才的团队协作，秉承精品建筑全程控制的设计理念，创作富于建筑理想及专业精神的原创作品，在国家、省市级建筑专业评奖中累计获奖近200余项。

中房建筑目前主营为全国50强房地产企业提供设计服务，在高端住宅领域，创作出上海融创滨江壹号院、国信世纪海景园、宁波万科江东府、宁波万科翡翠滨江等作品；在养老地产领域，完成高端养老项目杭州万科良渚文化村随园嘉树，开创中国社区养老新模式；在旅游商业地产领域，与万科地产集团合作，完成良渚文化村等项目。

中房建筑重视技术进步和专业领先，是上海较早组建BIM团队的设计公司，也是上海住宅发展中心装配式建筑设计骨干单位。目前，中房建筑已获得各种专利技术10余项，并获得高新技术企业认定。

地址：上海黄浦区中华路1600号19楼
电话：021-63855600/63777780
传真：021-63188563
网址：www.shzf.com.cn
电子邮箱：marketing@shzf.com.cn

本项目地处闹市区，周边环境复杂，设计秉承“精品建筑全程控制”的理念，规划注重周边景观价值，尽可能降低建筑密度，提高绿地率并与城市环境相协调。建筑形体简洁方正、色彩稳重，采用玻璃与石材相结合的单元式幕墙，现代而不失精致。室内及环境设计注重与建筑立面风格和材料相协调，入口大堂的墙、地、顶以及室外地坪、花坛等均采用石材或仿石材料、使建筑内外浑然一体，强化现代化办公品质。

黄浦中心大厦

Huangpu Center Building

项目业主：上海众鑫资产经营有限公司
建设地点：上海
建筑功能：办公建筑
用地面积：5 728平方米
建筑面积：22 900平方米
设计时间：2010年
项目状态：建成
设计单位：上海中房建筑设计有限公司
主创设计：包海泠

融创海越府

Sunac Haiyue Mansion

项目业主：嘉兴融创新地置业有限公司
建设地点：浙江 嘉兴
建筑功能：居住建筑
用地面积：69 626平方米
建筑面积：20 048平方米
设计时间：2018年
项目状态：在建
设计单位：上海中房建筑设计有限公司
主创设计：包海泠

本项目以中式建筑为基调，运用现代手法，打造具有东方文化韵味的现代中式城市别墅。设计秉承传统院落文化，发挥江南水乡文化特色，融传统建筑的典雅、江南园林的韵味、现代住宅的精致于一体，打造底蕴深厚的新中式文化社区。

海越府承续传统院落之精髓，将四方围合的院落、凹凸有致的质感立面与舒适空间规制等设计语汇融合运用。进入一方院落，独特的青石墙围合成真正的私家院落，居住其中，享受自在怡然的庭院生活，可赏院中佳景，观四季更迭。

明圆当代美术馆

Mingyuan Contemporary Art Museum

项目业主：上海东北明园实业有限公司
建设地点：上海
建筑功能：文化建筑
建筑面积：13 192平方米
设计时间：2014年
项目状态：建成
设计单位：上海中房建筑设计有限公司
主创设计：龚革非
获奖情况：2015年上海绿色建筑贡献奖

本项目位于上海电气集团造纸机械有限公司原址，原址由3～4个巨型厂房及配套办公仓库、辅助车间等组成。包含高层、多层、低层住宅以及旧厂房改造的会所和一幢高层办公楼。

设计改建的原则是“修旧如旧，新旧并置，新建协调”。将保留的大跨度厂房改建为艺术中心，充分利用原厂房屋架构成建筑立面，采用玻璃与清水红砖相结合的手法，通过中央玻璃内庭花园与办公建筑连接，红砖勾缝，延续原址建筑文脉。竖向挺拔的办公楼与水平延展的艺术中心形成对比，立面的比例关系既形成视觉冲击，又延续了原址的城市文脉。同时保留原厂区废弃的钢板、龙门架、生产机械、料斗、运输铁轨等作为小区景观，记录城市发展历史。

本项目地处嘉兴市新塍镇，该镇是一个典型的江南水乡古镇，至今仍存在许多明清建筑、古桥及水巷。设计依托古镇自然人文景观，力求创作出符合当地地域特色、有着深厚传统文化底蕴、满足现代人物质及精神要求的高档住宅区。

“院落”空间为住宅生活提供了不可缺少的户外活动场地，并与院外嘈杂的公共环境隔离开来。宅院之间设计成围合式花园组团，形成半私密组团交往空间。

“人家尽枕河”为典型江南水乡的写照。规划中通过对自然河道的梳理，把最大部分豪华的低层住宅区布置为临水格局，既增添了组团的私密性，又创造出饶有情趣的水岸生活，体现意在水乡的设计主旨。

嘉兴江南润园

Jiaxing Jiangnan Runyuan

项目业主：嘉兴市嘉地润园房地产开发公司
建设地点：浙江 嘉兴
建筑功能：居住建筑
用地面积：245 000平方米
建筑面积：173 000平方米
设计时间：2016年
项目状态：建成
设计单位：上海中房建筑设计有限公司
主创设计：龚革非

杭州万科良渚文化村随园嘉树

Hangzhou Vanke Liangzhu Culture Village Suiyuan Jiashu

项目业主：浙江万科南都房地产有限公司
建设地点：浙江 杭州
建筑功能：养老公寓
用地面积：63 852平方米
建筑面积：76 784平方米
设计时间：2015年
项目状态：建成
设计单位：上海中房建筑设计有限公司
主创设计：陆臻

本项目设计根据社会老年化的特点，尊重老年人喜爱聚居的行为方式，引入了“群”的概念，创造出适宜老年人聚居的场所。结合山地特征，顺应地势地形，关注无障碍设计。将西高东低的地势处理成几个台地，利用台地的高差形成沿山层层叠叠的丰富天际线。同时利用高差设置配套公建和地下车库，一方面减少土方开挖量，另一方面最大化利用了景观资源。利用“十字形庭院”的设计，将各个景观空间和功能空间串联起来，并与各个居住组团相连。

考虑到中国老年人传统观念和居家养老方式，采用居家养老型居住单元设计，由一室一厅一卫与两室两厅一卫两种户型为主，一梯四户，每个户型均有2个开间朝南。着眼于老年人居住氛围的营造，采用广场、内院、廊道等多种空间，塑造富于变化和亲切宜人的生活体验。

苏州筑园会所

Suzhou Zhuyuan Club

项目业主：上海中房建筑设计有限公司
建设地点：江苏 苏州
建筑功能：会所建筑
建筑面积：420平方米
设计时间：2007年
项目状态：建成
设计单位：上海中房建筑设计有限公司
主创设计：陆臻

项目以“保护与再利用”为基本原则，采用“保护第一，局部更新”，在保护、保留的同时，将绿色、可持续的理念融入其中，使筑园能够融入现代生活。

保护：充分保护原有建筑内外部分主要建筑特征，通过巧妙安排，使得传统建筑足以承载现代使用功能，对传统空间进行现代演绎，从而最大限度保护原建筑。

再利用：遵循“整新以新，和而不同”的原则，对内部空间及结构材料进行谨慎更新。充分利用面积不大的天井和院落采光、通风和景观功能，优化内部空间，凸现苏州当地建筑的空间设计特色。

机能更新：对于需要改造的建筑局部、细部和室内装修，采用现代手法，以体现“新老有别”的设计思想，营造传统建筑氛围中的现代生活情趣。

南京仁恒凤凰山居温泉会所

Nanjing Yanlord Phoenix Mountain Residence Hot Spring Club

项目业主：仁恒置地南京有限公司
建设地点：江苏 南京
建筑功能：会所建筑
建筑面积：2 676平方米
设计时间：2017年
项目状态：建成
设计单位：上海中房建筑设计有限公司
主创设计：黄涛

背城望山，是设计的原点，而山中云雾缭绕和温泉水汽蒸腾若隐若现的感觉，则是此地触发的设计灵感。项目采用开放式陶棍幕墙，用玻璃与陶棍格栅组合，创造出连续透明、半透明、不透明的表皮，模糊室内与室外的边界，贴近温泉的本质，让建筑融入周围的自然环境。

设计沿着不规则的用地边界进行形体分解，先形成一个不规则的四边形基座，在敦实的基座上，三层体量上围绕迎向老山森林公园的大露台，切割成三个彼此分隔的坡屋顶，削弱建筑整体体量感，以“V”字形的姿态拥抱自然。而入口处用三角形的大雨棚落客区向外侧延伸，使形体更为舒展。

背城望山，是视线控制的基本原则。朝向城市的一面尽量以实体相对，不开窗或少开窗，渐渐过渡到沿山一侧全开放的玻璃幕墙。而随着建筑高度的增加，沿山的景致也逐渐不同，为收纳近景、中景、远景，外表皮的开放度也各自有别。以陶棍构成的双层幕墙，则中和了实与虚的冲突感，使整体更加均衡。

杭州万科良渚文化村郡西别墅

Hangzhou Vanke Liangzhu Culture Village Junxi Villa

项目业主：浙江万科南都房地产有限公司
建设地点：浙江 杭州
建筑功能：居住建筑
用地面积：114 146平方米
建筑面积：78 138平方米
设计时间：2012年
项目状态：建成
设计单位：上海中房建筑设计有限公司
主创设计：黄涛

设计充分考虑项目所处的历史人文环境，定位为可持续发展的绿色生态型高档休闲度假社区，充分挖掘地块潜力，完美体现“山居”的独特氛围。项目规划根据地形特点，将地块自东向西分为平地组团和山地组团，单体采用合院联排住宅的形式，立面造型采用四坡屋顶，通过具有符号性的独特细部节点，营造一种粗野中不乏精致，乡土中又不乏诗意的居住建筑意境，使整体造型既符合杭州良渚地区的区域特质，又符合山地建筑这个特定的场地条件。

宁波万科翡翠滨江

Ningbo Vanke Emerald Riverside

项目业主：宁波欢乐海岸置业有限公司
建设地点：江浙 宁波
建筑功能：居住建筑
用地面积：67 527平方米
建筑面积：185 373平方米
设计时间：2016年
项目状态：建成
设计单位：上海中房建筑设计有限公司
主创设计：朱亮

设计以流动的江水为意向，建筑布局如书法中行书一般行云流水，点线结合，一气呵成。高度则结合航空限高形成的高度控制线，从24层至18层，东北高西南低，勾勒出完整灵动的天际线，形成丰富灵动的城市界面。

高层建筑立面以水平曲线为主题，塑造出简洁现代的流线型建筑形象。配合LED泛光设计，不论日夜均可成为滨江的一抹亮色。位于滨江路的住区主入口亦是亮点之一，通透的空中酒吧，曲线形的入口内院，开阔的观江平台。如果把整个住区完整连续的建筑群比作一根优美的项链，主入口就如同那个夺目的翡翠吊坠，成为项目的点睛之笔。

华润宁波公园道

China Resources Ningbo Park Road

项目业主：宁波轨道交通华润置地有限公司
建设地点：浙江 宁波
建筑功能：居住建筑
用地面积：58 000平方米
建筑面积：153 803平方米
设计时间：2017年
项目状态：在建
设计单位：上海中房建筑设计有限公司
主创设计：朱亮

设计目标是将项目整体打造成海曙区具有代表性的活力社区，将地块外部与内部资源紧密联系，运用组团间开口将交通资源、景观资源、商业资源整合形成住区生活纽带。沿整个地块外围布置景观绿带，形成充满活力的“城市绿带”。地块南侧靠近主要交通及住区出入口处设置轻型商业，集社区功能型商业与服务型商业于一体，打造功能完备的“商业街区”。内部组团设置个性区域，适应年轻人的不同爱好，形成专业定制的“个性社区”。

示范园设计秉承东方传统礼序文化内涵，寻求自然之境，追求“天人合一”的意蕴，营造闲居的理想居住方式。用起承转合的空间手法，展示公园道带来的生活品质以及宁静中的繁华。主入口通过增加四周墙体及地面，营造界线分明的内外空间，使得三重礼序空间逐层展开。大门通过长方形石材斜切，与金属压边搭配，强调雕塑感，形成“门为礼”的仪式感和归属感。

边挺

职务：汉嘉设计集团股份有限公司第三建筑设计研究院院长
职称：高级工程师
执业资格：国家一级注册建筑师

教育背景

1995年—2000年　浙江工业大学建筑工程学院学士
2000年—2002年　浙江大学建筑工程学院硕士

工作经历

2000年—2004年　汉嘉设计集团股份有限公司建筑师
2004年—2007年　汉嘉设计集团股份有限公司创作中心创作所主任
2007年至今　汉嘉设计集团股份有限公司第三建筑设计研究院院长

主要设计作品

成都汉嘉国际社区
新湖仙林翠谷
瘦西湖唐郡
卡森王庭世家
无锡聆湖美墅
野风山
昆仑府
莱德绅华府
北京华夏金山岭休闲度假酒店
武汉东湖会
嘉善度假酒店
徐公岛度假别墅项目
金隅·中铁诺德都会森林
西安长安里·1912项目
歌斐颂巧克力小镇
黄果树魅丽小镇

汉嘉设计集团股份有限公司第三建筑设计研究院

汉嘉设计集团股份有限公司（原浙江城建设计集团股份有限公司）成立于20世纪90年代初，公司自成立之日起，设计了大批富有影响力的建筑作品。作为全国民营设计行业中领军的设计公司，公司努力打造成为设计界的航空母舰。作为其下属第三建筑设计研究院，团队主要致力于高端住宅和旅游地产的规划设计，尤其在低密度联排别墅领域已经取得了实质性的成果。近几年来，更是在各地先后设计了一系列富有当地特色的新型度假休闲项目，得到业主的高度认可。未来，除了在已有的优势领域精益求精外，团队更会在新的设计领域积极探索，不断设计出优秀的新作品。

地址：杭州市湖墅南路501号
电话：0571-89975113
传真：0571-89975113
网址：www.cnhanjia.com

西安长安里·1912项目

Chang'anli 1912 Project in Xi'an

项目业主：西安新玖一九一二文化产业发展有限公司
建设地点：陕西 西安
建筑功能：商业、酒店建筑
用地面积：41 900平方米
建筑面积：113 073平方米
设计时间：2019年
项目状态：在建
设计单位：汉嘉设计集团股份有限公司
主创设计：边挺、赵维

本项目由于地理位置的特殊性，更强调历史人文氛围的营造。力求为人们提供舒展身心、感受历史的诗意环境。

西安厚重的历史文化不仅仅给本项目带来了得天独厚的优势，更赋予了项目展示西安新面貌的历史责任。在规划建设过程中，在展示新时代、新面貌的同时，延续西安的历史文化，将西安的精神注入商业街区中。

在进行方案规划时，采用了《周礼·考工记》中描述的“匠人营国，方九里，旁三门。国中九经九纬，经涂九轨。左祖右社，面朝后市，市朝一夫”布局模式，方正大气，体现古都的风范。这样的规划模式，将大体量的建筑放在外围，包裹里面的小体量建筑，与西安的城市肌理产生一定的关系。这是对西安历史的尊重和传承。这样的布局模式也能将商业街区内部与城市道路隔绝开，创造出安全舒适的内部街道。

歌斐颂巧克力小镇

Gopherson Chocolate Town

项目业主：歌斐颂集团文化旅游发展有限公司
建设地点：浙江 嘉善
建筑功能：商业、酒店建筑
用地面积：183 200平方米
建筑面积：51 300平方米
设计时间：2018年—2019年
项目状态：在建
设计单位：汉嘉设计集团股份有限公司
主创设计：边挺、王元胜

本项目主要包含歌斐颂巧克力文化街、主题公园区、可可文化区、度假酒店区等。

歌斐颂巧克力文化街位于入口大广场的北侧，集游客服务中心、休闲餐饮、婚纱摄影、配套办公等功能于一体，是整个巧克力小镇空间的开始。建筑立面丰富多彩，天际线活跃而有序列感。

可可文化区展馆从西非民居提取建筑设计元素，用现代建筑语言重新解构组合，创造出既有巧克力文化内涵又符合现代人审美的文化展馆。

主题公园区设有旋转木马、海盗船、过山车、高塔之旅等项目，致力于打造成江浙地区精彩、刺激、梦幻的游乐场。

度假酒店区设有标准客房和独立式别墅客房，设计采用自由舒展的建筑形体，让每个客房都能享受到最好的景观。

金隅·中铁诺德都会森林

Jinyu·China Iron Nord Metropolitan Forest

项目业主：金隅·中铁诺德（杭州）房地产开发有限公司
建设地点：浙江 杭州
建筑功能：居住建筑
用地面积：64 781平方米
建筑面积：168 430平方米
设计时间：2017年—2019年
项目状态：在建
设计单位：汉嘉设计集团股份有限公司
主创设计：边挺、于鑫苗

本项目规划住宅呈流线型布置，建筑布局既迎合了周边地块的建筑走势，又最大化地满足了向南朝向、景观利用及不利问题规避等条件。小区采用中心大花园的设计，建筑围绕中心大花园布置，具有较高的均好性。

采用开放式社区理念，住区边界采用“分而不断，开而不乱”的策略，在提高小区开放性的同时，也保持一定的领域性，增加了社区与城市的互动和连接。

卡森王庭世家

Kasen Wangting Housing District

项目业主：海宁卡森地产有限公司
建设地点：浙江 海宁
建筑功能：住宅建筑
用地面积：94 000平方米
建筑面积：170 000平方米
设计时间：2011年—2012年
项目状态：建成
设计单位：汉嘉设计集团股份有限公司
主创设计：边挺
参与设计：汉嘉设计集团股份有限公司第三建筑设计研究院、第三设备设计研究院
获奖情况：2017年全国华彩奖

本项目以丰富整体、大气严谨、景观最大化的建筑布局为主要思想，打造从开放到围合的多重社区活动空间体系，配以以人为本、有序分离的交通体系，营造其乐融融的邻里亲情和安详和睦的社区归属感。立面采用大气尊贵、璀璨奢华的法式造型设计，打造都市高级住宅的永恒经典，彰显居住者高贵生活品质。

昆仑府

Kunlun Hall

项目业主：杭州昆仑西润房地产开发有限公司
建设地点：浙江 杭州
建筑功能：住宅建筑
用地面积：46 574平方米
建筑面积：89 366平方米
设计时间：2010年—2011年
项目状态：建成
设计单位：汉嘉设计集团股份有限公司
主创设计：边挺、鑫苗
参与设计：汉嘉设计集团股份有限公司第三建筑设计研究院、第三设备设计研究院
获奖情况：2014年杭州市优秀工程勘察设计三等奖

本项目采用东方传统的四合院形式进行设计优化，从而形成“独栋式的合院组团”，在外观上形成四合院、五合院的规划形态。每个合院均有一个公共庭院和360度独立的私家花园，既强调了邻里的交流，又保持了独立的私密性，在有限的土地资源条件下营造出独栋空间。

立面采用意式风格，通过形态、细部、肌理等方面反映建筑特性。外立面采用砂岩板干挂，彰显尊贵典雅。

武汉东湖会

Wuhan East Lake Club

项目业主：武汉福润酒店管理有限公司
建设地点：湖北 武汉
建筑功能：会所建筑
用地面积：10 000平方米
建筑面积：7 774平方米
设计时间：2008年—2011年
项目状态：建成
设计单位：汉嘉设计集团股份有限公司
主创设计：边挺
参与设计：汉嘉设计集团股份有限公司第三建筑设计研究院、第三设备设计研究院
获奖情况：2011年杭州市优秀工程勘察设计一等奖
入围“2015武汉首届优秀城市建筑”

东湖会由原“湖滨客舍”改造而成，在原有的功能基础上进行创新开发，既提升东湖风景区的服务品质，又符合市场需求，同时充分展示东湖的美丽大气。其定位为集高档餐饮、住宿、休闲、艺术品鉴赏为一体的顶级会所。

黄果树魅丽小镇

Huangguoshu Meili Town

项目业主：贵州美丽黄果树投资有限公司
建设地点：贵州 贵阳
建筑功能：商业建筑
用地面积：200 000平方米
建筑面积：123 300平方米
设计时间：2015年—2016年
项目状态：在建
设计单位：汉嘉设计集团股份有限公司
主创设计：边挺、徐扬、陆麒江
参与设计：汉嘉设计集团股份有限公司第三建筑设计研究院

设计力求结合基地特征，形成层次分明、错落有致的空间效果以及丰富的天际线形态。充分考虑游客游览时的视觉、听觉、触觉感受，以人为本，在当地特色民俗文化的基础上融合多种地域的基本元素，有意识地对景观设计的要素进行简化处理，包括形式与空间的简化，在满足景区要求的基础上形成能够满足和促进游客利用场地进行活动的设计，借以促进人和自然环境之间的交流和沟通。

蔡磊

蔡磊先生为A+Studio的主持建筑师，同时是澳大利亚ANS 国际建筑设计与顾问有限公司创始人和首席设计师，英国皇家注册建造师，主持了几十项澳大利亚及中国的高级定制住宅、商业综合体、酒店和度假村、高级会所和餐厅的建筑及室内设计。负责公司重要项目的前期定位、建筑概念和方案设计以及政府、客户与本地设计院、顾问之间的沟通和项目管理工作。他对市场敏锐的判断，丰富的跨国界、跨文化经验，独特的设计方法赢得了诸多奖项和客户的赞誉，并被澳大利亚政府和澳洲贸易委员会长期评为优秀海外个人和企业品牌。

职务：A+Studio主持建筑师
职称：英国皇家注册建造师

教育背景
1987年—1991年　同济大学建筑学学士

工作经历
1991年—1995年　同济大学建筑设计研究院
1996年—1999年　澳大利亚APDG 设计集团
2000年—2016年　澳大利亚ANS 国际建筑设计与顾问有限公司
2016年至今　A+Studio 设计工作室

个人荣誉
上海大学文武大楼改造设计
荣获：成都市国际设计创意周金熊猫大奖
中国国际空间设计大赛银杏金鸟奖金奖

主要设计作品
上海外滩16铺二期综合改造
成都天府新区成都大魔方娱乐综合体
越南岘港Azura高级公寓综合体
天津万丽国际酒店
天津圣光京蓟万豪酒店
四川广汉和金堂华美达安可酒店
上海ASC 精品酒窖及会所
上海外滩Muse on the Bund 会所
成都及上海来福士言几又 · 见主题复合书店
墨尔本77Teddington Road House 改造和扩建
上海樽境俱乐部室内设计
上海大学文武大楼改造设计

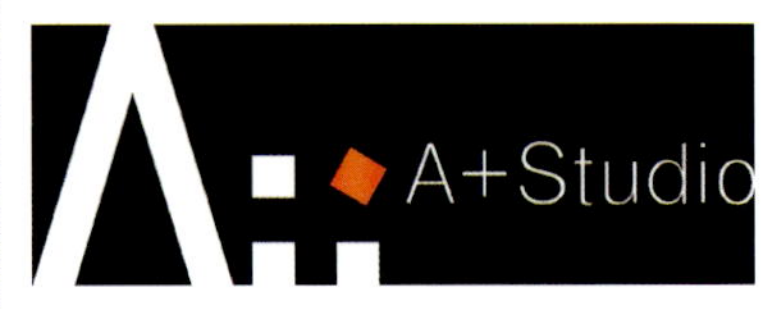

A+Studio设计工作室

A+Studio 设计工作室成立于2016年，是澳大利亚ANS国际建筑设计与顾问有限公司平台上完全独立运营的工作室。工作室的创立者蔡磊认为：设计概念的完成只是建筑师工作的起点，相对于表达设计理念与确立设计风格，他更关注细节的呈现度及结果的完成度。“A+”代表着追求创新、务实、踏实和认真。工作室整合商业思考，研究人的行为模式及技术实现，用设计的方法推动产品价值。“A+”另外一个含义是希望志同道合的设计师或运营者一起来工作、一起创造灵感空间。跨区协作是他们工作方式的一部分。工作室倡导原创，突出工匠精神的工作氛围，不断突破与挑战自我是工作室的文化。

地址：上海市静安区威海路652弄
静安别墅114栋
电话：021-62370997
主创建筑师：蔡磊
电话：13901673760

上海外滩十六铺码头二期综合改造

Comprehensive Renovation of Two Phase of Sixteen Paving Wharf in the Bund, Shanghai

项目业主：上海市申江两岸开发建设（投资）有限公司
建设地点：上海
建筑功能：大型游轮客运中心
设计内容：建筑设计、室内设计、设计总协调
建筑面积：23 000平方米
设计时间：2009年—2018年
项目状态：建成
设计单位：ANS & A+Studio
设计团队：蔡磊 、Joe Lau、张海、张黎琪

上海外滩十六铺码头二期综合改造，是整个外滩工程中的重点项目之一，主要功能为平台地上建筑物是长江上大型游轮的候船大厅和集散码头，平台地下为黄埔江整个两岸运营的数据中心、中央厨房以及其他商业配套设施。

设计理念来自于“水滴”构思，建筑物被称为“浦江之睛”。室内设计与建筑设计一脉相承、一气呵成。整个平台的景观融汇老外滩和新南外滩，简约而有文化细节。照明设计更让整个项目在夜晚成为南外滩的一个新视觉中心。

上海樽境俱乐部室内设计

Interior Design of Le Cercle Club, Shanghai

项目业主：保乐力加（中国）贸易有限公司
建筑功能：会所建筑
建筑面积：室内400平方米、室外70平方米
项目状态：建成
设计团队：蔡磊 周啸

建设地点：上海
设计内容：室内设计、景观设计
设计时间：2017年
设计单位：A+Studio

上海樽境会所是全球最大的酒品供应和销售商法国保乐力加集团在上海的会员制俱乐部，而上海建业里，是目前上海市最新的中心城区历史保护和修缮街区，两者结合，天作之合，是一个穿越时空的品樽仙境。

保乐力加的产品是时间的沉淀。时光转换，日月更替，室内硬装用肌理的格子，引入和过滤时光。无论是下午的阳光灿烂，傍晚的夕阳西下，还是晚上的皓月当空，空间设计充分抓住光线，引入光、表达光、感受光。

室内运用透明、半透明、金属反光和镜面材料的组合，让到访者恍若穿越时空，回到过去。

上海大学文武大楼改造设计

Reconstruction Design of Wenwu Building of Shanghai University

项目业主：上海尚林物业管理有限公司
建设地点：上海
建筑功能：教育建筑
设计内容：外立面改造设计、结构改造设计、室内设计
建筑规模：11 000平方米
设计时间：2018年
项目状态：在建
设计单位：A+Studio
设计团队：蔡磊、周啸、苏雨、王思文

本项目位于上海大学校内，整体外立面改造设计，在造型及选材上皆呼应了相邻的校内建筑。建筑一层和裙房主要功能为接待大厅与餐厅，二、三层为联合办公区域，四、五层为学员住宿空间，六层为大会议厅及贵宾会所。为了达成室内功能复杂的使用需求，从机电空调等管线配置设计便展开了严格的把控，且进行了部分结构改造设计，使空间利用能最大化及视觉优化。

室内设计以干净利落的点、线、面为组合元素，辅以高质量的照明设计。

蔡文锋

职务：佛山市顺德建筑设计院股份有限公司副总建筑师、方案一室主任
职称：高级建筑师
执业资格：国家一级注册建筑师

教育背景
1994年—1999年　重庆大学建筑学学士
2015年—2019年　华南理工大学工程硕士（在读）

工作经历
1999年至今　佛山市顺德建筑设计院股份有限公司

个人荣誉
2014年佛山市顺德区优秀青年建筑师奖

主要设计作品
佛山市顺德第一人民医院易地新建项目
佛山市第一人民医院3号楼
南海区妇幼保健院儿科大楼
清远市连州人民医院扩建项目
中国联塑总部大楼
佛山市顺德区盈信广场二期
新疆喀什伽师县职业教育园区
三水北京外国语大学附校
佛山市禅城区环湖小学东校区

樊海伦

职务：佛山市顺德建筑设计院股份有限公司院长助理、副总建筑师、设计六室主任
职称：高级工程师
执业资格：国家一级注册建筑师

教育背景
1988年—1992年　华南理工大学工学学士

工作经历
1992年至今　佛山市顺德建筑设计院股份有限公司

个人荣誉
2014年佛山市顺德区优秀青年建筑师奖

主要设计作品
佛山市禅城区环湖小学东校区
联塑总部办公大楼
佛山市北外附校三水外国语学校（一期）中小学部
佛山市顺德行政服务中心
新君悦国际酒店
顺德区五号工程华桂苑项目
顺德区大良南国西路地块保障性住房

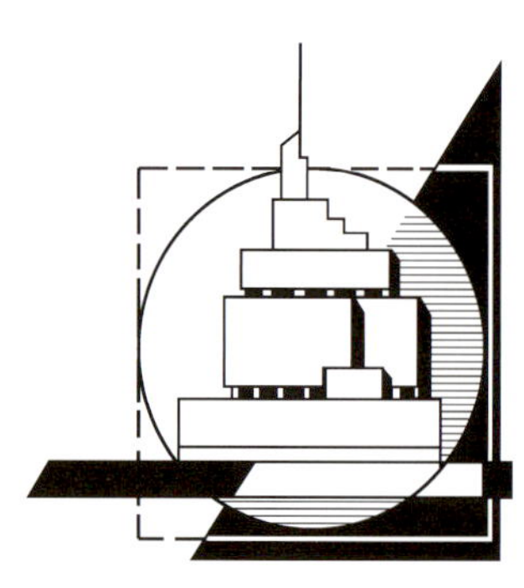

佛山市顺德建筑设计院股份有限公司
Foshan Shunde Architectural Design Institute Co.，Ltd.

地址：广东省佛山市顺德区大良立田路建筑设计大厦
总机：0757-22600333
　　　0757-22600666
传真：0757-22600338
　　　0757-22281470
网址：www.sdadi.com
电子邮箱：sadi@21cn.com
微信公众号：sdjzsjy

佛山市顺德建筑设计院股份有限公司前身成立于1958年，于1993年率先在国内改制组建成有限责任公司，于2018年以发起设立的方式，将公司整体变更为股份有限公司，是国家建设部核定的建筑行业甲级设计院，城乡规划编制乙级、市政工程乙级、人防工程乙级、风景园林乙级资质，是中国勘察设计协会理事单位成员之一。

公司实行股份制，拥有自主产权的办公楼，14层，建筑面积：9 630平方米。公司配套完善，技术力量雄厚，员工近400人，于广东、江西、四川、海南设有分公司（分院及分支机构）。拥有国家级专家、高级职称及注册人才200多人，综合实力在区域同行业中处于领先地位。

多年来，佛山市顺德建筑设计院股份有限公司全面贯彻国家及地方政府部门的建设方针，严格执行国家现行的技术标准与设计规范，加强技术管理，坚持质量第一，提供优质服务，勇于开拓创新，致力于新技术、新工

罗振韶

职务：佛山市顺德建筑设计院股份有限公司方案二室主任

职称：高级建筑师

教育背景

1995年—1999年　无锡轻工大学设计学院学士

2004年—2009年　华南理工大学工程硕士

工作经历

1999年至今　佛山市顺德建筑设计院股份有限公司

个人荣誉

2014年佛山市顺德区优秀青年建筑师奖

主要设计作品

顺德大良天悦湾花园

美的大良顺峰山项目万豪酒店及商业项目建筑设计

广东外语外贸大学附设佛山外国语学校设计

高明职业技术学校规划及建筑设计

佛山市顺德一中高中部的规划建筑设计

陈村花卉世界中心展馆设计

朱剑伐

职务：佛山市顺德建筑设计院股份有限公司方案三室主任

职称：高级建筑师

教育背景

1996年—1999年　湖南城建高等专科学校建筑设计专业

2005年—2009年　华南理工大学工程硕士

工作经历

1999年至今　佛山市顺德建筑设计院股份有限公司

个人荣誉

2014年佛山市顺德区优秀青年建筑师奖

主要设计作品

南海铝协大厦

贺州市西溪森林温泉度假村

樵山明珠一号公馆

高安新中源明珠大酒店

华夏酒店公寓

杏坛金海岸住宅小区

上东新城一期工程

英德明珠广场

艺、新设备、新材料的运用。为适应国际化的管理标准，于2008年获得ISO9001国际质量认证。佛山市顺德建筑设计院股份有限公司致力于全面提升整个设计每一个环节的服务质量，完成了一批有影响力的作品，分别荣获国家、省、市各级奖项，得到社会的好评和国家行业机构的重视及信任。

公司在未来的发展中，将继续巩固和拓展区域优势，整合资源，扩大经营规模，增加企业的盈利能力，实现企业持续健康发展。着力推进体制创新、机制创新、管理创新和文化创新，增强企业竞争能力。严格执行三级校审制度，杜绝质量事故，强化专业技能，通过内部培养和外部引进人才，打造高素质队伍，综合实力及各项管理达到行业前列水平。

佛山市顺德第一人民医院新建项目

Foshan Shunde First People's Hospital's New Project

项目业主：佛山市顺德区工程建设中心
建设地点：广东 佛山
建筑功能：医疗建筑
用地面积：127 303平方米
建筑面积：262 809平方米
设计时间：2009年—2018年
项目状态：建成
设计单位：佛山市顺德建筑设计院股份有限公司+美国HMC Architects
中方主创设计：梁昆浩、陈霖峰、蔡文锋
获奖情况：2001年美国建筑协会医疗建筑设计大奖
2009年美国建筑协会帕萨迪纳&福席尔分会设计奖项
2017—2018年度佛山市优秀工程设计一等奖
2018年顺德区优秀工程设计一等奖

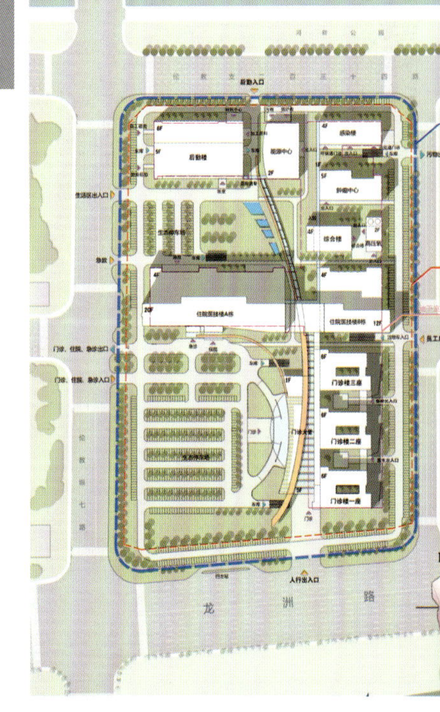

项目规划设计充分考虑车流人流要求，对地铁站、公交站、出租车站的人流进入场地做出合理引导。外来汽车出入口分别布置在场地东西两侧，单独设置员工汽车专门出入口。物流汽车出入口做到洁污分流。

各栋建筑通过开放、丰富生态廊连接。通过生态廊形成一个舒适的室内人行空间，既是一个可持续发展的元素，又是组织骨架的一个重点。

各栋建筑设置独立出入口，充分考虑人流垂直交通需求（电梯、手扶电梯），做到医患分流。在2号楼屋顶设置救护直升机停机坪，满足紧急救援需要。

建筑屋顶、南向立面采用光伏电板，配合建筑造型。

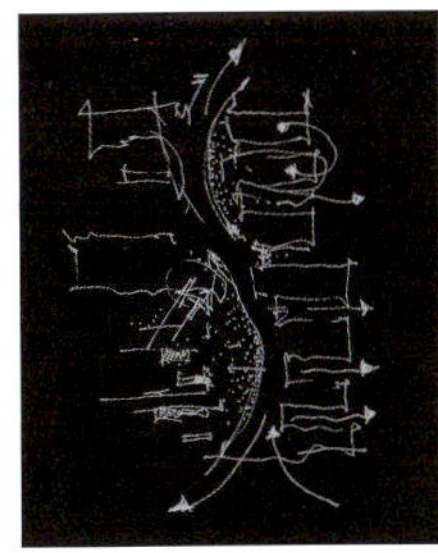

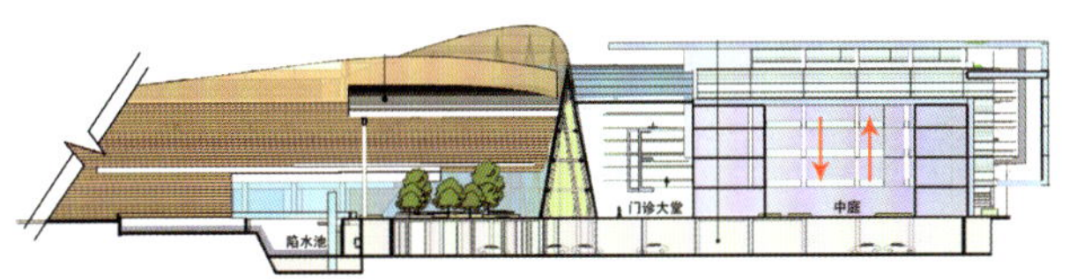

佛山市禅城区环湖小学东校区

East Campus of Huanhu Primary School, Chancheng District, Foshan City

项目业主：禅城东部商务区投资建设有限公司
建设地点：广东 佛山
建筑功能：教育建筑
用地面积：47 813平方米
建筑面积：64 350 平方米
设计时间：2017年—2018年
项目状态：建成
设计单位：佛山市顺德建筑设计院股份有限公司
主创设计：樊海伦、蔡文锋、吴政侯、吴志东、董惠敏、潘奕丞、李纳辉、李颖文

校园立面设计采用了简洁明快的设计风格，通过横线条有节奏的起伏，营造水流潺潺的意向，以呼应佛山“水文化”的理念，带出百舸争流千帆竞，乘风破浪正远航的意境。造型花池贯通整个建筑立面，配合绿色植物的点缀，形成一系列充满活力的建筑空间，同时结合绿色建筑的设计理念，在外墙设置种植花池、垂直绿化、遮阳穿孔板等建筑构件，降低建筑的能耗。

顺德大良天悦湾花园

Shunde Daliang Tianyue Bay Garden

项目业主：佛山市顺德区凯立房产有限公司
建设地点：广东 佛山
建筑功能：住宅建筑
用地面积：52 022平方米
建筑面积：29 468平方米
设计时间：2012年—2017年
项目状态：建成
设计单位：佛山市顺德建筑设计院股份有限公司
主创设计：罗振韶、邱蓉
获奖情况：2017—2018年度佛山市优秀工程设计一等奖
2018年顺德区优秀工程设计二等奖

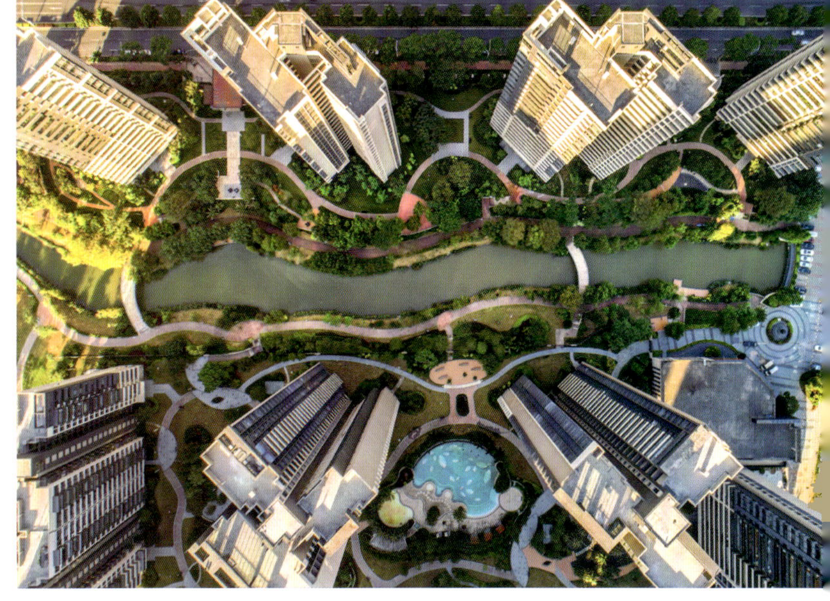

佛山市顺德大良天悦湾花园位于顺德东区，临近桂畔河，南面为东乐路，西侧为海山路，交通便利，配套完善，地理位置十分优越。

整个用地大致为长方形，总用地面积为58 752.95平方米，整个基地较为平坦。基地内有桂畔河的分支流过，把基地一分为二。

业主计划把该片区打造成顺德东区的高端社区，突出其居住环境，条件十分优越。

总体布局从设计构思出发，在强调“人与自然和谐为本”的原则上，巧妙地融合人工与自然环境，最大限度地创造了人与自然沟通的绿色空间。规划合理利用中间河道的景观，重点挖掘每户住宅与项目内外景观视线条件，同时保证每户的通风、朝向等环境品质，实现居住价值的最大化。

南海铝协大厦

Nanhai Aluminum Association Building

项目业主：佛山市南海区铝协房地产开发有限公司
建设地点：广东 佛山
建筑功能：商业、办公综合建筑
用地面积：10 703平方米
建筑面积：86 078平方米
设计时间：2009年—2012年
项目状态：建成
设计单位：佛山市顺德建筑设计院股份有限公司
主创设计：朱剑伐、王凯、夏婷、王梓平
获奖情况：2017—2018年度佛山市优秀工程设计二等奖
2018年顺德区优秀工程设计二等奖

设计思路：

一、项目整体形象的构思

南海铝行业协会由50家会员单位组成，彼此之间的"精诚团结，协作奋进"为形态构思主题，每家会员单位齐头并进、协同发展，无差别的匀质外立面形象成为此次创作的出发点与难点。该项目通过重复的交错韵律实现了创作的初衷。

二、建筑材料的选用

该项目作为铝材行业协会总部，肩负着整个南海铝行业对外窗口形象的职能，外立面是总部企业气势的象征。因此配合企业形象采用简约的现代设计，着重体现金属质感，而铝材与陶板又是建材中相对轻盈的材料，金属感很强，与铝材行业协会总部特征相吻合。

三、立面细部的处理

建筑侧面空中花园通过竖向铝合金线条组织，把人的视觉不断向上吸引，寓意着行业不断壮大，蒸蒸日上。为创造建筑的视觉震撼力，设计中将裙楼的中间部分向主街完全敞开，引入水体，中间入口大堂三层高，如一个巨大的会客厅，人流在这里集中、分流，形成富有特色的大堂空间，建筑独具个性，成为南海区的地标。

美的新都荟（北滘新城区商业项目）

Midea Xinduhui (Beijiao New Town Commercial Project)

项目业主：佛山市顺德区盈茂房地产有限公司
建设地点：广东 佛山
建筑功能：商业综合体
用地面积：27 404平方米
建筑面积：87 117平方米
设计时间：2014年—2016年
项目状态：建成
设计单位：佛山市顺德建筑设计院股份有限公司
主创设计：何天朗、苏立川、李少梅、潘奕丞
获奖情况：2017—2018年度佛山市优秀工程设计一等奖
2018年顺德区优秀工程设计一等奖

本项目位于北滘新城板块的核心区域，美的总部东南面。城市化进程造就了各种新型的复合式建筑综合体，包括当代酒店式公寓的多元化功能与内涵。设计在分析现有用地和规划条件的前提下，细致地顾及项目整个居住区与商业区的关系。酒店式公寓经营的总体协调与局部独立管理的关系在充分满足功能与交通组织的基础上，创造具有鲜明个性的公寓空间与形象，丰富华丽的空间序列和豪华舒适感，时尚、优雅而富有当代岭南气息的造型元素，给人耳目一新的地标性印象。

曹珍福

职务：上海新沃建筑师事务所总经理
执业资格：国家一级注册建筑师

教育背景

1987年—1991年　哈尔滨建筑工程学院城市规划专业学士
2012年—2014年　意大利米兰理工大学EMDM室内设计硕士

工作经历

2003年至今　上海新沃建筑师事务所总经理
2011年—2016年　上海交通大学规划建筑设计有限公司总建筑师、副总经理

主要设计作品

上海市南电力大厦
包头会展中心
包头财政局办公楼
江苏天目湖华天度假村（四星级）
常州阳湖花园大酒店（四星级）
天目湖兰生大酒店（五星级）
上海宝山牡丹坊商业项目
上海地铁8号线市光路站设计
上海地铁8号线西藏南路站方案设计
河北保定大佛光寺设计
浙江雪窦山浙江佛学院
上海漕河泾长兴实业办公楼
包头大剧院
江苏天目湖国际饭店（五星级）
江苏溧阳宾馆（五星级）
江苏丹阳万豪香逸宾馆（五星级）
江苏溧阳平陵广场
上海地铁1号线呼兰路站设计
上海地铁9号线虹梅路站方案设计
湖北浠水杂技馆、浠水博物馆
辽宁丹东凤凰山北普陀寺规划设计

出版及专著

2017年出版专著《曹珍福画集》中国建筑工业出版社
2014年设计作品入选《崛起的中国设计力量》一期，建筑与都市—A+U中文版
2012年设计作品入选《中国建筑设计作品年鉴》江苏人民出版社
2009年入选《中国当代优秀青年建筑师作品》中国建筑工业出版社

曹珍福先生多年来一直专注于建筑设计和城市设计，有900万平方米的建筑设计经验，设计多次中标大型公共建筑，他还是欧洲木业协会会员。

近几十年来我们抛弃了地方材料和形式，现代建筑走向了国际化，装饰代替了一切，现在，让材料和结构说话，形成当代的新建筑，代表我们民族的、地方的、富有时代的本土建筑：①建筑要尊重特定的历史环境；②建筑要尊重当地的文脉；③建筑要使用地方材料；④建筑要体现适当的建筑形式；⑤建筑要用当地特有的传统建筑营造方式。目的是让许多人的空间场景记忆再现。

地址：上海市静安区新闸路831号
丽都新贵18-C
邮编：200041
电话：021-32539265
邮箱：2532908884@qq.com

上海新沃建筑师事务所创办于2003年，公司凭借专业的团队、创新的设计、完善的服务已成功地为众多的政府机关、跨国企业集团、上市公司和个人提供整体的建筑和室内创意设计，拥有丰富的设计和服务经验。

上海新沃工作领域涉及建筑设计、室内设计、古迹维护，上海新沃一直站在建筑设计和建筑工程的最前沿，自成立以来已经完成100多项设计，包括办公大楼、银行和金融机构、政府建筑、会展中心、大型剧院、高级酒店、购物中心、地铁车站、私人豪宅等。

设计引领生活，设计改变生活！

浙江佛学院

Zhejiang Buddhist College

项目业主：浙江奉化雪窦寺
建设地点：浙江 宁波
建筑面积：48 000平方米
设计时间：2014年
项目状态：建成
设计单位：上海交通大学规划建筑设计有限公司
主创设计：曹珍福、丁燕、罗晓斌、谢雨辰、丁磊

浙江佛学院位于浙江奉化雪窦山下，群山环抱，风景优美。

设计采用一轴两翼的格局，将教学、礼佛、生活融入秀美群山之中。设计师运用当代建筑设计手法，提炼地方传统建筑文化，利用混凝土的可塑性对不同空间形态、露明建筑构造进行诠释，同时结合现代木结构打造灿烂的宗教文化。以传统佛寺造型为基础，底层架空，依山就势体现浙东山区建筑特点。创造真实的本土建筑，体现本土建筑学。

大雄殿

曹氏宗祠

Cao's Ancestral Temple

项目业主：曹旺村村民委员会
建设地点：江苏 南京
建筑面积：800平方米
设计时间：2017年
项目状态：建成
设计单位：上海新沃建筑师事务所
主创设计：曹珍福、丁晓峰

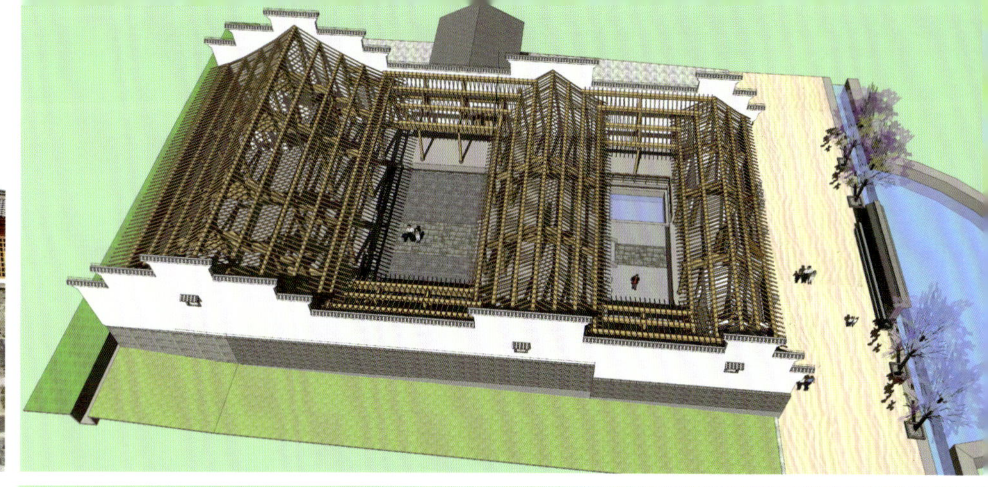

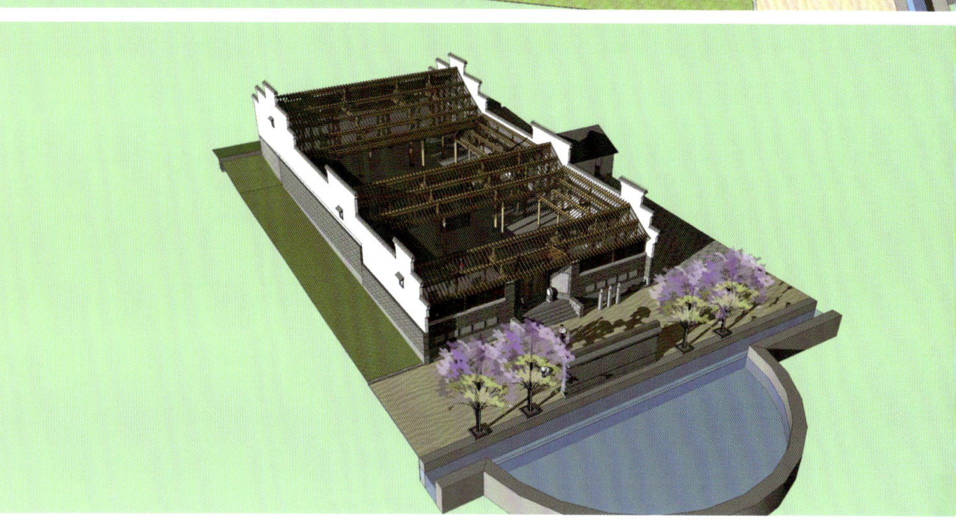

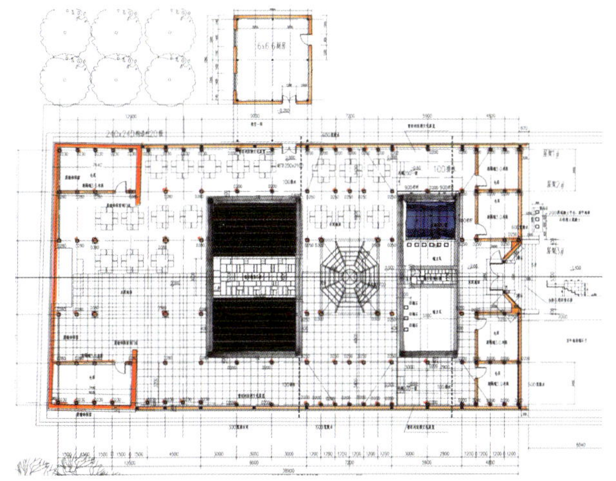

南京溧水曹旺村群山环抱，前有对山，后有靠山，周围都是水塘和农田。北宋大将军曹彬的后裔自宋就聚居于此，村中住宅沿山坡呈放射形布局。

怀德堂是溧水曹氏十三村的总祠，始建于清雍正年间，中华民国二十年重修，现保留六间一层，在此基础上利用原有格局结合当下社会发展需要，设计五间三进两天井格局，门前布置广场和月池。

建筑采用木结构5、7、9架彻上露明造扁作梁，中间开间采用减柱法加大空间尺度，稍间和次间为穿斗式梁架。

柴晟

深圳市承构建筑咨询有限公司董事长、首席设计师
天津大学建筑学学士
天津大学建筑学硕士
英国格林尼治大学（University of Greenwich）建筑学硕士

柴晟先生从事建筑设计工作以来，在国内完成数十个国家重点工程，建成的专案达上百万平方米。柴晟在硕士就读期间就代表中建（国际）投标赢得深圳市江苏大厦（168米高，福田中心区第一个超高层）的设计权，后又赢得深圳市高交会馆项目的设计权。柴晟自2000年底起领导中建（国际）方案创作室，期间完成了中山歌剧院、深圳市联通总部、深圳市第二外国语中学、深圳市平安金融保险培训中心等国家重点项目。

2016年，柴晟及承构建筑咨询有限公司作为主创设计师及投资人设计开发了重庆武隆仙女山度假酒店（包括汀樾酒店、农业生态旅游区及民宿三十六院等子项）。

2017年，承构空间环境设计（深圳）有限公司成立，自此，承构已经成为可以提供全部咨询设计服务的公司。承构多年来所服务的对象均为龙湖、世茂、华润、招商、保利、远洋、万科、香港置地、香港路劲等一线房地产企业。承构也由此被誉为国内一线的建筑设计及室内设计咨询企业。

许峰

深圳市承构建筑咨询有限公司董事、总经理(深圳)
美国注册建筑师、美国AIA协会成员
美国哈佛大学城市设计硕士
美国莱斯大学建筑学硕士
天津大学建筑学硕士

许峰先生在建筑设计相关行业拥有十多年的工作经验，在成立承构建筑咨询有限公司之前，曾经任职于万科企业股份有限公司、美国KPF建筑师事务所、美国SBA建筑师事务所、非常建筑事务所等公司。在十多年的设计实践过程中积累了关于城市设计、城市规划、建筑设计、地产规划、地产开发等多方面的知识和工作经验。

许峰在2008年中期作为主要合伙人创立深圳市承构建筑咨询有限公司、美国承构建筑师事务所，目前已经承接了数个工程项目，其中包括西安龙湖盛景别墅设计、深圳市石厦村商务中心区改造（180米高超高层办公及酒店式公寓、大型综合商业）、成都龙湖世纪城（150米高超高层住宅）、天利地产张家界高尔夫度假别墅、北京华润门头沟山地住宅区、中海独墅湖别墅区等项目，以其丰富的工作经验和知识储备，完成了众多设计作品。

深圳市承构建筑咨询有限公司
地址：深圳市福田保税区市花路5号长富金茂大厦一号楼3301
电话：0755-33067800
传真：0755-33067801
网址：www.mademake.com

上海承构建筑设计咨询有限公司
地址：上海市杨浦区黄兴路2218号10层01、08室
电话：021-61437001
传真：021-33067021

承构空间环境设计（深圳）有限公司
深圳办公室
地址：深圳市福田保税区市花路5号长富金茂大厦一号楼3301
电话：0755-33067800
传真：0755-33067801

上海办公室
地址：上海市杨浦区黄兴路2218号10层01、08室
上海电话：021-61437001
上海传真：021-33067021

承構
MadeMake

承构——犹承业。《北齐书·文宣帝纪》：“逮文襄承构，愈广前业，康邦夷难，道格穹苍。”

承构建筑设计咨询有限公司创立于2008年，经过数十年发展，从当初只有30人的设计团队快速成长为近150名建筑设计师及室内设计师的设计机构。并且从最初设于中国深圳的单一公司衍生出深圳、上海等多家“承构建筑”旗下的设计实体。

凭借源源不断的创新能力，承构建筑已经成为业界卓越的方案设计公司，在中国城市化进程中，专注于城市发展高端项目的专业服务，与龙湖、世茂、香港置地、万科、华润、保利、招商等众多知名房地产企业建立了良好的客户合作体系。设计作品主要集中在京津地区、长三角、珠三角以及西南地区（重庆与成都）这四个重要的区域和武汉、沈阳、西安等省会城市。这些作品屡获殊荣，成为项目所在场地精神的载体和文化传播的推手。共计完成建筑设计面积超过千万平方米，设计涵盖商业办公综合体、居住建筑、教育建筑、文化建筑、城市设计等多种类型。

承构建筑与合作伙伴们一起，秉持“守正出奇，返璞存真”的设计理念，以关注市场、关注客户、关注设计、关注建造为设计宗旨，给客户提供全面而专业的综合解决方案和卓越的设计服务体验，为客户创造更大的价值，为中国建筑行业持续奉献有影响力的优秀作品。

承构建筑一直坚持为设计师营造理想的工作环境和人文氛围，致力于为不同类型的人才发展提供空间，为创意型人才打造前景广阔的发展平台。

一棵最好的树，不是最高和最大者。最好的树有千万枝条发于同根，枝枝繁茂，纵横牵互，宛若一林。树之贵者，非一枝独秀，乃“一木成林”。在我们的人才理念里，一个公司的可贵，亦非最大最名，而是成就了多少人。

魏壮 上海承构建筑设计咨询有限公司董事、总经理

魏壮先生拥有石家庄铁道学院建筑学学士学位，国家一级注册建筑师。从事建筑设计行业多年，期间完成多个大型住宅项目和商业项目，拥有丰富的工程经验。于2003年加入深圳华汇设计有限公司，期间考入香港大学攻读城市设计专业，于2007年学成并获得香港大学建筑学硕士学位。在港期间，加入香港AGC Design LTD，参与多项大型商业建筑项目设计工作。于2009年加入深圳市承构建筑咨询有限公司，任副总建筑师，主持多项重要工程的建筑设计工作。2010年12月任上海承构建筑设计咨询有限公司总经理。

唐聃 上海承构建筑设计咨询有限公司董事、副总经理

唐聃先生拥有深圳大学建筑学硕士学位。2009年加入承构建筑设计咨询有限公司之前，曾任职于深圳大学建筑设计研究院并连续两年参与深圳大学建筑学专业教学工作。在多年的设计实践过程中积累了关于城市设计、建筑设计、地产规划开发等多方面的知识和工作经验。加入承构建筑以来，于2011年成为公司最年轻的股东，参与并主持多个公司战略合作伙伴的大型项目，涵盖住宅、超高层写字楼及大型商业综合体等不同类型。以其方案设计的创造性思维、对建造的关注与控制及良好的服务意识获得了客户的广泛肯定。

张华 上海承构建筑咨询有限公司董事、高级设计总监

张华拥有同济大学建筑学硕士学位，在建筑设计相关行业拥有多年工作经验。在2011年加入承构建筑设计咨询有限公司之前，曾经任职于李祖原建筑师事务所即上海大原建筑设计咨询有限公司。在多年的设计实践过程中积累了关于城市设计、建筑设计、地产规划开发等多方面的知识和工作经验。加入承构建筑以来，参与并主持多个公司战略合作伙伴的大型项目，涵盖城市设计、住宅地产、超高层写字楼及大型商业综合体等不同类型，并以其方案设计的创造性思维、对建造的关注与控制及良好的服务意识获得了客户的广泛肯定。

王健 承构空间环境设计（深圳）有限公司董事、总经理

王健先生拥有湖南工业大学建筑学学士。在加入承构之前，曾任职于上海现代建筑设计集团。在多年的设计实践过程中积累了关于室内空间设计、产品设计、产品研发等多方面的知识和工作经验。曾主持设计多项大型项目，涵盖酒店、办公、商业、文体、会所、地产销售等诸多类型，并与多家知名开发商建立了良好的合作关系。一直积极探寻室内与建筑、室内与景观、室内与环境的空间关系，并以其方案设计的创造性思维、对室内空间的关注与控制及良好的服务意识获得了客户的广泛肯定。

吴鑫 深圳市承构建筑咨询有限公司董事、设计总监

吴鑫先生拥有陕西理工大学建筑学学士学位。毕业后，就一直从事方案设计的工作，一开始便进入深圳华汇接触大中型开发商的项目，随着中国房地产开发进程的日益加快，从最开始的策划研究到总图价值挖掘，再到其产品创新，接触了地产各个维度的深度研究，具有自己独到的地产设计逻辑及见解。多年的设计经验，产生了对建筑特殊的敏感性和直觉。吴鑫从事建筑设计以来一直坚守这份极具成就感的职业，由内心出发，设计出打动每一个人的建筑。

涂通文 深圳市承构建筑咨询有限公司董事、高级设计总监

涂通文先生拥有南昌大学建筑学学士学位，在建筑设计相关行业拥有十余年的工作经验，已经建成项目达数百万平方米。项目设计覆盖城市规划住宅、产业园区、城市综合体设计及各类城市更新项目。2010年加入承构以来参与了大量创新型住宅及公建类项目。他带领团队参加了厦门招商邮轮母港城市设计国际投标、海南招商博鳌大灵湖住宅区规划投标、沙井茭塘工业区城市更新国际投标均获得技术标第一名。涂通文以方案的创意性思维、对建造的关注与控制及良好的服务意识获得客户的广泛肯定。

杨新 深圳市承构建筑咨询有限公司董事、高级设计总监

杨新先生拥有武汉理工大学建筑学学士学位，国家一级注册建筑师。加入承构之前，曾先后任职于香港城设建筑师事务所、CCDI悉地国际（深圳）顾问有限公司。2010年9月加入深圳市承构建筑咨询有限公司，现任董事、高级设计总监。从业十余年间，累计设计建筑面积达数百万平方米。设计涵盖大型居住区规划及单体设计研发、城市商业综合体、超高层酒店及办公、养老地产等领域，并以其对设计品质的追求和良好的服务水平获得业主的广泛认可。

远洋华墅酒店式公寓

Ocean Huashu Hotel Apartment

项目业主：远洋地产有限公司
建设地点：海南 海口
建筑功能：酒店式公寓
用地面积：42 423平方米
建筑面积：57 106平方米
设计时间：2012年—2015年
项目状态：建成
设计单位：深圳市承构建筑咨询有限公司
设计团队：柴晟、邓卿、马国勇、郭明远、昌建辉、李璐、刘良、肖文艺
获奖情况：2019年第五届地产设计大奖优秀奖

建筑是座“U”字形围合的酒店式公寓，户户朝南看海、南北贯通。设计上打散了三合一的设计，以将交通与消防这两项功能分离的模式，满足了入户的尊贵私密感和消防的高效性。核心筒中的积极交通功能和消极交通功能被巧妙拆解，使得小户型也获得一梯两户极致的海景体验，提高了项目的使用率。同时，把消极的水平走廊演绎成每三层出现一次的积极的邻里社交空间。住户可以在这里高谈阔论、散步、遛弯甚至慢跑，使这条天街成为社区活动的场所。

龙湖九里晴川揽境

Jiuli Qingchuan Range, Longhu Group

项目业主：重庆龙湖地产有限公司
建设地点：重庆
建筑功能：居住建筑
用地面积：72 667平方米
建筑面积：126 081平方米
项目状态：建成
设计单位：深圳市承构建筑咨询有限公司
设计团队：吴鑫、王斌、陈牡丹、王宇、张康龙、张鹏、党婷婷
获奖情况：2019年第五届地产设计大奖优秀奖

2017年设计的龙湖九里晴川揽境，现已交付使用，是承构最新的一次空中“广亩”尝试。龙湖九里晴川揽境的户型设计，以客厅为生活中心，采用“三合院”的设计理念，让客厅、主卧、餐厅共享一个宽达6米的空中庭园。为了让更多的阳光透入室内生活空间，设计师希望空中庭园有双层高度。为了达成这个目的，户型的奇偶层的功能也以客厅为中心前后互转，不但可以获得双层空中庭园，而且打破了建筑正、背立面的区分，让绿意盎然的空中花园出现在每个建筑立面上，充满生态人居的气息。

龙湖九里晴川揽境的家庭生活是生活与自然的“一步互拓”。小区的地面花园也利用基地的高差，形成大面积的架空公园，是绿色生态的生活环境。

现代人规律化的生活不仅包括家庭居住，还有日常的工作。因此“广亩城市”的空间理念也不止停留在居住建筑上。

重庆奥园盘龙广场

Chongqing Aoyuan Panlong Square

项目业主：重庆奥园地产有限公司
建设地点：重庆
建筑功能：商业、居住建筑
用地面积：52 125平方米
建筑面积：275 187平方米
项目状态：建成
设计单位：深圳市承构建筑咨询有限公司
设计团队：柴晟、涂通文、马云飞、黄鸿文、刘换换、郭逸伦、陈海龙、肖波、吴果园、朱香凝、金红
获奖情况：2019年第五届地产设计大奖优秀奖

“情景式台地花园商业”和“全首层商业”是奥园盘龙项目设计的核心理念，而其理念则来自其高差可达三层的“L”形坡形基地。

沿着“L”形方向，项目在水平方向上分为集中购物中心和情景商业步行街。步行街共有三层，从基地最高点步上一层即可进入其二层廊道。而二层商业廊道可以直接到五层购物中心的屋顶，接连而成一个大型的屋顶购物公园，使步行街人流与购物中心人流及上部塔楼人流在此会聚，提高彼此的使用价值。

屋顶购物公园的另一端有一条室外台阶式花园，让人在玩耍体验的过程中，慢慢步下购物中心，疏散至城市界面或步入购物中心各层。沿途设有很多别具趣味的露台空间，是一个类似于日本大阪难波公园的花园式情景购物中心。这个台阶式花园取代了购物中心50%防火疏散楼梯间，将这部分功能所需但感觉“消极”的建筑空间变成绿树成荫的台式花园，并大大提高了购物中心的使用率。

重庆仙女山归原小镇

Chongqing Fairy Mountain Guiyuan Town

项目业主：凡策房地产顾问有限公司
建设地点：重庆
建筑功能：文旅建筑
用地面积：775 452 平方米
建筑面积：42 360平方米
项目状态：建成
设计单位：深圳市承构建筑咨询有限公司
合作单位：凡策控股集团、重庆建筑工程设计院
设计团队：柴晟、许峰、张华、种法东、胡金涛、冷得影、戴佳璐、杜美汝、杨冰峰、曹桑尼、石昊、周亚、辛林芳、周晓茜、李琼

归原小镇位于重庆武隆仙女山南麓荆竹村，仙女山度假区的核心区南侧，现状主要为基本农田、林地、耕地，散布多处宅基地。场地喀斯特地貌特征明显，最大高差约150米，山势陡峭，气势磅礴。

项目依托一座百年村庄——荆竹村，以“不食人间烟火的世外桃源”为目标，规划了民宿、文创、生态农业等几个板块。其中建筑部分包括芷芯堂、汀樾酒店（现为等风客栈）、三十六院民宿、国学馆及文创组团、小耳朵教堂、禅修中心、田园集市、国医馆等诸多子项。

整个项目以生态资源为基点，以乡村资源为卖点，以休闲度假为主导，以乡村改造项目为运营平台，对接观光农业、文化创意、民俗客栈等项目，为乡村旅游注入文化内核。以“自然无敌，朴素就是力量”作为整个项目的设计原则，将各个建筑规划区域打造成富有个性并面向未来的现代化新型旅游目的地。

郑州永威·望湖郡展示中心

Zhengzhou Yongwei · Wanghu County Exhibition Center

项目业主：郑州市永威置业有限公司
建设地点：河南 郑州
建筑功能：展示中心
用地面积：2 000平方米
建筑体量：4 000平方米
设计时间：2017年
项目状态：建成
设计单位：上海承构建筑设计咨询有限公司
设计团队：张华、章凯莉

建筑位于郑州港区双鹤湖规划主轴线上，东接双鹤湖中央公园和环湖CBD，西临京港澳高速双鹤湖站，周边资源丰富，发展潜力巨大。规划对本案的设计要求为坡屋顶，因此在传承文化的同时，希望创新性地突破形式限制，将本案打造成标志性建筑。

售楼处分为临建型和留存型两种，本案属于后者。留存型售楼处不仅要考虑成本控制与工期，还承担着住宅美学样板的作用，同时也需考虑新旧功能的转换。本案前期功能为售楼处，后期为商业，决定了它需考虑在兼顾社群营销与场景营销基础上，创造性地解决新旧功能之间的转换。

昆明新城吾悦广场

Kunming New City Wuyue Square

项目业主：新城控股集团股份有限公司
建设地点：云南 昆明
建筑功能：商业建筑
用地面积：54 056平方米
建筑面积：227 056平方米
设计时间：2016年
项目状态：建成
设计单位：上海承构建筑设计咨询有限公司
设计团队：张华、甘美中、种法东、杜美汝、戴佳璐、张济民、陆星宇、谭婕、李一璇

本项目坐落于昆明五华区，希望以昆明本土文化为契机，致力打造既能实现商业价值，又能融入本土文化的商业模式。同时，设计师也不仅仅只是注重本地的商业模式，更是以放眼全国的商业视角，通过全面的设计去铸造设计产品。

结合当地民居建筑空间特点，提出了昆明“印巷”系列。将昆明“七彩云南与花城”的概念引入建筑设计中，使大商业的设计是独具昆明特色的，并具有流线性与标志性。为了实现色彩效果，对建筑材料进行了多次比选，最后以彩釉玻璃作为载体。

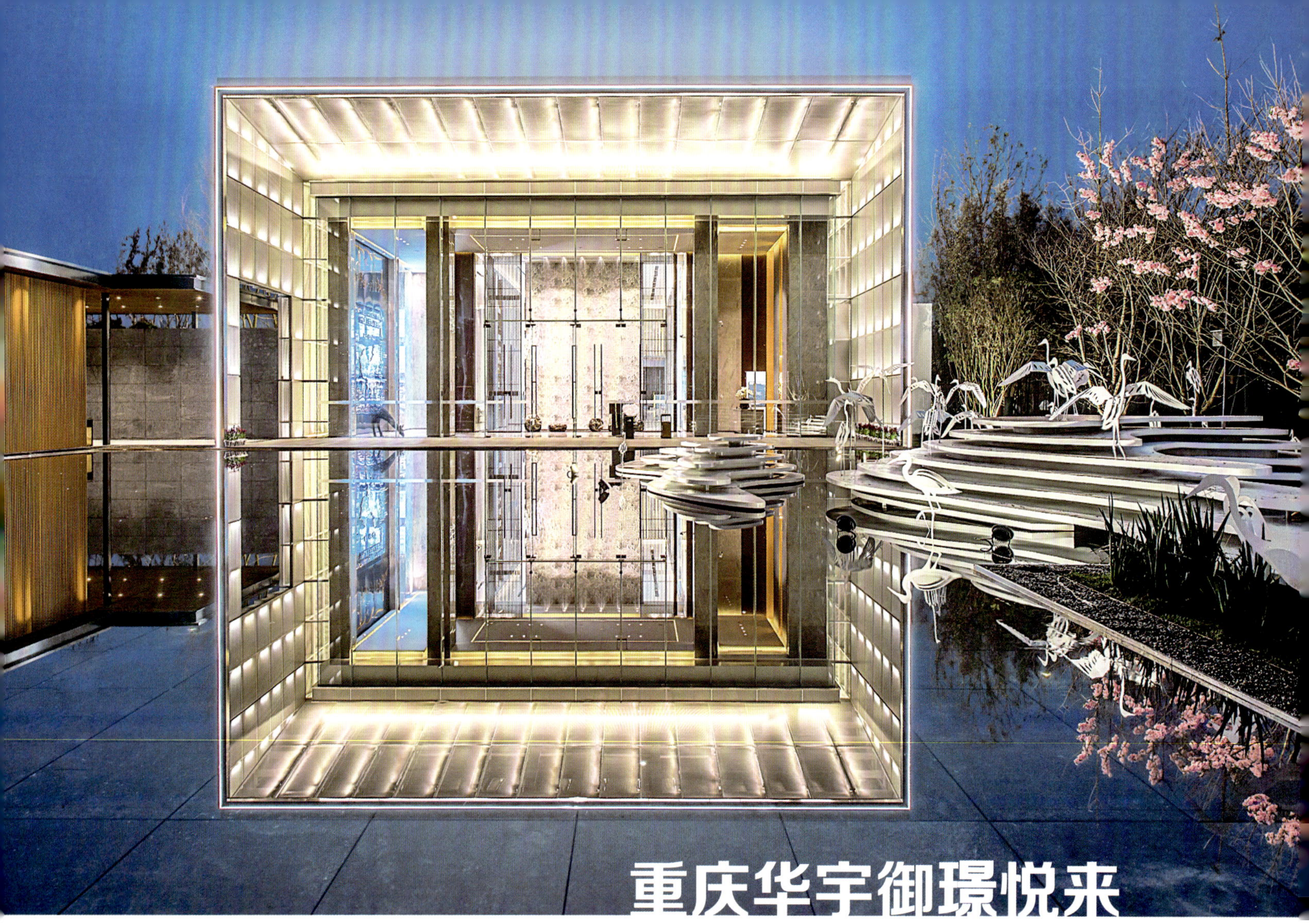

重庆华宇御璟悦来

Chongqing Huayu Yujing Yuelai

项目业主：华宇地产
建设地点：重庆
项目功能：展示中心
用地面积：14 000平方米
建筑面积：850平方米
设计时间：2018年
项目状态：建成
设计单位：深圳市承构建筑咨询有限公司
设计团队：杨新、刘诚、雷淑鑫、霍昭允

本项目位于重庆市渝北区，交通便利，独享用地，将打造成简洁现代、气质优雅的景观示范区。

设计灵感之一源自对于重庆传统民居的记忆。方案在设计中对地域建筑文化进行研究与提炼，用现代的构造工艺对其进行再演绎。整个示范区规划布局上好似一个缩小版的重庆传统村落。从示范区入口（村口的大树）开始，跨过溪流（村边的小河），穿过树林（村里的林荫小径），顺曲径通幽的小径拾级而上，整个建筑才豁然开朗呈现在眼前。

设计灵感之二源自对自然与周边生态环境的回应。基地周边自然资源良好，坐拥山地、森林、水域等资源。以白鹭为代表的大量生态敏感型的动植物栖居于此，因此，“白鹭”主题应运而生。折面状的白色穿孔板造型又好似白鹭的片片羽毛，与门前的水景形成有趣的互动，仿佛在池水边休憩的白鹭，轻盈优雅，端庄可爱。

深圳中海信众创城

Zhongchuangcheng of ZHX Holdings, Shenzhen

项目业主：中海信科技发展有限公司
建筑功能：办公建筑
建筑面积：470 000平方米
项目状态：建成
合作单位：深圳华筑建筑设计有限公司（建筑施工图）
深圳朗石景观设计公司（景观方案及施工图）
深圳江河幕墙设计有限公司（幕墙设计及施工）
深圳中筑空间幕墙顾问有限公司（幕墙顾问）
设计团队：柴晟、涂通文、邓卿、郭明远、刘晓丹、
马国勇、赵丹丹、陈子涵、黄鸿文、昌涛

建设地点：广东 深圳
用地面积：83 714平方米
设计时间：2012年—2014年
设计单位：深圳市承构建筑咨询有限公司

本项目作为中海信众创城的第三期，位于深圳市龙岗区布澜大道中海信科技园总部东。项目立足深圳产业转型的大势，定位为新型郊外式生态科技园区。

设计将绿色空中花园嵌入办公单元和垂直交通之间。使得空间使用者拥有“私家”空中花园。设计师尝试将传统竖向交通划分为两种类型：一类是使用者高频使用的垂直电梯，另一类是使用频率相对较低的疏散楼梯及货运电梯。将低频垂直交通放在相对隐蔽但便于到达的位置。力求通过规划设计结合单体设计，打造一种全新的绿化生态型生产及办公空间。

陈神周

职务：德国ISA意厦国际设计集团副总规划师
职称：高级规划师

教育背景

1998年　东南大学土木工程系学士
2001年　清华大学建筑系硕士
2005年　德国斯图加特大学建筑与城市规划系硕士

工作经历

2002年—2005年　德国ISA意厦国际设计集团斯图加特总部主创设计师
2005年—2014年　在众多大型知名建筑设计公司担任副总经理、建筑设计总监、公共事务部部长等职位
2014年至今　德国ISA意厦国际设计集团北京公司合伙人

主要设计作品

漳州滨海新区厦门港南岸新城核心区城市设计
荣获：福建省优秀城乡规划设计三等奖
雄安新区起步区城市设计
北京城市副中心总体城市设计和重点地区详细城市设计
广州明珠湾区灵山岛水街策划与概念性城市设计
广州南沙湾地区策划研究、总体城市设计与核心区城市设计
北海邮轮母港产业集聚区规划设计
中原城市群发展战略研究
广州教育城一期城市设计
广州华南国际港航中心
广州教育城共享带工程设计

ISA北京
意厦国际规划设计(北京)有限公司
地址：北京市东城区朝阳门北大街8号富华大厦F座18层
邮编：100010
电话：010-62698680
传真：010-62698680
网址：www.isa-design.com
电子邮箱：contact@isa-design.cn

ISA广州
意厦建筑规划设计(广州)有限公司
地址：广州市天河区科华街251号乐天创意园
邮编：510640
电话：020-29026321
传真：020-29026321
网址：www.isa-design.com
电子邮箱：contact@isa-design.cn

ISA
德国ISA意厦国际设计集团
INTERNATIONALES STADTBAUATELIER

1979年，德国ISA意厦国际设计集团成立于斯图加特，至今已有40 年规划实践经验，分支机构遍布欧洲、亚洲、南美洲，始终代表着世界最前沿的设计理念。公司主要工作范围涵盖产业研究与商业策划、新城城市设计、历史城市保护与规划、可持续性发展生态规划、旅游规划、公共空间、建筑、景观一体化设计等，先后荣获上百项世界竞赛大奖。

作为一支由国际化、多领域团队组成的智囊团，公司将自身理解为东西方设计理念和方法的跨文化交流者和翻译者。公司开发新的工作模式，力图将欧洲设计的智慧积累与亚洲现实的发展任务相结合，为不同的设计问题量身打造解决方案。技术与学术相结合，可实施性和艺术创新性相融合，以“工匠精神”打造独具意厦特色的新型城市发展模式。

港航中心

广州华南国际港航中心
South China International Port Aviation Center, Guangzhou

项目业主：广州海港房地产开发有限公司
建设地点：广东 广州
建筑功能：办公建筑
用地面积：15 100平方米
建筑面积：140 000平方米
建筑高度：250米
设计时间：2012年
项目状态：建成
设计单位：德国ISA意厦国际设计集团
合作单位：广东省建筑设计研究院
主创设计：陈神周、鲁西米、Dita Leyh

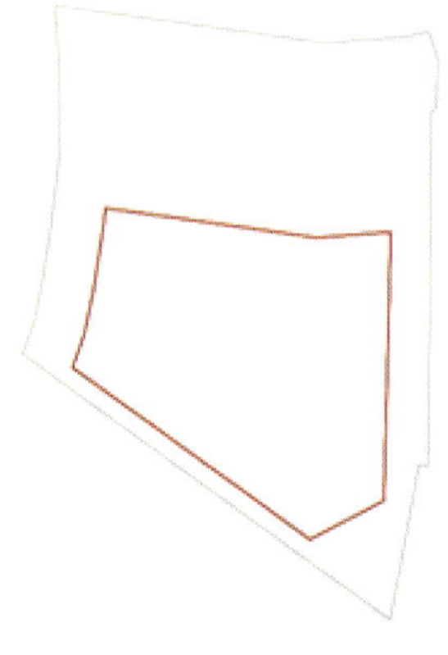

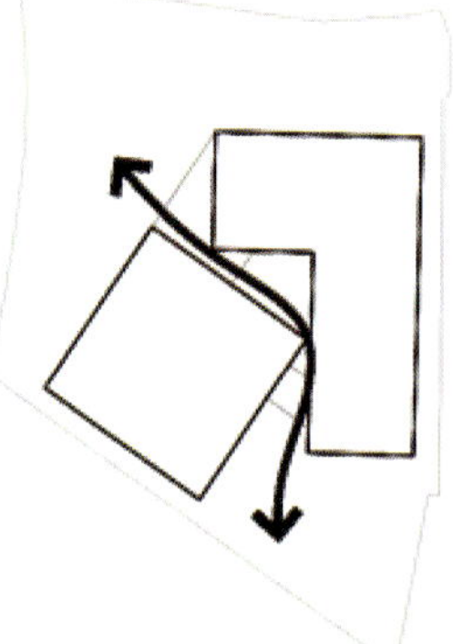

本项目位于珠江北岸的黄埔港区内，作为广州第二中央商务区的地标性建筑，主楼顶部结合空中花园，突出滨江灯塔意向的同时塑造区域景观地标。建筑形体简洁挺拔，具有强烈的整体感和清晰的体量，且与隔路相望的高层建筑共同构成黄埔大道上的城市门户。

以具有港口特色的集装箱为设计原型，通过外层竖向遮阳板、内层幕墙及遮阳的变化，使立面呈现细致而多样的光影效果，从而丰富立面肌理。

超高层主体布局在西南一侧，利于黄埔大道门户形象的塑造，同时让出东南路口公共空间。建筑采用方形平面，形成各建筑界面的均好性，增加观江立面宽度。

裙楼一方面作为独特的建筑主体，具有很强的可识别性；另一方面又通过曲折的体量连接塔楼，并在西部广场的一侧与之融为一体。在西北侧裙楼和塔楼体量相交叠的区域内形成了一个大面积的公共屋顶平台，人们可以从西侧联通地铁站点的主要广场通过一个露天台阶来到这里。未来也可以将屋顶平台与黄埔中心区的架空步行系统相连接。

高层建筑控制范围、形体组合、广场和平台裙楼的“L”形屋顶上是一个“休闲花园”。花园中通过绿地的布局，形成了亲切的尺度和富于变化的空间，用现代方式诠释传统的中国园林。在这里，人们可以获得内心的平静，在紧张工作的间隙放松身心。

在塔楼顶部局部凹入处为人们提供了一个独一无二的空中观景平台，这里可以提供安静舒适的环境以及广阔的视野，享受滨江日落的美丽画面，俯瞰黄埔中心区的繁华胜景。

建筑功能复合集约，分区清晰明确。首层分别布置了各个功能的入口大堂，并便捷联系各功能区域。裙楼更多地被设计为公共服务功能区，如购物、银行、餐饮、休闲等。塔楼主体则分段布局了面向多种商务办公需求的多样化办公楼层。

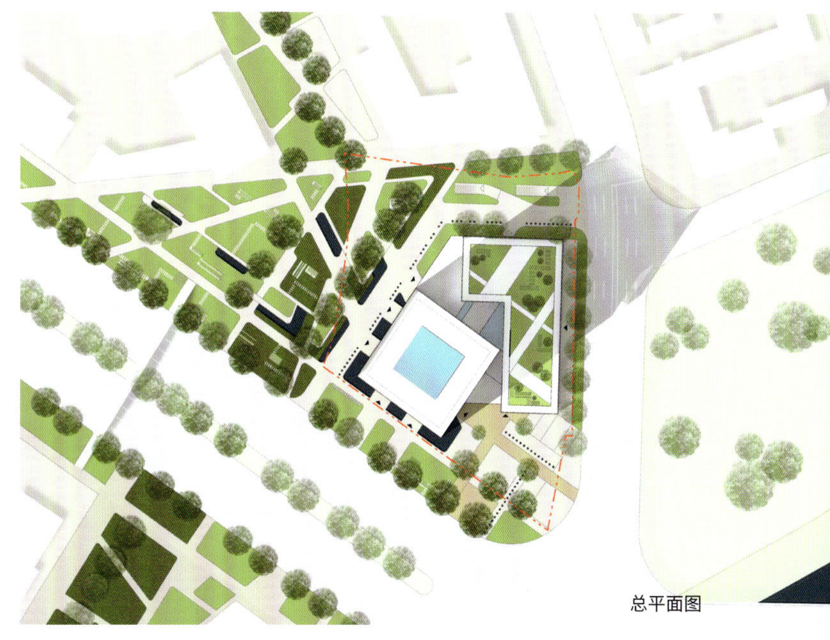

总平面图

广州明珠湾区灵山岛商业水街策划与概念性城市设计

Planning and Conceptual Urban Design of Lingshan Island Commercial Water Street in Mingzhuwan District, Guangzhou

项目业主：广州南沙城市建设投资有限公司
建设地点：广东 广州
用地面积：93 407平方米
建筑面积：216 610平方米
设计时间：2017年—2018年
项目状态：方案
设计单位：德国ISA意厦国际设计集团
主创设计：陈神周

总平面图

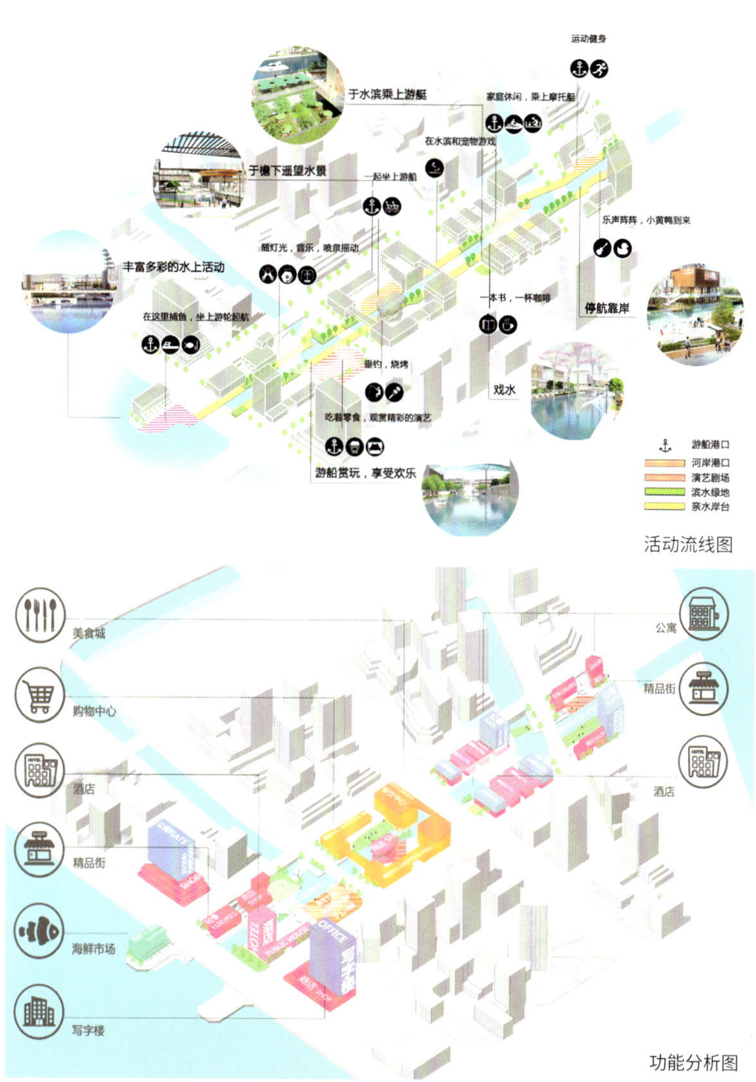

活动流线图

功能分析图

本项目位于广州市南沙区，地处粤港澳大湾区的地理几何中心。周边有过境的凤凰大道、京珠高速、规划中的过江隧道和地铁15号线，河涌贯穿整个基地。基地河道岸线标高较低，周边道路面与河道标高相差约5米。

从“传承”与“融合”的设计理念出发，即传承传统空间结构与层级特征、有机结合自然生态环境，在自然条件与当地传统建筑布局的基础上融合多样化商业空间，寻求自然、传统与现代城市功能需求之间的平衡。

从岭南传统的村落布局出发，尊重院落、水畔、近坡和轴线秩序等历史文脉。以水体与景观序列为轴线，对称布局并串联起各个功能景观。开阔的庭院界面向四周打开，加强与周边的活动联系，创造开放连续的界面。

经过对地形标高的整合，建筑两侧沿街和沿水两侧均与地坪标高齐平，形成“双首层”的临街商业界面。设计力图将娱乐、休闲、购物、餐饮、酒店与公寓等多种城市功能复合成一体，并区分不同时段，针对周边不同人群的活动特点，精心打造滨水人流动线，构建现代城市商业与生活的共享街区。

建筑形态适应岭南地方特点，设计多层次的平台、遮阳设施、廊桥以及骑楼，即使在炎热和暴雨情况下，游览者也能在各个建筑群中自由游走和活动。

“北部湾之门”建筑与园区规划设计

“North Bay Gate” Architecture and Park Planning and Design

项目业主：广西中马钦州产业园区北港海悦建设开发有限公司
建设地点：广西 钦州
建筑功能：商业综合体
用地面积：65 626平方米
建筑面积：194 000平方米
设计时间：2018年
项目状态：方案
设计单位：德国ISA意厦国际设计集团
合作单位：广州大学建筑设计研究院
主创设计：陈神周

本项目位于钦州湾金鼓江入海口，毗邻孔雀湾生态公园。基地分为两部分，前部以商业综合体、酒店和服务式公寓为主，后部以专家公寓为主。

通过联动周边景观资源，将孔雀湾湿地公园、滨河湿地、酒店和公寓通过景观轴线进行串联，达到空间上和视线上的有机融合。整个地块进行复合功能布局，主体塔楼位列三角形基地的前方，呈流畅的折线形，以谦逊的姿态向城市和入海口打开。建筑主体将酒店和服务式公寓这两个主要功能分列两侧，构成舒展的门形建筑，寓意“北部湾之门”。

为体现更好的环境品质和私密性，高级专家公寓位于基地后部。设计复合景观轴线穿越“北部湾之门”进入公寓内部，将建筑群与周边景观紧密连接起来，同时通过自然渗透，将金鼓江的自然山水引入整体的居住活动空间中。复合景观轴线同时也是建筑群的公共活动轴，沟通活力前广场、综合商业空间与社区活动广场，形成多种不同的社交与服务圈的互联。

建筑立面提炼中国传统建筑中窗花格栅的元素，以现代建筑语汇演绎，与透明玻璃幕墙相互衬托，以标志性的形态屹立于中马钦州产业园的核心位置。

商业聚集流线

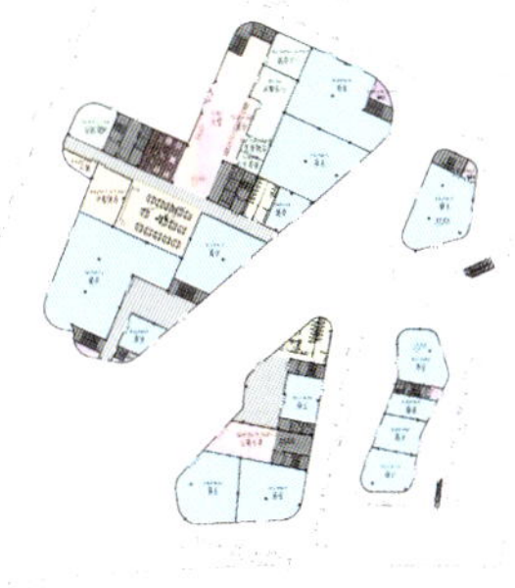

一层平面图

剖面图

陈晓宇

职务：AIM亚美设计集团总建筑师、董事长
职称：加拿大注册建筑师、加拿大皇家建筑师会员

教育背景

1994年—1997年　华南理工大学建筑学硕士

工作经历

2002年至今　AIM亚美设计集团

个人荣誉

2011年　中国年鉴颁发的中国建筑行业卓越贡献人物奖
2012年　中国建筑设计行业卓越贡献人物奖
2013年　《中国建筑设计作品年鉴》特邀编委
2015年　“金钻奖”年度十大最具创意(建筑、景观、商业空间)设计师大奖
2016年　“概念商业广场”国际建筑设计竞赛专业组优秀奖
2016年　全国健康产业工作委员会规划设计发展中心副主任

主要获奖作品

中信森林湖兰溪谷二期	荣获：2010年东莞市优秀建筑工程设计方案一等奖
联华花园城	荣获：2011年绿色宜居住宅 2011年创新示范楼盘奖
星河传说荷塘月色二期	荣获：2011年中国低碳建筑设计创新奖
广晟·海韵兰庭	荣获：2014年第八届中国人居典范竞赛创新示范楼盘奖
星港城·万达广场	荣获：2016年最佳商业楼盘 2017年中国城市可持续发展推动力“金殿奖”
七星岗古海岸遗址	荣获：2017年广州市优秀城乡规划设计
GREEN BELT	荣获：2017年概念商业广场国际建筑设计竞赛优秀奖
新凯广场	荣获：2018年中国城市可持续发展推动力“金殿奖”

AIM亚美设计集团（AIM DESIGN GROUP）诞生于加拿大，广州总部聚集国内外精英设计师200余人，一直致力于提供以建筑设计为核心，从策划、规划、景观、室内、灯光、幕墙设计到商业招商、运营的一体化定制的全程服务。

AIM亚美设计是少数同时具有国际品牌、中国建筑行业综合甲级资质以及与客户长期战略合作三大核心竞争力的设计集团。集团不仅拥有一流的创意，还有一支强大的包括结构、水电、暖通、室内、景观等专业的技术队伍作为项目支撑，以确保方案的可实施性和造价的有效控制。在与国内众多知名地产商的长期合作中，无论是设计品质还是服务质量均受到业主好评。AIM亚美先后承接了诸如星港城万达广场、桂林万达旅游城、黄埔合景万达广场、新凯广场、东方新天地、广州漫广场、广州国际皮具中心、巴伐利亚庄园、敏捷华南金谷、金州体育城、保利珑门广场、保利西海岸、保利中环广场、万科幸福城、佛山恒大城、天安珑城、广州南站地下空间设计、京华广场、阳江国际金融中心等上百个成功案例。

资深的行业背景、良好的方案水平、优质的设计服务团队，AIM亚美还陆续获准进入供方库的各大品牌有万科、恒大、保利、碧桂园、万达、融创、绿地、招商、中海、新城控股、中梁、金科、奥园、龙湖、碧桂园、希尔顿、香格里拉、洲际、万豪、精选国际酒店等。

公司荣誉

2014年　最具影响力境外设计机构
2017年　最具品牌价值设计机构奖

地址：广东省广州市天河区珠江新城华穗路406号保利克洛维中景A座16楼
电话：020-38819168
传真：020-38812825
网址：www.AIMgi.com
电子邮箱：aimgilulu@qq.com

广东外语外贸大学附属江门外国语学校

Jiangmen Foreign Language School Affiliated to Guangdong Foreign Studies University

项目业主：保利地产
建设地点：广东 江门
建筑功能：教育建筑
用地面积：71 000平方米
建筑面积：53 867平方米
设计时间：2017年
项目状态：建成
设计单位：AIM亚美设计集团
设计团队：陈晓宇、Ignasi Hermida Tell、刘波、叶俊添

学校建成后得到了教育系统的普遍认可，已成为江门市教育空间设计的典范。作为全市新建学校的示范空间，无论是功能规划还是设计思维，本案都能体现一定的时代特色与前瞻性，立足于当下的同时，也能全面应对未来的发展需求。本案融入当地艺术元素，营造出一种具有中式意境的设计效果，传承侨乡中西文化。设计从“以人为本”出发，建筑单体间有机联系、互相协调、相互对话，以形成道路立面和外部空间的整体连续性，空间上主张动静分区，手法上简洁实用，兼具科学性与人文色彩。校园教学区、生活区、运动区、实验区四大功能区划分清晰、布置合理。功能区域相互交融渗透，在规划中充分体现结构多样、协调，富有弹性，满足可持续发展的需求。

星港城·万达广场

Wanda Plaza, Xinggang City

项目业主：万达集团（广东城际置业有限公司）
建设地点：广东 佛山
建筑功能：商业综合体
用地面积：79 383平方米
建筑面积：800 000平方米
设计时间：2013年
项目状态：建成
设计单位：AIM亚美设计集团
主创设计：陈晓宇

2017年6月，金沙洲星港城·万达广场这艘承载着购物中心、摩天轮乐园、喜来登酒店、公寓等的商业航母已经扬帆。口碑相传的广佛眼，在一片商业红海中突围而出，成功吸引了万达集团的投资，成为万达广场全国第一个收购的项目，闪耀广州和佛山双城。

AIM亚美向万达学习，做非标准化万达DNA的升级版产品。在设计规划中“星港城”差异化的定位不仅仅是购物场所，还通过建造屋顶摩天轮寻找城市记忆点，同时通过与商业结合在一起的楼顶花园、层层退台的儿童活动区域等，营造体验式和情景式消费，为后期运营打下良好的基础。

万达集团发展中心华南区总经理沈景琰曾经评价收购星港城有很重要的一个因素是星港城的设计团队非常优秀，他们的商业规划设计理念超前，确保了项目的品质，与万达商业发展方向非常吻合，同时项目建设基础扎实，质量也非常过硬。星港城·万达广场也是第200座万达广场，它的出现，刷新了整个万达广场在万达集团里面的印象，大大地提升了商业地产的价值。

新凯广场

Xinkai Square

项目业主：新凯星晖地产
建设地点：广东 佛山
建筑功能：商业综合体
用地面积：29 487平方米
建筑面积：220 000平方米
设计时间：2013年
项目状态：建成
设计单位：AIM亚美设计集团
设计团队：陈晓宇、Ignasi Hermida Tell、李毅聪

新凯广场以“现代岭南、花园绿城”的设计理念，针对中高端消费群体，围绕“花园绿城”概念深挖核心价值，引入特色酒店、精品餐饮、艺术娱乐和休闲购物，打造出一处现代时尚、商业气氛浓郁，又饱含自然清新气息、岭南风貌的现代体验式商业综合体。

在两栋裙楼之间引入了全天候式开放设计的中心广场，从而增加了内街商业展示面。中心广场将成为一个多用途的户外表演舞台，可供商场举行各类型商业活动，提升空间利用的商业价值。此外通过多元活动的展示，将文化注入中心广场，使项目成为一个佛山历史延续和文化拓展的传承之地，提升项目的社会价值。

都湖国际

Duhu International

项目业主：南驰集团
建设地点：广东 广州
建筑功能：居住建筑
用地面积：128 883平方米
建筑面积：349 508平方米
设计时间：2015年
项目状态：在建
设计单位：AIM亚美设计集团
设计团队：陈晓宇、刘波、周福明

本项目位于广州花都湖畔，设计团队在设计上注重象征性和独特性，灵感来自于湖上的天鹅，铝板材质的运用创造出反光的表面，强化了立面设计的特征。阳台的形式创造出一种优雅的旋律，构成了一幅天鹅翅膀的画面。屋顶弧形线条创造出标志建筑形象，阳台的曲线造型带来了柔和的亲切感，并且增添了休闲度假的感觉。都市湖居美宅重树住宅高度，高达118米的地标性建筑，逾3 000平方米的商业中心，社区内建有幼儿园，尊享广阔城央湖景，270°全景视野，是花都区府板块的标杆湖居豪宅社区。六大主题园林布局，揽花都湖原生态湿地景观，以超高绿化率的自然生态园林与花都湖公园融为一体，超宽楼距沿湖开阳布局，享有环湖风景线。

天颐华府

Tianyi Huafu

项目业主：慧嘉房地产
建设地点：广东 广州
建筑功能：别墅建筑
用地面积：87 812平方米
建筑面积：80 361平方米
设计时间：2011年
项目状态：建成
设计单位：AIM亚美设计集团
主创设计：陈晓宇

本项目位于广州番禺中心区域，番禺自古以来便是著名的鱼米之乡，经济富庶，文化互通，人们的追求越来越多是对生活环境和精神生活的升华。项目建筑主要为联排、双拼和独栋别墅，共154栋，基本保持偏南北的通透朝向，确保每一栋别墅的景观价值。

建筑设计上充分利用自然采光，提升人的使用舒适度和地下的空间体验感。项目基本采用现代东方风格，在设计中运用超大面积的玻璃窗户，最大限度地把阳光引入每一户别墅，以给住户达到享受阳光、亲近自然的悠然生活感受。

陈媛

职务：上海天功建筑设计有限公司
苏州分公司副总经理、总建筑师
职称：高级工程师
执业资格：国家一级注册建筑师

教育背景
2000年—2004年 苏州科技学院土木工程学士
2012年—2014年 中南大学工程硕士

工作经历
2005年至今 上海天功建筑设计有限公司

主要设计作品

医院及养老建筑
苏州市香榭丽舍养老中心
苏州市渭塘敬老院
苏州市渭塘医院方案
苏州市车坊卫生院
苏州唯亭养老中心
南通市东风滩体检中心
南通市东风滩疗养中心

商业及旅游建筑
苏州市漕湖邻里中心
苏州市新娄商业中心
苏州尹山湖商业广场
苏州市新镇商业广场
苏州市宝盛商业广场
湖北嘉鱼县长江生态旅游项目
宿迁市筑梦小镇
湖南宁乡膳鱼州状元楼

教育建筑
苏州市漕湖中小学校
苏州市独墅湖高教区幼儿园
苏州市工业园区戈巷幼儿园
苏州市工业园区上郡幼儿园
苏州市相城第三实验中学
苏州市娄葑学校
苏州市唯亭中小学校
苏州市三星学校
苏州市文贤中学和文昌幼儿园
淮安市老坝口小学
淮安市经济开发区小学

居住建筑
淮安市东城江南小区
苏州市宝南花园小区
苏州市新蠡苑住宅小区
贵州晴隆县沙子镇安置小区
南通市如皋县海南花园
南通市如皋县界墩花园
如皋港区金水苑和金水华庭
苏州市工业园区泾上动迁小区

办公建筑
汇思人力资源总部大楼
苏州市国泰新点软件研发大厦
渭塘水务投资大厦
新疆霍尔果斯边检大楼

工业建筑
五矿营口厂区
南京久吾科技膜材料厂区
天弘激光厂区
苏州市工业园区绿控传动新建厂区

上海天功建筑设计有限公司

上海市闸北区建筑设计院创建于1958年，于2002年改制组建为上海天功建筑设计有限公司。公司具有建筑工程设计甲级资质，2004年，通过ISO9000质量体系认证。公司下设第一、二、三、四设计分院及建筑设计创作所；为拓展业务，成立了杭州分公司、浙江丽水分公司、苏州分公司及昆山分公司。主要从事各类民用和工业建筑设计、装饰工程设计、建筑工程咨询、建筑工程科学研究以及建筑新材料和新技术推广应用等业务。公司现有员工百余人，其中高级工程师、工程师56人，技术人员占员工总数85%以上，其中国家一级注册建筑师、二级注册建筑师、国家一级注册结构工程师、二级注册结构工程师十多名。

公司自成立以来，随着中国经济的发展而不断壮大，公司以精心设计和优质服务为宗旨，坚持质量第一的原则，创作了大量的优秀建筑设计作品，取得了良好的社会效益和经济效益。

"可靠的质量、先进的技术、优化的设计、良好的服务，确保顾客满意"是公司一贯的方针。科学的设计方法、完整的设计程序、严格的质量管理和不断追求创新是公司的立足之本。2004年，公司提出了"深入教育，坚持运行，及时记录，完善体系"的工作思路，深入持久地抓好质量管理体系的运行，同时招贤引才，海纳百川，会聚了众多经验丰富的精英人才。通过科学、规范的技术和管理方法，为客户不断提供优质、高效的设计作品，服务于社会。

苏州市元和镇人民医院

苏州市渭塘镇人民医院

渭塘购物中心

渭塘水务联合商业大厦

新点办公楼

苏州渭塘联合茶餐厅

地址：苏州市工业园区商旅大厦
905~907室
电话：0512-62879061
传真：0512-62992711
网址：www.tiangongjd.com
电子邮件：tiangong_jd@vip.163.com

苏州市相城第三实验中学

The Third Experimental Middle School in Xiangcheng, Suzhou

项目业主：苏州市相城区教育局
建设地点：江苏 苏州
建筑功能：教育建筑
建筑面积：70 000平方米
设计时间：2015年
项目状态：建成
设计单位：上海天功建筑设计有限公司
工程主持人：陈媛

苏州市漕湖中小学校

Caohu Primary and Secondary School in Suzhou

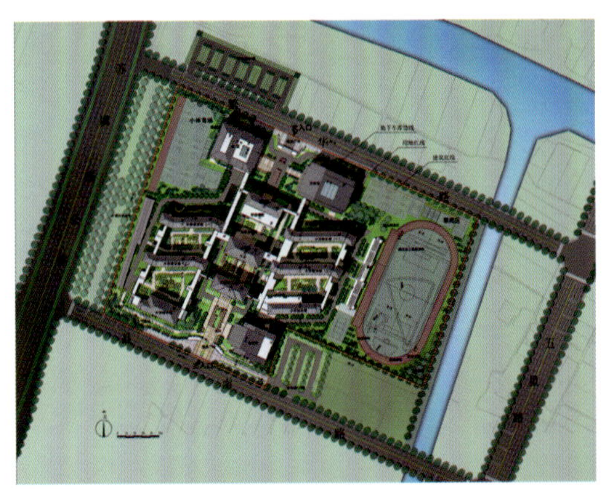

项目业主：苏州市漕湖教育局
建设地点：江苏 苏州
建筑功能：教育建筑
用地面积：95 574平方米
建筑面积：69 671平方 米
设计时间：2013年
项目状态：建成
设计单位：上海天功建筑设计有限公司
工程主持人：陈媛

苏州市漕湖中小学校是一所高标准、现代化的九年一贯制学校，是布局合理、功能合理、交通便捷、绿意盎然、具有文化内涵的新时代新校区。教学规模为小学48班，初中42班。设计将空间营造手法与现代化的数学理念模式相结合，以教学及交流为设计核心，兼顾初中与小学的共享性及独立性，塑造空间丰富、功能复合、分区明确，打造具有人文气息的现代化校园空间。总体规划格局可概括为“一轴、两片、三区”。“一轴”为主次入口相连的核心功能景观轴，“两片”为东西两侧的两片运动场地，“三区”分别为西侧中学教学区、中部共享综合区、东侧小学教学区。

西南鸟瞰效果图

苏州市三星学校

Suzhou Samsung School

项目业主：苏州工业园区教育局
建设地点：江苏 苏州
建筑功能：教育建筑
用地面积：30 338平方米
建筑面积：46 969平方米
设计时间：2018年
项目状态：在建
设计单位：上海天功建筑设计有限公司
工程主持人：陈媛

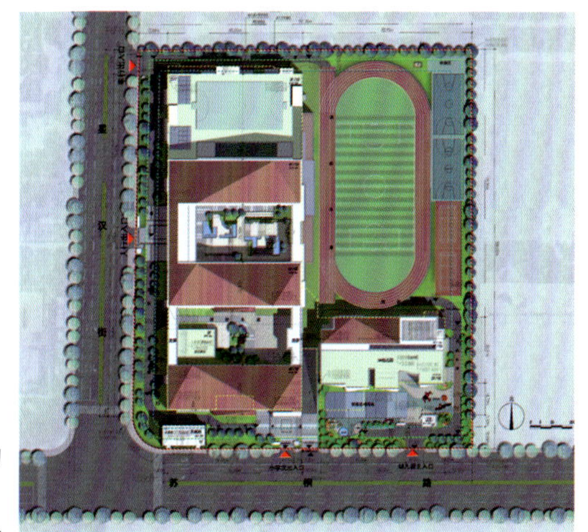

本项目位于苏州市工业园区苏桐路北、星汉街东。教学规模为小学48班，幼儿园9班。

以“两轴、三区、多节点”布局。“两轴”为规划功能主轴、小学入口礼仪主轴；“三区”为小学主体建筑区、小学运动场区、幼儿园区；“多节点”为校园形成的入口节点，院落节点等。

校园内共设5个管制闸，小学4个，幼儿园1个，平时禁止车辆进入，确保学生的安全。幼儿园主入口前预留一较大的接送场地，东侧设置适量的非机动车临时停车位。

交通组织及车辆管制。小学部分：车辆从南门进入后，由坡道迅速进入地库，然后从地块西北侧的次入口驶出。幼儿园部分：家长接送车辆从南门进入后，由坡道到达地库的接送场地放下孩子，孩子通过两侧的大楼梯到达一层走廊，家长车辆则从地块西北侧的次入口驶出，西入口处设置临时非机动车停车位，人车分流，确保接送安全。

淮安市东城江南

Dongcheng Jiangnan Cmmunity, Huai'an

项目业主：淮安市开发区控股集团

建筑功能：居住建筑

建筑面积：242 400平方米

项目状态：建成

工程主持人：陈媛

建设地点：江苏 淮安

用地面积：176 553平方米

设计时间：2010年

设计单位：上海天功建筑设计有限公司

规划设计遵循高起点、高标准、高水平的设计导向，强调内在整体性，兼顾内部分区的相对独立性，使分期开发得以顺利实施。建筑总布局因地制宜，疏密有致，不刻意追求户户朝南，而尽量做到景观最大化，并与组团空间完美结合，平直的兵营式布置，使整个小区显得生动、有机和富有活力。

双拼住宅和联排住宅组成的中心组团是小区环境品质最好的一个组团；东南组团：由联排住宅组成；东北组团：大部分是联排住宅，其中东北角有一个由叠加住宅组成的小组团，南侧有一个会所；北组团：由联排住宅和多层住宅（带电梯）组成，多层住宅与联排住宅之间设置半地下车库；南组团：全部由18层至33层的高层住宅组成，并配有小区商业和会所。

唯盛便利中心

Weisheng Convenience Center

项目业主：苏州市工业园区唯亭镇政府
建设地点：江苏 苏州
建筑功能：商业、居住建筑
用地面积：22 904平方米
建筑面积：34 350平方米
设计时间：2010年
项目状态：方案
设计单位：上海天功建筑设计有限公司
主创设计：陈媛

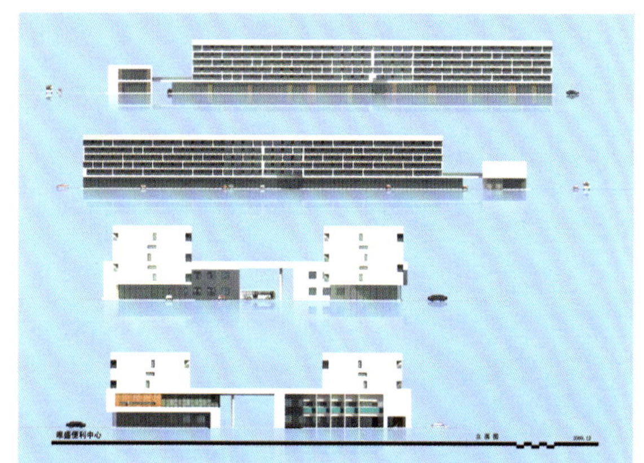

本项目位于苏州工业园区，建筑由6层住宅楼及2层沿街商业楼组成，住宅楼和商业楼三面围合，向河道水面方向开敞，形成既围合又通透的空间。在基地周边布置行车道，并利用车道宽度布置停车位，使利用率大大提高，充分利用了地形。住宅楼底层布置配套商业及相关配套服务设施，为外来务工人员提供悉心的服务。

设计采用现代建筑手法，提供了相对经济的营造方案，同时利用色彩、材质、空间给使用者提供了简约舒适的工作生活环境。住宅楼使用了多种色彩，象征了外来务工人员七彩的人生和梦想。住宅楼之间的间距达到40米多，给居住和内院空间提供了充足的日照，内院部分靠近沿街商业设计了体育活动场地，在相对安静的西向沿河面设计了休闲景观绿化，供业主散步休息之用。整个建筑布局及立面设计简洁大气、活泼灵动。

陈智军

职务：浙江大学城乡规划设计研究院有限公司
建筑一分院副院长、设计主持
万曼设计创始人

教育背景
2001年　中国美术学院建筑学院学士
巴塞罗那大学硕士

主要设计作品
杭州七堡地铁控制中心
杭州万科魅力之城
西溪湿地酒店
金华金义都市新区科技城孵化园
湖南株洲康养小镇
杭州皋亭山禅修康养中心

程飞

职务：浙江大学城乡规划设计研究院有限公司
建筑一分院主任设计师

教育背景
2006年　浙江万里学院学士
2015年　武汉大学工程硕士

主要设计作品
景宁千峡湖酒店
德江陶缘居酒店
金华金义都市新区科技城孵化园
周巷镇万安庄村文化礼堂
山东种业集团现代农业科技创新园

陈琛

职称：浙江大学城乡规划设计研究院有限公司
建筑一分院主任工程师
执业资格：国家一级注册建筑师

教育背景
2009年　浙江科技学院建筑学学士

主要设计作品
西溪湿地酒店
金华科技城科创孵化区二期
南海家苑一期地块
龙游县城东文成小区
下沙开发区沿江景观公园

胡立建

职称：浙江大学城乡规划设计研究院有限公司
建筑一分院主任设计师

教育背景
2012年　江西农业大学园林景观设计学士

主要设计作品
温州瓯海智尚小镇规划与改造
金华金义都市新区中欧生态产业园
宁波慈溪周巷镇综合整治与立面改造
龙游县龙北安置房
杭州皋亭山禅修康养中心

浙江大学城乡规划设计研究院有限公司

万曼设计

万曼设计成立于2013年，是隶属于浙江大学城乡规划设计研究院有限公司的一个设计团队，团队积极向上，是一支有创造性、对建筑美学及项目品质有极高追求的设计团队，主攻住宅、公建及特色小镇乡村振兴研究设计，有从方案到施工图完整的经验。主要方向是高端住宅、产业园、文化旅游等具有创意性的公共项目、乡建研究专题。

浙江大学城乡规划设计研究院有限公司成立于1994年，作为浙江大学的全资国有企业，以百年浙大为依托，秉承“求是、创新、协同、务实”的理念，充分发挥高校在科技、人才、信息、文化等方面的资源优势，现已成长为集科研创新与规划实践于一体的国内领先规划设计研究机构。设计院下设7个规划设计所和5个工作室，分别是：建筑分院、景观分院、旅游规划分院、农业与生态规划分院、江西分院以及城乡规划研创中心、新型城镇化研创中心等。设计院现有职工400余人，其中高、中级职称的技术人员占人员总数二分之一以上，各类注册师50余人。形成了一支专业齐全、实力雄厚的人才队伍。

设计院拥有城乡规划编制甲级、建筑工程设计甲级、风景园林工程设计甲级及旅游规划设计乙级、文物保护规划工程设计乙级等相关资质。业务涵盖区域发展、总体规划、控制性详细规划、城市设计、交通与市政基础设施、旅游、区域用海、建筑设计、风景园林等方面。设计院荣获国家优秀设计银质奖、建设部优秀设计一等奖、浙江省优秀勘察设计一等奖、全国优秀城乡规划设计二等奖、省厅级优秀规划设计一等奖等。

设计院还承担了住建部、教育部、各级地方政府的科研课题，参与了城乡规划相关技术规范和行业标准的编制工作。多次获得住建部的表彰及各地政府、客户的好评，成为杭州市人民政府研究室政校合作研究基地。

地址：浙江省杭州市西湖区双龙街199号金色西溪商务中心1号楼402室
电话：13666600099
传真：0571-88273029
网址：www.zjdxghy.com
电子邮箱：382497130@qq.com

湖南株洲康养小镇

Hunan Zhuzhou Health Town

建设地点：湖南 株洲
建筑功能：居住、康养、商业建筑
用地面积：1 334 000平方米
建筑面积：一期48 000 平方米
设计时间：2018年
项目状态：在建
设计单位：浙江大学城乡规划设计研究院有限公司建筑一分院
主创设计：陈智军、郁森伟、胡立建、胡燕青、胡宏毅

本项目位于株洲醴陵市枫林镇时轮村枫溪谷，长株潭城市圈偏中心位置，地理位置优越，交通便利。设计旨在充分利用周边的山水资源，与景为邻，推窗见绿，足不出户，独享江南水院，打造一个顶级康养休闲度假小镇。

整体采用“一街、一谷、三区”的布局模式，将建筑和山体清晰融合，根据地势高低合理设置建筑高度。充分利用中间农田水利用地的性质，围绕建筑形成一条蜿蜒水系。在地势较高处布置连续组团，视线聚焦中央水系，本着尊重环境的同时和其相辅相成，使得项目隐于山林。营造建筑与山体之间有序的人工环境与自然环境生态体系。

金华金义都市新区科技城孵化园

Jinhua Jinyi Urban New Area Science and Technology City Incubation Park

项目业主：金华金义都市新区管委会
建设地点：浙江 金华
建筑功能：科技孵化园
规划面积：719 992平方米
一期建设面积：170 000平方米
二期建设面积：165 000平方米
项目状态：在建
设计单位：浙江大学城乡规划设计研究院有限公司
建筑一分院
中国美术学院风景建筑设计研究院
主创设计：陈智军、程飞、胡立建、陈琛、郁森伟

金义都市新区是浙江省第四大都市区和第三大城市群核心区块，以“田园智城、电商新城”为目标进行开发建设。金华国际科技城作为金义都市新区的样板区，规划面积11.6平方千米，集合四大功能区块：研发创新区、孵化创业区、产业示范区、配套服务区。建筑依山傍水而建，每个组团围合成一个大型庭院，同时在地块中心布置大型的公共景观，各组团之间相互联系。建筑依据地形的走势而建，结合地形高差关系，底部做半地下停车库自然采光通风，节省土方开挖成本，同时解决办公停车问题。我们通过一系列因地制宜的推导设计，旨在建立一个具有自身特色的生态工业园，达到宜居、宜业、宜游的设计理念。

杭州皋亭山禅修康养中心

Hangzhou Gaotingshan Zen Practice Health Center

建设地点：浙江 杭州
建筑功能：文旅、商业、康养建筑
规划面积：14 0326平方米
建筑面积：75 000平方米
设计时间：2014年—2015年
项目状态：在建
设计单位：浙江大学城乡规划设计研究院有限公司建筑一分院
主创设计：陈智军、石苏波、郁森伟、胡立建

环境概念——藏于山、隐于林。环境最基本的说法是“场所”，是行为和事件发生的载体。本设计将强调场所精神，强调环境的认同感。

设计提出了“藏于山，隐于林”的环境概念，并以此为总设计理念。基地现状植被茂盛，古木参天，将建筑掩映于山林之中，与环境相融。

文化概念——禅意康养山居。

生态概念——人与自然的和谐。生态建筑将“人—建筑—自然”三者融合，重视人与自然的和谐关系，是人们征服自然、改造自然过程的一部分。

山东种业集团现代农业科技创新园

Shandong Seed Industry Group Modern Agricultural Science and Technology Innovation Park

项目业主：山东种业集团
建设地点：山东 济南
建筑功能：产业园
规划面积：127 600平方米
建筑面积：203 000平方米
设计时间：2019年
项目状态：在建
设计单位：浙江大学城乡规划设计研究院有限公司建筑一分院
主创设计：陈智军、程飞、胡燕青、胡宏毅、郁森伟、林城跑

本项目紧紧围绕“现代农业科技创新园区”的理念，充分解读当地地域文化，通过景观绿化与空间变化优化建筑环境。发掘新技术、新材料，将建筑色彩与环境相协调，突出地域、时代特色，彰显农业科创园建筑的独特性。

高度人性化、高度景观化、适度娱乐化已成为当代农业科创园的主要特点。通过公共开放空间的营造，鼓励人与人、人与自然之间交流，激发创造性思维，同时个体独立的诉求也应得到应有的尊重。

总平面图

西溪湿地酒店

Xixi Wetland Hotel

建设地点：浙江 杭州
建筑功能：酒店建筑
规划用地：7 510平方米
建筑面积：4 917平方米
设计时间：2018年
项目状态：在建
设计单位：浙江大学城乡规划设计研究院有限公司建筑一分院
主创设计：陈智军、郁森伟、胡立建、陈琛、刘德志

西溪是一个集城市湿地、农耕湿地和文化湿地于一体的湿地，它蕴含了“梵、隐、俗、闲、野”五大主题文化要素。西溪文化艺术酒店位于西溪湿地内部，不仅享有得天独厚的自然风光，也将西溪文化要素揽入其中。因此，设计的理念围绕着“禅意”这种宁静自然的概念打造酒店的意境，同时也是贴近西溪的文化主旨。在酒店建筑上充分将湿地的自然风光融入酒店的空间，打造与湿地共生的艺术酒店。

整体布局上，建筑呈散点状分布在基地内，三面环水，植被茂盛，景观良好并且渗透强，充分考虑与西溪湿地优美的环境融合。同时顾及建筑功能的空间形态，选择将散点分布的建筑单体利用景观元素，使半开放的院落形成小建筑群落。多样的院落和活动空间，对应不同的水域，形成不同的空间感受。

周巷镇万安庄村文化礼堂

Cultural Auditorium of Wan'anzhuang Village, Zhouxiang Town

建设地点：浙江 慈溪
建筑功能：文旅建筑
建筑面积：2 525平方米
用地面积：4 774平方米
设计时间：2019年
项目状态：在建
设计单位：浙江大学城乡规划设计研究院有限公司
建筑一分院
主创设计：陈智军、程飞、陈琛、刘德志

总平面图

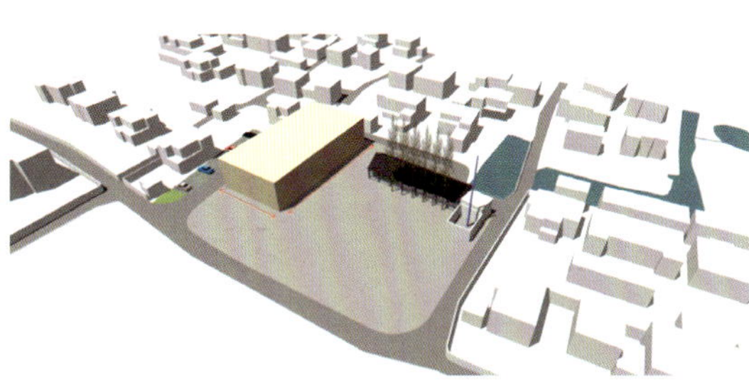

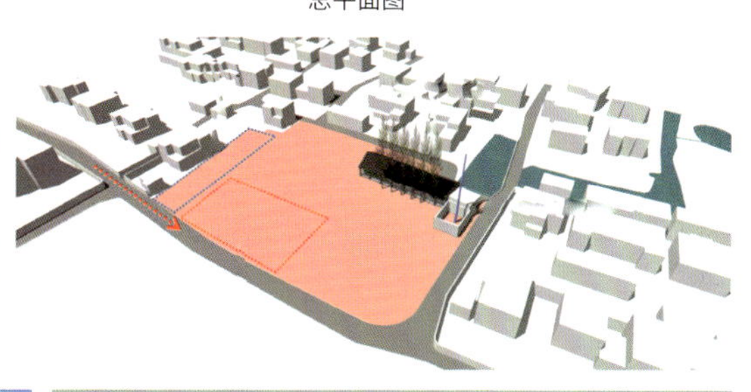

文化礼堂是经济强省浙江自2013年起在全省农村地区建设的基层文化平台，依托农村文化礼堂和农村“文化大使”，通过寓庄于谐、寓教于乐“接地气”的文化活动，将文明之风播进农民心田。要求文化礼堂建设主要依托已有的旧祠堂、古书院、闲置校舍、大会堂和文化活动中心，一方面避免大兴土木，少花钱多办事；另一方面借力发力，激活优秀传统文化中的正能量。过去单一传承宗族文化的祠堂，而今变成传播先进文化的殿堂。

设计师根据地块现状，保留具有历史感的建筑以及具有强烈识别性的景观。保留万安庄村小学宿舍，植入乡愁，留住记忆。由于礼堂主体的巨大体量，将在其南侧留出广场区域，避免沿街布置，将小庭院整合成大庭院，形体干净，使用功能更加合理。

最终将文化礼堂变为百姓的精神家园，它将承载着道德、文化、公益、理论、文明等精神内涵的传承。

程向阳

职务：南华建筑设计事务所主持建筑师、合伙人、总建筑师
江苏苏邑设计集团联合创始人
职称：教授级高级建筑师

教育背景

1990年—1995年　重庆大学建筑学学士
2001年—2004年　南京大学建筑学硕士

工作经历

1995年—2004年　南京市规划局、南京市城市规划编制研究中心、副总规划师
2004年—2008年　美国艾亦康/易道（AECOM/EDAW）助理董事、资深设计师
2008年—2017年　南京大学建筑规划设计研究院有限公司执行总建筑师
城市建筑研究与创作中心创始人、主持建筑师
2017年至今　南华建筑设计事务所主持建筑师、合伙人、总建筑师
江苏苏邑设计集团联合创始人

个人荣誉

2012年中国建筑学会青年建筑师奖

主要设计作品及获奖

南京青奥城规划设计	荣获：全国优秀工程勘察设计一等奖 江苏省优秀工程勘察设计一等奖
南京软件谷云密城	荣获：江苏省优秀工程勘察设计一等奖
青岛即墨市民文化中心	荣获：江苏省优秀建筑创作一等奖
湖南长沙昭山晴岚高尔夫俱乐部	荣获：江苏省优秀建筑创作一等奖
新疆喀纳斯禾木阿西卖里索道站	荣获：江苏省优秀建筑创作一等奖
南京高淳慢城大仁凹乡村酒店综合体	荣获：江苏省优秀建筑创作一等奖
南京高铁南站枢纽地区规划设计	荣获：全国优秀工程勘察设计二等奖 江苏省优秀工程勘察设计一等奖
无想山国家森林公园游客中心	荣获：江苏省优秀建筑创作一等奖
南京新港国家开发区高华园区一期工程	荣获：江苏省优秀工程勘察设计二等奖
南京理工大学校园中心景观设计	荣获：江苏省优秀工程勘察设计二等奖
南京江宁美丽乡村酒店	荣获：江苏省优秀建筑创作二等奖
南京中山南路866号曙光化工集团	荣获：江苏省优秀建筑创作二等奖
江苏连云港国家开发区管委会	荣获：全国优秀工程勘察设计三等奖 江苏省优秀工程勘察设计二等奖
深圳福田中心区香蜜湖片区城市设计	荣获：国际竞赛入围三等奖
南京农业大学江北新校区一期实施性建筑方案	荣获：设计竞赛入围前三名
南京中华门外长干桥片老街区修建性设计	荣获：国际竞赛第一名

创作思想

关注环境与文化的创造性引领，激发原创性设计创作；关注建筑建成环境的意义，实现从场地到场所空间的价值；关注设计与建造的差异性，形成从概念到实施控制的整体设计方法。

南华建筑设计事务
NANHUA ARCHITECTURES

南华建筑

南华建筑设计事务所2003年由国家工程勘察设计大师、原江苏省建筑设计研究院院长李高岚先生主持创建。2017年完成事务所改制，由中国青年建筑师奖获得者、原南京大学建筑规划设计研究院有限公司执行总建筑师程向阳先生主持设计事务所。程向阳先生曾在南大创建和主持城市建筑研究与创作中心，形成建筑、城市设计与景观多专业融合的创作方向和工作模式，关注从大尺度到小尺寸的空间实践，研究中心近10年的创作实践奠定了事务所未来可持续发展的方向和基石。

江苏苏邑设计集团
JIANGSU SUYI DESIGN GROUP

SUYI苏邑

江苏苏邑设计集团是中国城乡基础设施全方位综合服务企业之一，提供项目选址、项目策划、项目规划、方案设计、详细设计、工程设计、施工咨询、项目管理与运营等全专业与全流程整合性的设计咨询服务。自 2010年在南京成立以来，集团目前拥有建筑行业（建筑工程）甲级、市政行业（道路工程）甲级、风景园林工程设计甲级、市政行业综合乙级、城乡规划乙级等资质。公司有超过500位不同学科背景的优秀人才，设计项目涵盖城市规划、交通设计、市政设计、建筑设计、景观园林设计、电力设计等多个专业领域。

地址：南京市安德门大街42号
紫悦广场5号楼
电话：025-83179393
传真：025-83176363
网站：www.suyi-group.com
电子邮箱：suyi@suyi-group.com

南京江宁美丽乡村酒店

Jiangning Beautiful Country Resort Hotel, Nanjing

项目业主：南京江宁交通集团
建设地点：江苏 南京
建筑功能：酒店建筑
用地面积：19 800平方米
建筑面积：5 233平方米
设计时间：2014年
项目状态：建成
主创设计：程向阳、陈卓然、吴子夜
设计单位：南京大学建筑规划设计研究院有限公司

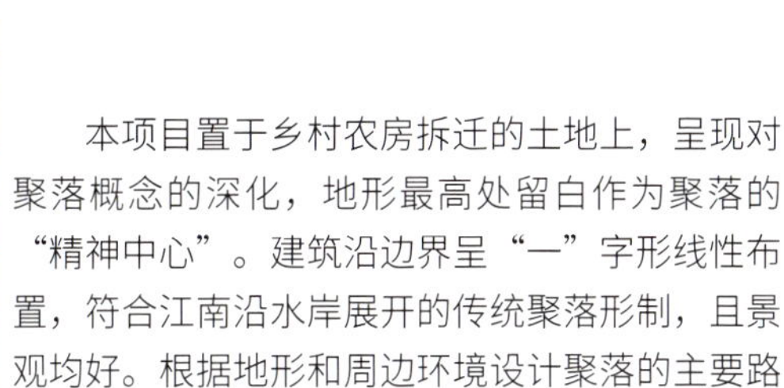

本项目置于乡村农房拆迁的土地上，呈现对聚落概念的深化，地形最高处留白作为聚落的“精神中心”。建筑沿边界呈“一”字形线性布置，符合江南沿水岸展开的传统聚落形制，且景观均好。根据地形和周边环境设计聚落的主要路径，通过空间开合，在路径上形成空间节奏。契合原始地形提出模块化、装配式设计方法。采用模数化单元来控制建筑组合的尺度，形态通过空间叠加组合，形成了丰富的边界体量，并且可以根据需要互相错动拼加，无限延展。

青岛即墨市民文化中心

Jimo Citizen Cultural Center, Qingdao

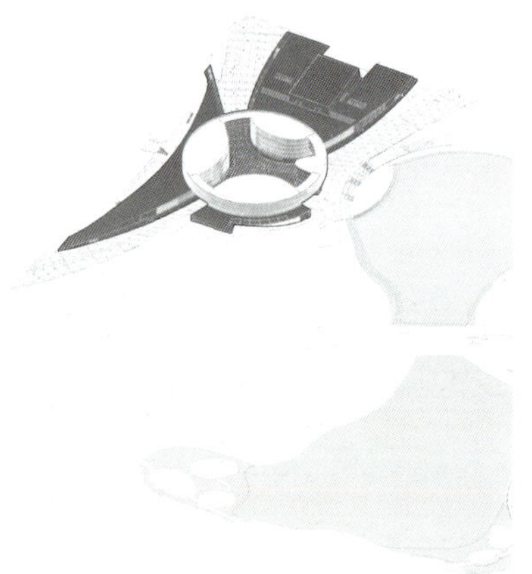

项目业主：山东即墨蓝色新区管委会
建设地点：山东 青岛
建筑功能：文化建筑
用地面积：233 003平方米
建筑面积：98 397平方米
设计时间：2012年
项目状态：建成
主创设计：程向阳、王鹏、刁炜
设计单位：南京大学建筑规划设计研究院有限公司

南京江宁美丽乡村酒店

Jiangning Beautiful Country Resort Hotel, Nanjing

项目业主：南京江宁交通集团
建设地点：江苏 南京
建筑功能：酒店建筑
用地面积：19 800平方米
建筑面积：5 233平方米
设计时间：2014年
项目状态：建成
主创设计：程向阳、陈卓然、吴子夜
设计单位：南京大学建筑规划设计研究院有限公司

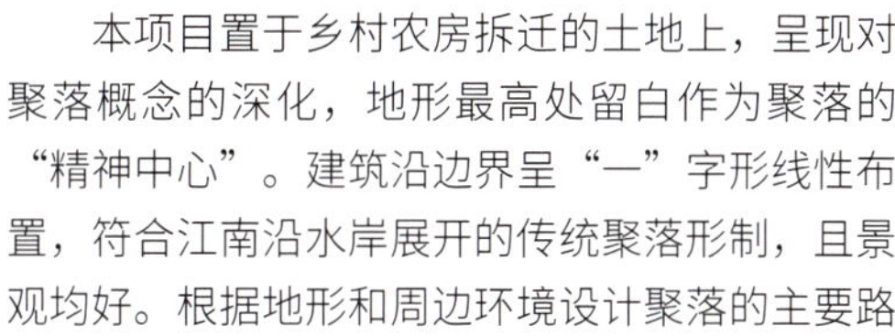

本项目置于乡村农房拆迁的土地上，呈现对聚落概念的深化，地形最高处留白作为聚落的“精神中心”。建筑沿边界呈“一”字形线性布置，符合江南沿水岸展开的传统聚落形制，且景观均好。根据地形和周边环境设计聚落的主要路径，通过空间开合，在路径上形成空间节奏。契合原始地形提出模块化、装配式设计方法。采用模数化单元来控制建筑组合的尺度，形态通过空间叠加组合，形成了丰富的边界体量，并且可以根据需要互相错动拼加，无限延展。

青岛即墨市民文化中心

Jimo Citizen Cultural Center, Qingdao

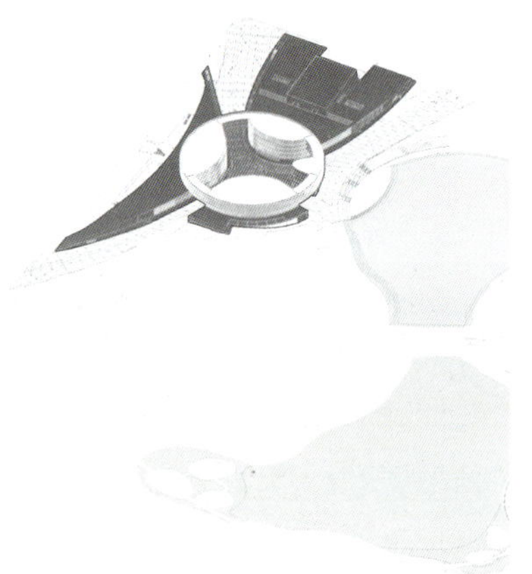

项目业主：山东即墨蓝色新区管委会
建设地点：山东 青岛
建筑功能：文化建筑
用地面积：233 003平方米
建筑面积：98 397平方米
设计时间：2012年
项目状态：建成
主创设计：程向阳、王鹏、刁炜
设计单位：南京大学建筑规划设计研究院有限公司

即墨市民文化中心包括市级图书馆、文化馆、书城、美术博物馆和可容纳600人的音乐厅。建筑由场地环境出发，并通过空间特性来形成特定的场所。文化中心建筑创作理念的核心不仅仅是在塑造一个建筑，更是在创造一个积极的城市新空间，体现建筑与场地、公园的互动，表达建筑是一个通往公园的路径、一个具多重复合体验的公共场所。人们在其中享受文化、艺术、娱乐、休闲、学习和交流。建筑选址在地形较低的谷地，有效地结合地形形成坡地建筑，建筑与场地的空间关系决定了文化中心建筑场所的边界、内容和产生的意义。

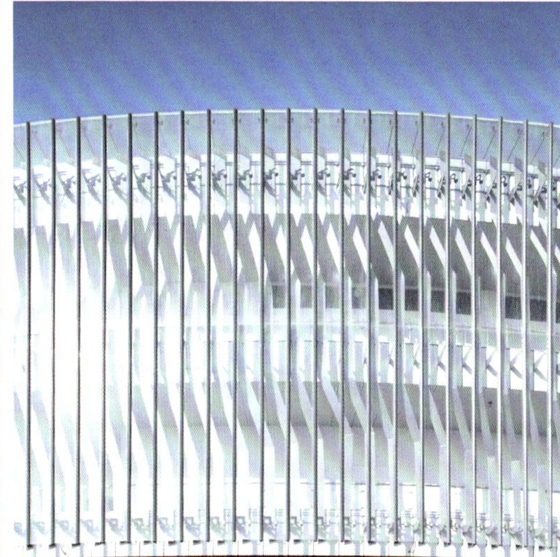

青岛即墨市民会议中心

Jimo Citizen Convention Center, Qingdao

项目业主：山东即墨蓝色新区管委会
建设地点：山东 青岛
建筑功能：文化建筑
用地面积：56 000平方米
建筑面积：93 505平方米
设计时间：2012年
项目状态：建成
主创设计：程向阳、王鹏、陈卓然
设计单位：南京大学建筑规划设计研究院有限公司

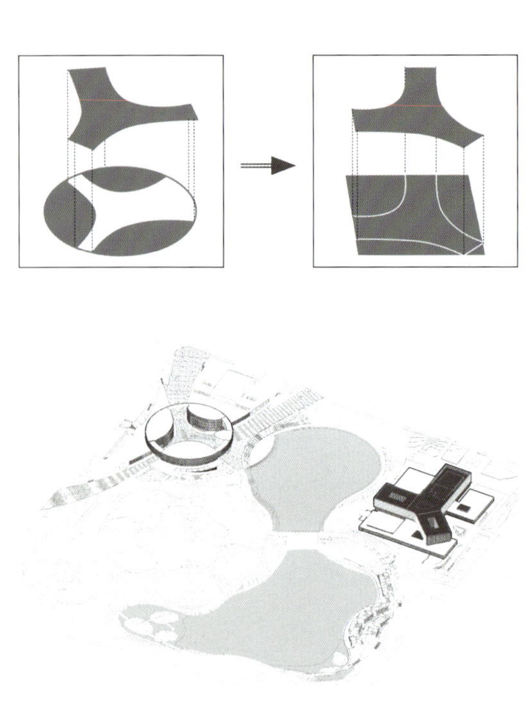

即墨市民会议中心形态缘于城市轴线西侧文化中心体量的拓扑，拓扑的“Y”形建筑置于160米×160米的基座之上，从城市不同视角形成水平展开的空间形态。该复合的形态契合了会议中心的功能需求，大型基座形成会议、展示、会堂、宴会、酒店大堂及配套等综合性功能设施，且适应不同大型空间需求，同时在流线上进行空间整合共享。基座上浮的“Y”形体量是由中庭围合的会议标准客房组成。优美的视野展开，使建筑与公园形成看与被看的互动体验。

无想山国家森林公园游客中心（珍珠南路）

Tourist Center of Wuxiangshan National Forest Park (Zhenzhu South Road)

项目业主：溧水城建集团
建设地点：江苏 南京
建筑功能：旅游建筑
用地面积：4 000平方米
建筑面积：3 414平方米
设计时间：2015年
项目状态：建成
主创设计：程向阳、刁炜、黄炎
设计单位：南京大学建筑规划设计研究院有限公司

项目在山脚的一个水塘边，设计以“无想、无界、无形”为概念，旨在创造一个专属于无想山的游客中心——以螺旋跌落的圆环形建筑金属屋顶呼应基地高差变化，于屋顶下设计了分散布局的四组不同功能的圆形建筑，旨在创造一处模糊了内与外的交往灰空间——游客进入的不是一个实体空间，是能眺望和触摸公园的空间，在这个空间中自由地休憩、消费。这是一个消解实体建筑与自然边界的空间，一个弱化了建筑外在形态的游客中心。

无想山国家森林公园游客中心（246省道）

Tourist Center of Wuxiangshan National Forest Park (246 Provincial Highway)

项目业主：溧水城建集团
建设地点：江苏 南京
建筑功能：旅游建筑
用地面积：4 000平方米
建筑面积：1 424平方米
设计时间：2015年
项目状态：建成
主创设计：程向阳、陈卓然
设计单位：南京大学建筑规划设计研究院有限公司

设计从最低影响度视角介入现场肌理之中，建筑是个在山间起伏的“大地景观”，是一个适应地形、顺应地势的“框架”。在框架之中，在有无之间完成功能空间，间或形成不同尺度和方向的平台、露台和阳台，构成不同视觉体验的框景。游客入口是从山脚下的公园栈道进入，连续的底层形成可识别性的服务界面，而屋顶是蜿蜒的山路延展出来的休息驿站，面向自然，在这里游客可以休憩和回望，而室外的坡道暗示着行走的路径。

杜孝民

职务： 北京构易建筑设计有限公司总裁、总建筑师
职称： 高级工程师
执业资格： 国家一级注册建筑师

教育背景
西安交通大学建筑学学士
清华大学建筑学硕士

工作经历
1996年—2005年　北京市市政工程设计研究总院
2005年至今　北京构易建筑设计有限公司

主要设计作品
长春中海南湖1号
荣获：2009年中国土木工程詹天佑优秀住宅小区金奖
国家工商行政管理总局商标档案业务用房
荣获：2012年—2013年国家优质工程奖
　　北京市第十七届优秀工程设计“公共建筑”二等奖
　　中国人居最佳设计方案金奖
京东方集团运营与研发中心
荣获：2016年—2017年国家优质工程奖
　　2016年工程建设项目优秀设计成果三等奖
北京2008奥林匹克体育公园国际咨询
北京电子城国际电子总部
华彬庄园江南锦及王府酒店
新疆阜康第五小学
华夏幸福·怀来地中海俱乐部度假酒店
洛阳市中心图书馆改建工程
电子城·厦门国际创新中心工程
山东省少儿齐文化研学基地
朔州电子城数码港

韩孟臻

职称： 清华大学建筑学院副教授
执业资格： 国家一级注册建筑师

教育背景
1993年—1998年　东南大学建筑学学士
1998年—2001年　清华大学建筑学硕士
2001年—2004年　日本京都大学建筑学工学博士

工作经历
2005年—2009年　清华大学建筑学院讲师
2009年至今　清华大学建筑学院副教授

个人荣誉
2016年第十一届中国建筑学会青年建筑师奖

主要设计作品
海南大学第四教学楼
荣获：海南省优秀工程勘察设计奖二等奖
郑州大学新校区人文社科组团
荣获：北京市第十三届优秀工程设计三等奖
河南仰韶文化博物馆
庐山北斗星国际酒店综合服务楼
西安欧亚学院行政楼、院系教学楼、学生活动中心
徐州工程学院图书馆、行政楼、学生活动中心
河南中医大学图书馆
南开大学新校区理工组团教学楼
中央民族大学新校区总体规划
北京城市学院新校区总体规划
清华大学图书馆北楼
河北博物馆

Co+E
Architects & Designers
构　易　建　筑

北京构易建筑设计有限公司（英文名称：Co+E Architects & Designers Co.,Ltd.），成立于1987年1月，1993年获得国家建设部批准的甲级建筑工程设计资质证书；2008年获得城乡规划编制资质证书。

公司聚焦产业园、酒店及文化建筑领域，先后完成了电子城国际电子总部、朔州电子城数码港、厦门国际创新中心、万宁南燕湾丽兹卡尔顿酒店、华夏幸福·怀来地中海俱乐部度假酒店、固安福朋酒店、嘉善喜来登国际酒店、腾冲温泉度假养生园、洛阳市中心图书馆、新疆第五小学等一系列项目。

公司现有设计人员120余人，由徐卫国教授、董卫教授担任总规划师，由杜孝民、韩孟臻、IRMA等数位青年建筑师担任骨干；与清华大学、东南大学、西班牙巴塞罗那大学开展密切的合作，融合中外建筑设计精英力量，形成了原创性、个性化和多元化的设计风格，得到社会的广泛认同和好评。

地址：北京市海淀区五道口
　　暂安处2号院
电话：010-62701980
传真：010-62701980-617
网址：www.coead.com
电子邮箱：coe001@126.com

朔州电子城数码港

Shuozhou Electronic City Cyberport

项目业主：朔州电子城数码港开发有限公司
建设地点：山西 朔州
建筑功能：商业建筑
用地面积：111 358平方米
建筑面积：177 261平方米
设计时间：2017年
项目状态：在建
设计单位：北京构易建筑设计有限公司
主创设计：杜孝民

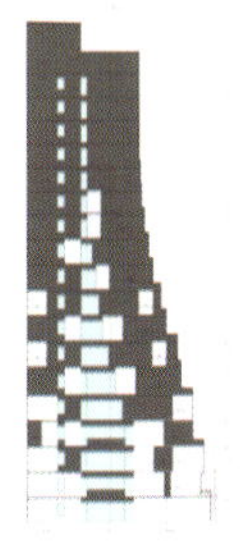

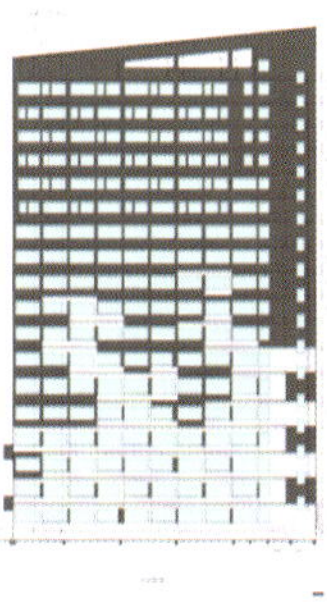

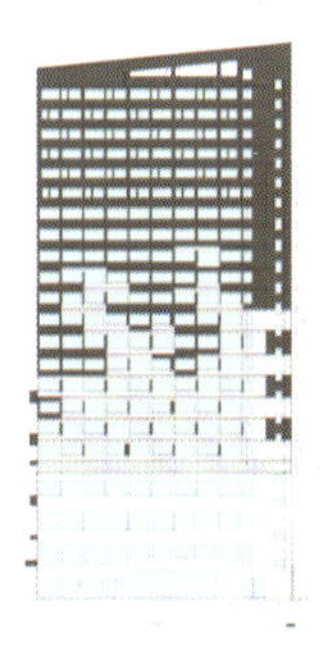

本项目位于朔州市南部新城区，北临恢河南岸景观带，项目定位为体验式购物中心，打造电子城“数码港”品牌的标志性建筑。项目延续电子城的建筑基因，采用像素化手法以及黑白色的有机穿插，通过参数化设计方法塑造建筑形体。

项目设计两栋高90米高层建筑，分别为酒店、公寓和写字楼。裙房布置综合性购物中心，为城市片区提供优质的配套服务。

树村八号地集体产业置换项目

Collective Industrial Replacement Project of Shucun No.8 Land

项目业主：海淀镇镇政府
建设地点：北京
建筑功能：产业园
用地面积：55 000平方米
建筑面积：122 700平方米
设计时间：2018年
项目状态：方案
设计单位：北京构易建筑设计有限公司
主创设计：杜孝民、韩孟臻

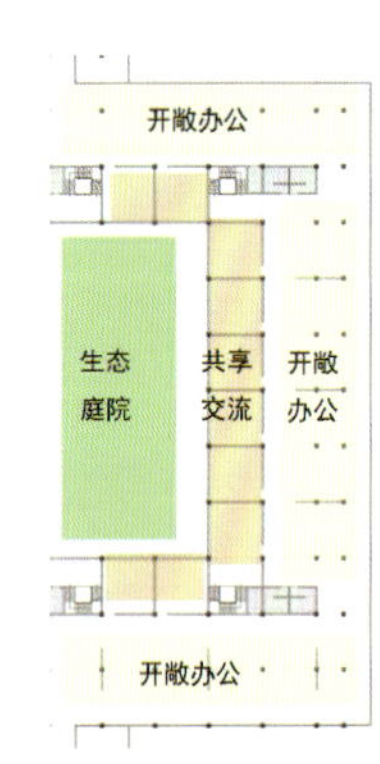

本项目位于圆明园北侧，紧邻“三山五园”风貌保护区，建筑风貌需要与“三山五园”历史风貌相协调，同时限高和容积率是这个项目最大的挑战。建筑布局从围合的院落出发，形成两条线性折转体量，塑造若干景观庭院。

建筑造型化整为零，弱化体量感、融入“三山五园”风貌保护区的城市背景之中。坡屋面的设计既延续传统建筑的元素，又具有当代精神，按照庭院肌理组织错落变化的屋顶，间时穿插绿植屋面。

线性连续肌理对于办公空间的分割有较大的灵活性和可变性，以应对产业园不确定的使用需求。后期可根据不同的功能需求调整平面组合方式，创造自由的无界空间。

语文教育博物馆

Museum of Language Education

项目业主：苏州甪直东方文化旅游发展有限公司
建设地点：江苏 苏州
建筑功能：文化建筑
用地面积：8 850平方米
建筑面积：6 643平方米
设计时间：2018年
项目状态：方案
设计单位：北京构易建筑设计有限公司
主创设计：杜孝民、韩孟臻

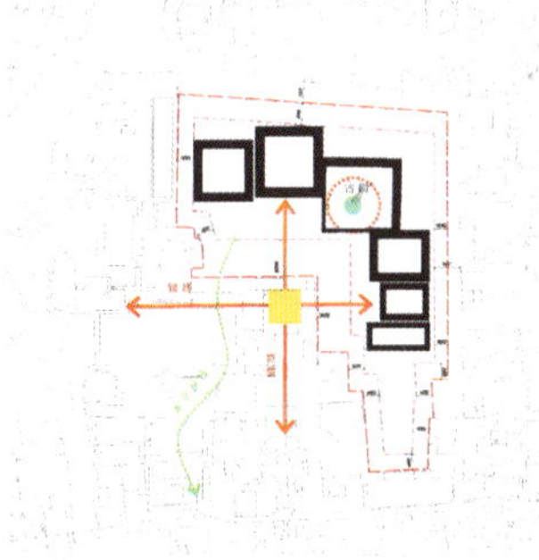

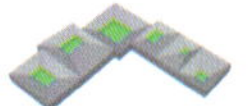

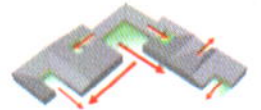

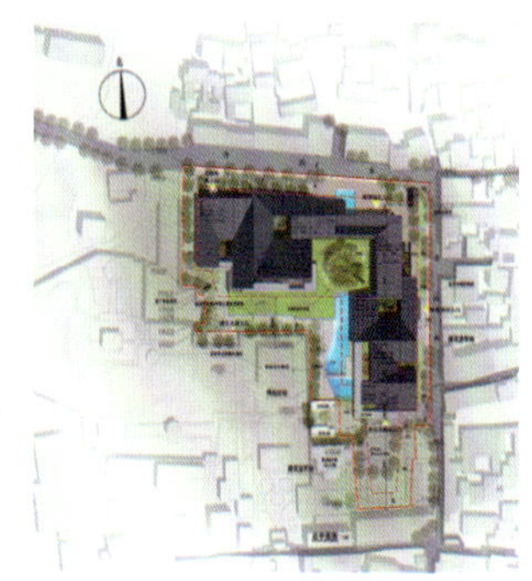

本项目位于甪直镇寺浜弄西侧，原为甪直高等小学，前身为唐代甫里书院。紧邻全国重点文物保护单位保圣寺罗汉塑像及叶圣陶纪念馆，处于甪直镇历史文化旅游资源的核心区域，内有一棵1 500年古银杏树。

项目整体为地下一层、地上一层，主要功能空间为博物馆及教育培训用房。建筑布局以古银杏树为中心，采用六个院子与保圣寺罗汉殿相呼应，建筑形式上以和而不同、拟古为新的理念，充分结合甪直古镇传统建筑元素，同时与周边环境交相辉映，为古镇增加一处开放的文化休闲场所，树立甪直文化旅游的新地标。

栟茶古镇旅客服务中心

Tourist Service Center of Bencha Ancient Town

项目业主：如东县栟兴建设发展有限公司
建设地点：江苏 南通
建筑功能：游客服务中心、酒店、会议建筑
用地面积：15 385平方米
建筑面积：11 795平方米
设计时间：2017年
项目状态：在建
设计单位：北京构易建筑设计有限公司
主创设计：韩孟臻

总平面图

本项目充分考虑与古镇历史街区、传统风貌的对话关系:以和而不同的原则打造全新的游客服务中心。在底层的结构和表皮的材料方面与传统产生对话，但追求不同于传统民居的当代建筑表现。

生成机制：通过简单的单元组合，生成复杂、生动、有机、自然的建筑群体，这与传统城镇的生成机制完全相同。

方案采用以自然围合建筑群、建筑群包围自然的互补关系呼应古镇的建筑肌理。

设计理念

通过固定的建筑模数进行有机组合排序，形成丰富的空间体验。

范欣

职务：新疆建筑设计研究院副总建筑师
绿色建筑与建筑节能环境研究中心总工程师
职称：教授级高级建筑师
执业资格：国家一级注册建筑师

教育背景

1987年—1991年　天津大学建筑学学士

工作经历

1991年至今　新疆建筑设计研究院

个人荣誉

2008年第七届中国建筑学会青年建筑师奖
2005年第二届新疆青年科技奖
2012年新疆天山英才
2016年国家高层次支持计划后备人选培养对象
2019年新疆天山领军人才
2017年全国住房城乡建设系统先进工作者和劳动模范
2006年新疆优秀专业技术工作者一等奖

主要设计作品

新疆中天广场
新疆银星大酒店　荣获：2002年新疆优秀工程勘察设计一等奖
万科中央公园商业S1—S6号楼　荣获：2019年全国优秀工程勘察设计行业奖三等奖
2019年新疆优秀工程勘察设计行业奖一等奖
新疆机场集团天缘酒店一期　荣获：2012年新疆优秀工程勘察设计二等奖
新疆环球会展中心　荣获：2004年新疆优秀工程勘察设计二等奖
新疆鸿鑫酒店　荣获：2004年新疆优秀工程勘察设计二等奖
玉门油田展览馆及会议中心　荣获：2012年新疆优秀工程勘察设计二等奖
乌鲁木齐棚户区改造纪念馆
新疆中医药传承创新中心
克拉玛依万兴商业中心
新疆研科大厦
新疆帅府大厦
印象乌什——英买里时光特色商业街区

新疆建筑设计研究院

新疆建筑设计研究院成立于1956年，是中国大型的甲级建筑勘察设计单位之一，具有建筑工程设计甲级、工程勘察综合甲级、规划甲级、市政（给水、排水、风景园林、道路）甲级、工程总承包甲级、工程监理甲级、智能建筑设计甲级、工程咨询甲级、市政（热力、桥隧、燃气）乙级、工程造价乙级、工程招标代理乙级资质，具有对外承包经营权，并通过了ISO9001：2000国际质量体系认证。

新疆建筑设计研究院现有员工574人，其中中国工程院院士1人，全国勘察设计大师1人，享受国务院政府特殊津贴的专家9人，教授级高级工程师26人，国家一级注册建筑师21人，国家一级注册结构工程师28人，国家注册规划师12人，国家注册公用设备工程师14人，国家注册电气工程师17人，国家注册岩土工程师17人，国家注册咨询工程师9人，国家注册造价工程师10人，国家注册监理工程师18人，国家注册一级建造师14人，高级建筑师、高级工程师175人，建筑师、工程师123人。

在成立之初，新疆建筑设计研究院会聚了全国各大建筑名校的优秀毕业生和一批来自北京院、天津院的优秀建筑师，为本院奠定了深厚的基础。其后，新疆建筑设计研究院一代代人薪火相传，不断进取、勇于创新，书写着新丝路上的时代篇章。

地址：新疆乌鲁木齐市光明路125号
电话：0991-8865683
传真：0991-8865683
网址：www.xadi.com.cn
电子邮箱：xadi@vip.163.com

中天广场以229米居新疆第一高度，是乌鲁木齐市地标性建筑。该大厦位于乌鲁木齐市中心西大桥头，与风景秀丽的人民公园隔路相望，是集商务办公、高端购物、休闲服务为一体的大型综合体。

设计充分尊重原有建筑环境，力求反映时代背景下的地域特色，使该建筑成为展示新时期城市发展的魅力窗口。中天广场外观为简约挺拔的塔形，四角为通透的节能玻璃幕墙，既减少了大体量建筑对环境的压迫感，也实现了最大限度的“全景观”，周边美景尽收眼底，并与红山塔相映生辉。主楼顶部层层斜向收进的玻璃晶体，设计灵感源自新疆天山雪峰，象征广汇集团追求卓越的企业精神和蓬勃发展的事业，将时代风貌与地域性完美结合在一起。

新疆中天广场

Xinjiang Zhongtian Square

项目业主：新疆广汇企业集团
建设地点：新疆 乌鲁木齐
建筑功能：办公、商业建筑
用地面积：17 890平方米
建筑面积：110 600平方米
设计时间：2006年
项目状态：建成
设计单位：新疆建筑设计研究院
主创设计：范欣

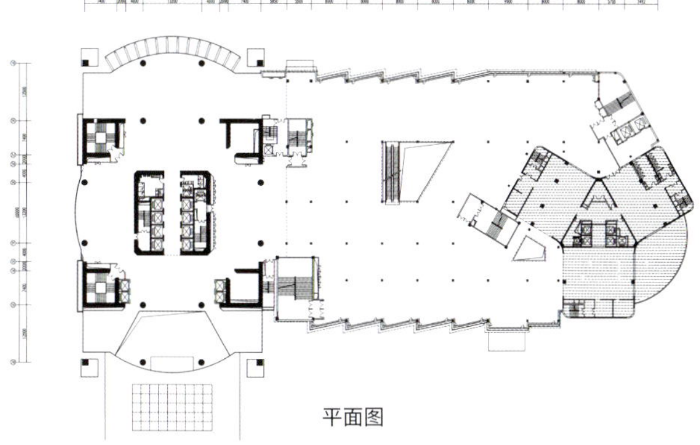
平面图

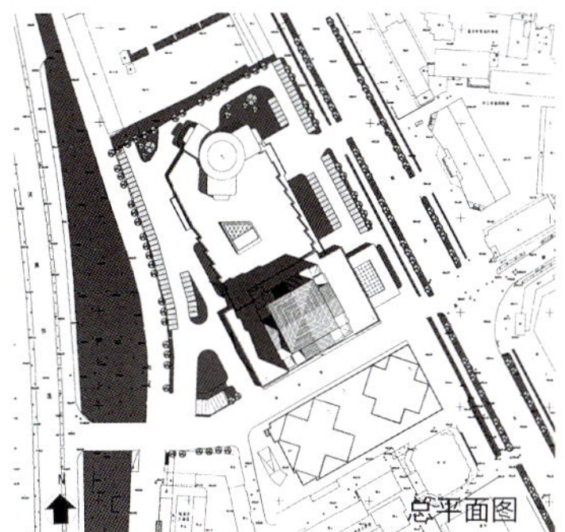
总平面图

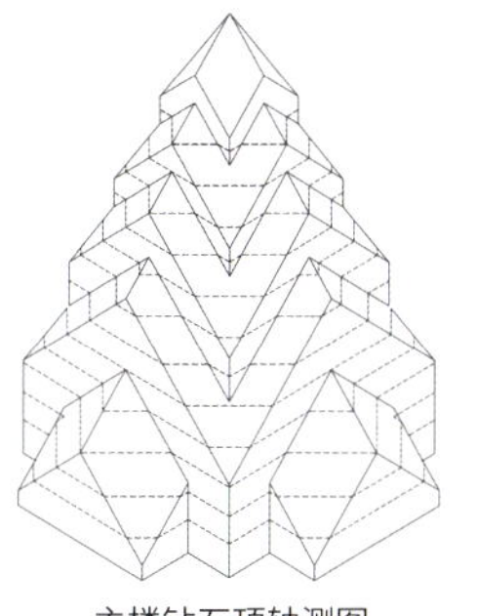
主楼钻石顶轴测图

乌鲁木齐棚户区改造纪念馆

Reconstruction Memorial Hall of Urumqi Shanty Town

项目业主：新疆乌鲁木齐市天山区棚户区改造工作领导小组办公室
建筑功能：文化建筑
建筑面积：10 770平方米
项目状态：在建
主创设计：范欣
设计团队：朱再兴、谷圣浩
建设地点：新疆 乌鲁木齐
用地面积：10 119平方米
设计时间：2016年
设计单位：新疆建筑设计研究院

建筑创作灵感源于特殊气候作用下的新疆传统民居封闭内向型庭院空间，结合绿色理念，通过建筑围合布局，创造了外闭内空、闹中取静的中心广场空间，与环境相依相融，成为新的地景。

东侧和北侧以过街楼贯通与中心广场的交通，建立用地内步行系统与周边的开放性交通联系。用地南侧空地集中设置地面停车场，其北侧的场地内创造了供人活动的安全空间。

建筑服务于人，应从人的使用需求出发，尽可能减少对环境的干预。建筑没有成为彰显自我的纪念碑，而是消融在城市中，张开怀抱，使身处其中的人们得到庇护、安宁与愉悦。设计以“重逢”为主题，突出“以人为本、服务为民”的宗旨，希望人与自然、人与城市、人与人在此重逢，较之于建筑的“实”体，“虚”的部分——空间更具有意义。

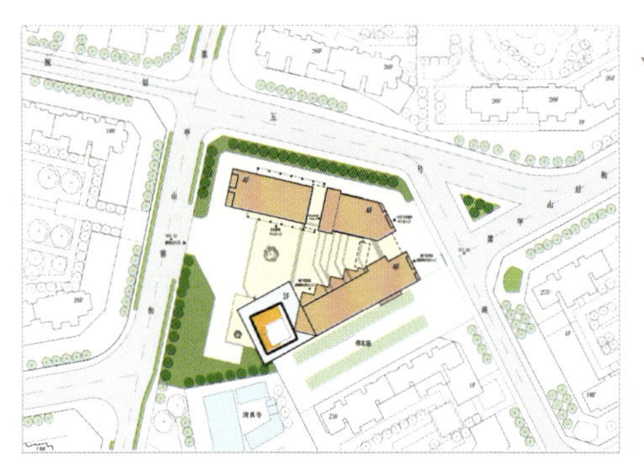

总平面图

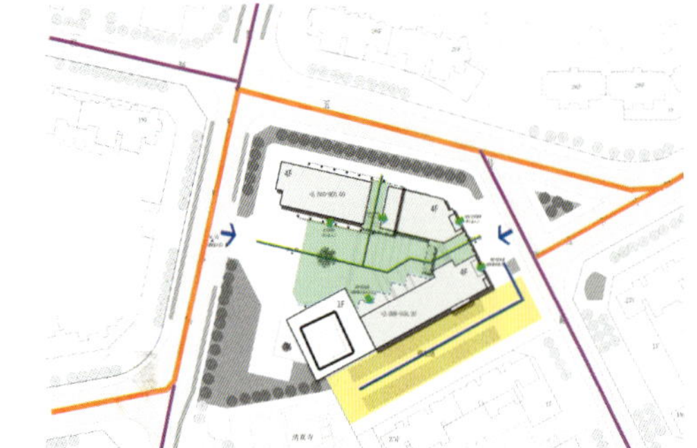

外部交通分析图

克拉玛依万兴商业中心

Karamay Wanxing Business Center

项目业主：新疆卓越投资集团房地产开发有限责任公司
建设地点：新疆 克拉玛依
建筑功能：商业、公寓、酒店建筑
用地面积：16 827平方米
建筑面积：51 433平方米
设计时间：2014年
项目状态：建成
设计单位：新疆建筑设计研究院
主创设计：范欣
参与设计：朱再兴

总平面图

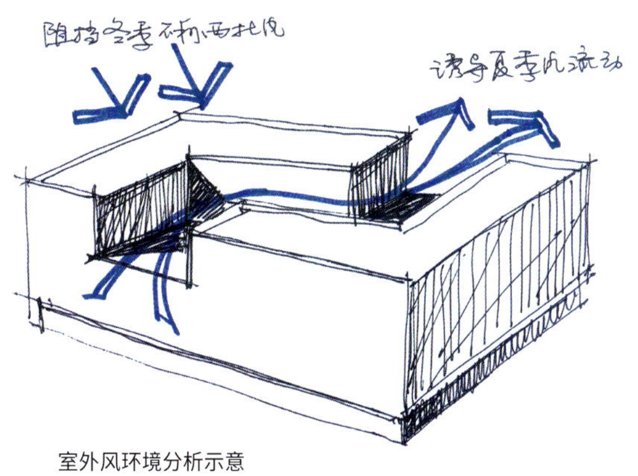

室外风环境分析示意

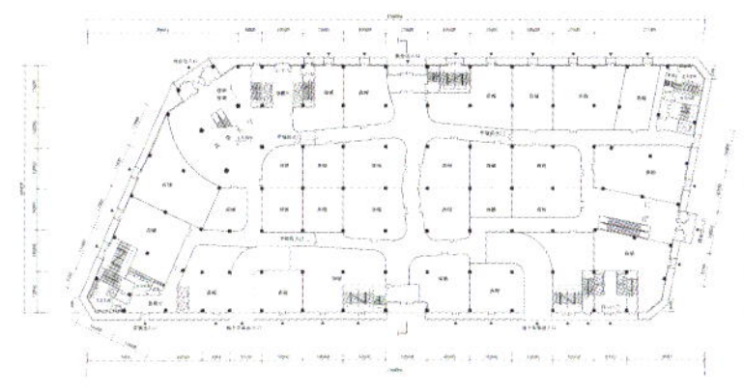

一层平面图

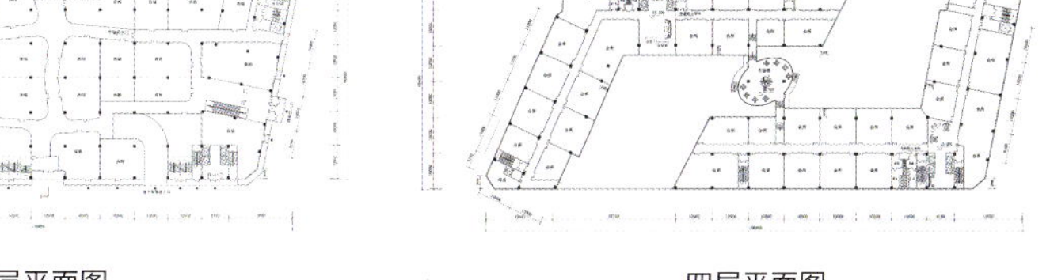

四层平面图

建筑设计体现了对当地冬季严寒、夏季干热、多风气候之应对。外围护以实墙配合窄高窗，既符合现代商业建筑的要求，又呈现出地方气候下的建筑特征。

由于规划限高，建筑师大胆摒弃主楼加裙楼的设计方式，四至五层的公寓和快捷酒店以两个对扣的“L”形体块沿周边围合布置。利于节能的同时在三层屋面形成了内向性庭院，冬季可避开西北风的侵扰，夏季通过南、北缺口获得自然流动的室外风，营造了舒适宜人的室外公共活动场所，设计灵感源于新疆传统民居庭院空间。

内部通过多元化、趣味性、体验性及功能复合的商业空间设计，有效提升了商业吸引力和商业价值。

建筑外观立面简约而不简单，变化却不杂乱，开放但不失秩序。与周边环境融合，特质鲜明、张弛有度，展现了现代商业的时代风尚。

万科中央公园商业S1-S6号楼

No. S1-S6 Commercial Building of Vanke Central Park

项目业主：万科（新疆）企业有限公司
建设地点：新疆 乌鲁木齐
建筑功能：办公、商业建筑
用地面积：17 222平方米
建筑面积：54 142平方米
设计时间：2015年
项目状态：建成
设计单位：新疆建筑设计研究院
合作设计：上海水石建筑规划设计有限公司
主创设计：范欣
设计团队：马丽娜、林程、虞瑾

商业交通动线分析图

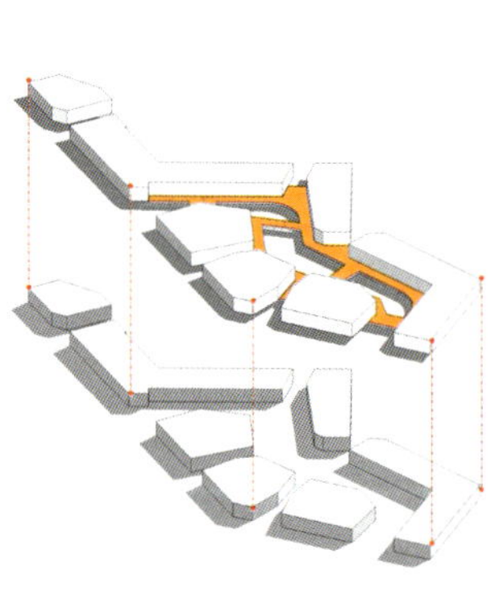
商业内街空间形态图

总平面图

本项目位于乌鲁木齐市重点打造的会展片区商务核心区。该片区是未来乌鲁木齐的新名片和城市形象的展示窗口。

设计巧妙利用基地不规则的锐角三角形和5米的大高差地形，与周边用地及城市道路实现了无痕衔接。通过小尺度的低层商业建筑、商业内街以及二层平台的设计，尽可能延展商业界面长度，提升商业的价值空间，最大限度发挥土地效用。丰富独特、趣味多元的室内外空间设计，弥补了片区城市功能的缺失，吸引了消费人群，创造了富有吸引力的活力商业空间，为百姓提供了“人本、健康、绿色、活力”的城市公共活动场所。

因地制宜地采用绿色建筑技术是该项目的特色，并在2018年取得了二星级绿色建筑运行标识。

印象乌什——英买里时光特色商业街区

Impression of Wushi - Yingmaili Time Commercial Street

项目业主：乌什县人民政府
建设地点：新疆 乌什
建筑功能：商业建筑
用地面积：28 594平方米
建筑面积：24 910平方米
设计时间：2017年
项目状态：方案
设计单位：新疆建筑设计研究院
主创设计：范欣
设计团队：杜鹃、彭哲、徐刚

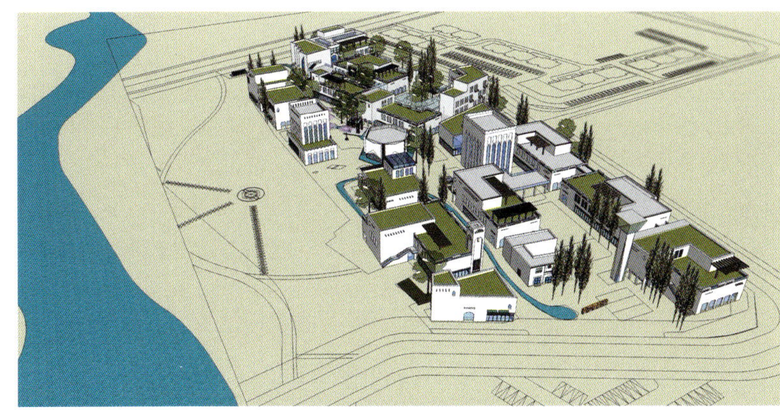

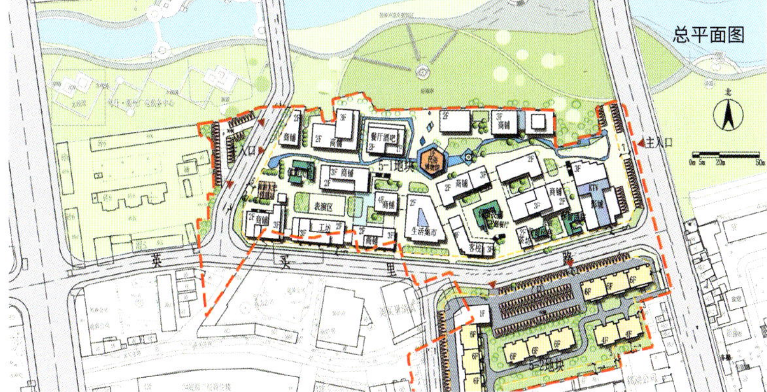

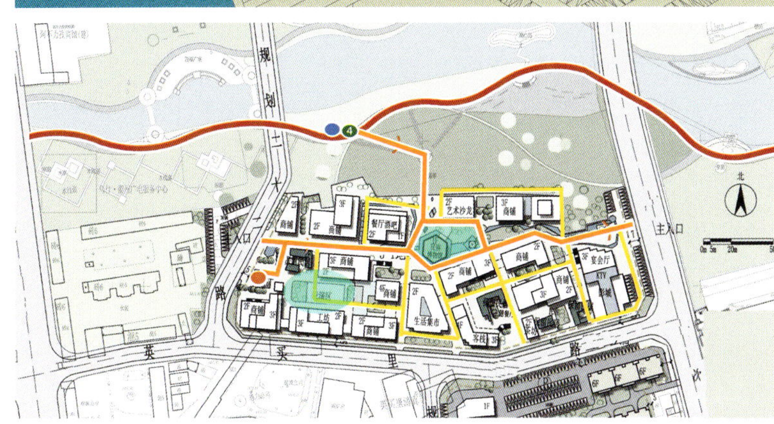

实地调研后，建筑师提出对规划二十二路和英买里路进行调整，保留特色民居和树木，保存历史记忆。

建筑布局沿袭传统街巷肌理和院落式空间特色，新建筑与保留树木及民居相互融合。设计尊重地域传统原真性，亲切温暖的空间和熟悉的元素给人以归属感，唤起人们无尽的情感记忆。

“文化植入+商业街区”的体验性商业模式，宅院合一，空间充满趣味，可赏、可游、可居。商铺平面适合现代商业，建筑空间满足业态差异化需求。业态丰富多元，包括巴扎、特色餐馆、主体餐吧、民宿客栈、艺术沙龙、手工坊、影城、KTV、宴会厅、民俗博物馆等。地域特色文化、商业与地产相融合，激活了区域活力，提升了土地价值，延续了传统文化，实现了社会价值与经济价值双赢。

方华

职务： 杭州天华建筑设计有限公司
副总建筑师、综合所所长
职称： 高级工程师
执业资格： 国家一级注册建筑师

教育背景
1997年—2002年　浙江工业大学建筑学学士
2002年—2005年　浙江大学建筑学硕士

工作经历
2005年—2018年　浙江大学建筑设计研究院
2018年至今　杭州天华建筑设计有限公司

主要设计作品
2022年杭州亚运会射击馆
金华市体育中心
山东省博物馆
浙江省水上运动基地游泳馆
三清山博物馆
杭州鲁能国际中心300米超高层综合体
中国（安吉）生态博物馆
长白天地演艺中心
美好环球大厦
思创汇联科技有限公司总部
萧储（2008）30、41号地块

解力

职务： 杭州天华建筑设计有限公司
副总建筑师、方案一所所长
执业资格： 德国注册建筑师

教育背景
2003年—2008年　中央美术学院建筑学学士
2010年—2013年　柏林工业大学建筑学硕士

工作经历
2013年　Haas建筑师事务所
2013年—2018年　gmp建筑师事务所柏林办公室
2019年至今　杭州天华建筑设计有限公司

主要设计作品
浙商中拓总部大楼
浙数文化产业园
良渚云城规划设计
天津生态城图书档案馆
美国肯尼迪纽约国际机场改建与扩建工程
德国歌德大学语言系与文学系教学楼
德国卡尔斯鲁大剧院改建与扩建工程
德国托克维茨学校改造工程
嘉铭东枫产业园
中国红岛国际会议展览中心
中国国家工艺美术馆

王卓佳

职务： 杭州天华建筑设计有限公司
助理总建筑师、方案二所所长
职称： 工程师

教育背景
2003年—2008年　浙江大学建筑学学士
2008年—2011年　浙江大学建筑学硕士

职业经历
2011年—2014年　浙江绿城建筑设计有限公司
2014年—2019年　浙江青坤东方建筑设计有限公司
2019年至今　杭州天华建筑设计有限公司

主要设计作品
绿城 · 锦玉园
绿城 · 青亭
绿城 · 剡江越园
绿城 · 春风里

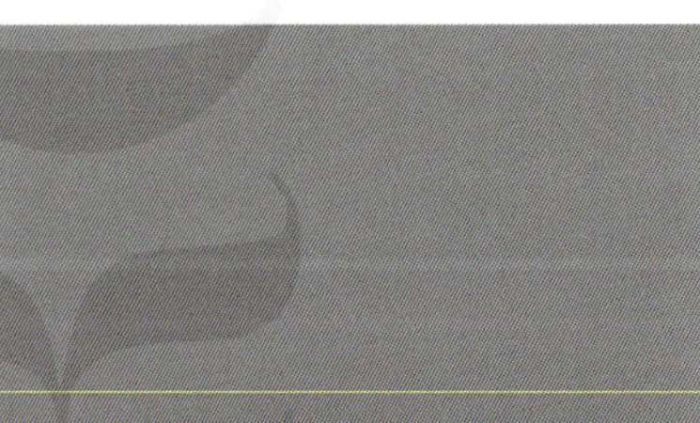

TIANHUA天华

天华创立于1997年，是中国第一批民营建筑设计公司。20余年的时间，天华已成长为中国规模最大、专业最全的综合设计服务公司之一。

天华的服务范围涵盖城市规划、建筑设计、室内设计、景观设计、技术咨询、建筑审图、VR科技等。智融结合，为政府和企业等客户提供全面而专业的综合解决方案与全程卓越客户体验。

目前，天华31个子公司遍布全国17个城市，有6 200名员工。公司与客户、上下游合作伙伴一起，助力城市持续发展。

天华以客户需求和前沿发展理念为驱动力，使公司始终处于行业领先地位，将富有特色的方案与强大的技术相结合，不断增强综合解决能力。科学地统筹“咨询、设计、技术、管理”互通的高效服务模式，因地制宜地为不同城市建设项目提供具有创新性和经济性的解决方案。

地址：杭州市拱墅区金华南路355号
远洋国际中心C座9层
电话：0571-56030166
网址：www.thape.com
电子邮箱：thhz@thape.com.cn

义乌西江雅苑

Yiwu Xijiang Yayuan

项目业主：义乌市中梁创置业有限公司　　建设地点：浙江 义乌
建筑功能：居住建筑　　用地面积：128 165平方米
建筑面积：134 574平方米　　设计时间：2018年
项目状态：建成
设计单位：杭州天华建筑设计有限公司
项目负责人：方华
参与设计：王文学、董蕴晨、李飞、李传伟、程欣、徐勇、戚玲燕、邓欢、丁一峰、王洁、勘志豪、季绍凯、陆金元、卜学梅、何照傲

本项目位于浙江省义乌市稠江街道江湾区块，基地东至西江路，南至香溪。示范区中江湾美学馆在本项目中处于中心位置，前期兼具项目展示中心的功能，后期则作为人们日常生活、艺术活动的空间载体。

美学馆伴随不同的形态和模数的组合，在视线上形成了隔而不断的空间，将公园景色引入示范区中。设计师从整个大区的定位出发，让建筑景观化，让景观艺术化，将一块有着景观资源和工业记忆的基地重新包装。景观与室内的交融、景观与建筑的交融、人与示范区的对话，在围合的空间里逐步展开。

杭州之江文体中心

Hangzhou Zhijiang Cultural and Sports Center

项目业主：杭州之江城市建设投资集团有限公司
建设地点：浙江 杭州
建筑功能：文化建筑
用地面积：7 477平方米
建筑面积：30 288平方米
设计时间：2018年—2019年
项目状态：在建
设计单位：杭州天华建筑设计有限公司
主创设计：方华、蒋一波
参与设计：王文学、陈伟杰、沈文江、袁亦芝、季绍凯、徐欣然、陆金元、王微喆、周莹泉

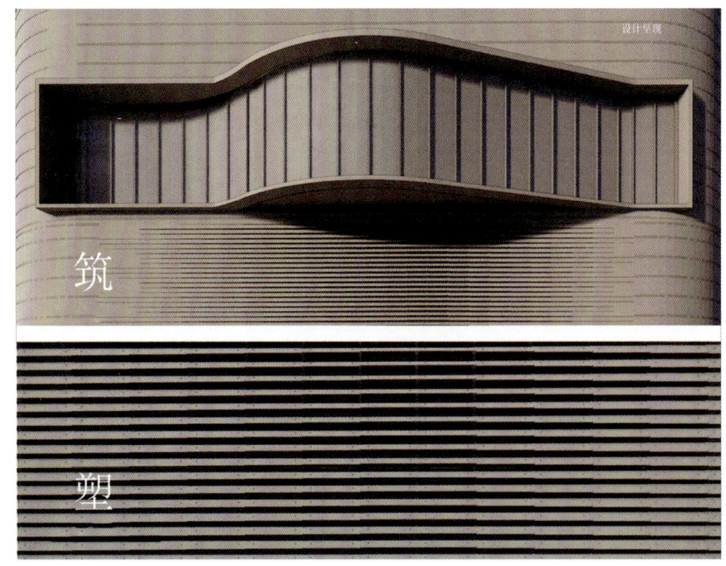

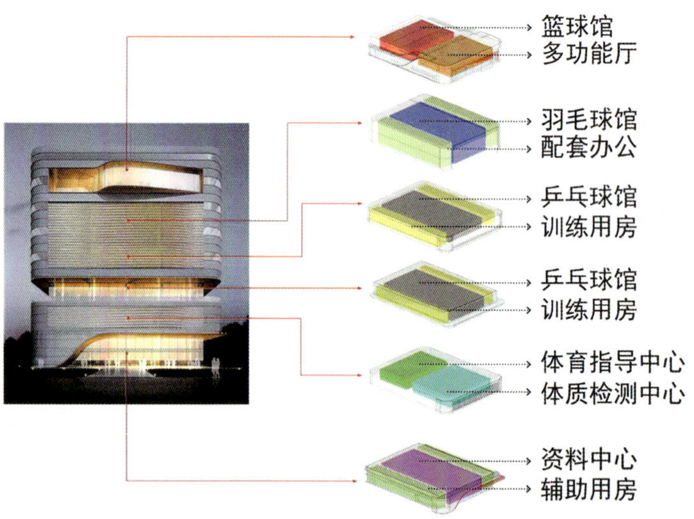

篮球馆
多功能厅
羽毛球馆
配套办公
乒乓球馆
训练用房
乒乓球馆
训练用房
体育指导中心
体质检测中心
资料中心
辅助用房

本项目以方正的平面轮廓为基础，通过形体的拼接和叠合形成独具特征的建筑形象，用富有变化和动感的元素塑造城市复杂环境下建筑既简洁又富有细节、既规整又富有灵性的整体形象。

建筑采用钢结构结合混凝土体系，满足局部大跨度空间需求，达到建筑与结构的完美结合。建筑的外立面也试图建立建筑模数与形式的统一。单元幕墙通过三种标准化的玻璃尺寸实现建筑虚与实的对比，充满节奏感。逐渐开合的装饰幕墙形成波浪肌理，意寓钱塘江水的波浪。光影的舞动，烘托出体育馆柔美梦幻的特色，凸显江南文化特质。最顶层的观澜阁采用型钢混凝土，实现了大距离悬挑；采用大尺度落地玻璃幕墙，实现了极佳的观景视野。

浙数文化产业园

Zhejiang Daily Digital Cultural Industry Park

项目业主：浙报数字文化集团股份有限公司
建设地点：浙江 杭州
建筑功能：商业、办公建筑
用地面积：20 000平方米
建筑面积：120 000平方米
设计时间：2019年
项目状态：竞赛方案
设计单位：杭州天华建筑设计有限公司
主创设计：解力
参与设计：何建亚、adam chalupski、李传伟、刘伟志、孔石锋、贾玉冰

园区设计以智慧网谷小镇和浙报集团的文化中提取的关键词“数字、网络”作为主题。从数字网络连接的特性出发，将“连接”的概念引入建筑形体设计，立面通过一条完整连续的线性肌理环绕在建筑体量上，串联起两栋塔楼和裙房。同时结合城市的文化肌理，呼应了运河连接南北、传递运输的特征。

项目包含办公、商业和会议三大建筑功能。设计从城市与建筑的关系出发，充分考虑城市界面、天际线及城市开放空间。在功能形式上打破传统办公封闭的特性，致力创造一个拥有极强开放性、公共性的园区。建筑布局上汲取了传统建筑中院落空间和连廊的形式，将院落“围合”的空间性融入设计；并引入连廊加强各建筑场所之间的联系，以增加建筑的可达性，构建出产业园连续、整体的空间秩序。

绿城·锦玉园

Jinyuyuan, Greentown Group

项目业主：绿城集团
建设地点：浙江 乐清
建筑功能：住宅、商业建筑
用地面积：69 416平方米
建筑面积：200 875平方米
设计时间：2016年—2017年
项目状态：在建
设计单位：浙江青坤东方建筑设计有限公司
项目负责人：王卓佳

绿城•锦玉园是对绿城原二代高层体系的再创新。园区规划方面，在中轴对称的基础上根据地块形状相应变化，充分契合地形。全高层的设置使得整个园区有充足的室外空间和楼栋间距，楼栋底层全架空的设计更是将园区室外空间融合为一体。

建筑设计上，户型大量采用了四开间布局，获得了充足的南向采光面。外立面风格采用现代设计语言，以大面积的玻璃窗和浅色系石材外墙为主，辅以深色铝条和铝板，比例现代工整，强调韵律与节奏。整体大气的立面既能与地块周边的其他建筑共生共融，也能以严谨的构图比例和丰富精致的细部营造出高品质的住宅建筑，形成整体协调又不失变化的建筑群。同时该项目突破了传统规整的园林布局，采用了更现代、更丰富的语言，将大量曲线和不规则形状运用到景观设计中，形成了灵动的户外空间。

绿城 · 剡江越园

Shanjiang Yueyuan, Greentown Group

项目业主：绿城集团
建设地点：浙江 嵊州
建筑功能：住宅、商业建筑
用地面积：115 811平方米
建筑面积：390 120平方米
设计时间：2015年—2016年
项目状态：建成
设计单位：浙江青坤东方建筑设计有限公司
主创设计：黄磊、王卓佳

本项目的高层建筑单体采用现代设计风格，在整体形象上兼具细腻的古典主义神韵和现代建筑的简洁。顶部通过视觉上的薄板处理体现建筑的轻盈灵动，底部采用加强的线条处理手法，中段采用生动的局部横向线条来强化立面节奏和韵律，形成古典主义建筑经典的三段式与现代建筑简洁大方相融合的做法，突出高层建筑的比例之美。建筑用材考究，采用高档涂料局部内嵌金属线条。立面大气而又精致，立面细部强调各元素的协调。

项目的建设目标不仅仅是可使用的住宅，还应该是可以永久保存和欣赏的建筑作品。低层住宅采用经典的中式建筑风格，青瓦白墙，楼台亭阁，在屋檐、举折、仿木门窗系统等细节的精心营造中，体现大户豪宅的雍容典雅，为嵊州老城南留下永恒的记忆和经典的传承。

方涛

职务： 浙江省建设投资集团股份有限公司
第一建筑工程设计院院长
职称： 高级工程师
执业资格： 国家一级注册建筑师

教育背景
2000年—2005年　哈尔滨工业大学建筑学学士
2005年—2008年　哈尔滨工业大学建筑学硕士

工作经历
2008年—2015年　浙江大学建筑设计研究院有限公司
2015年—2018年　哈尔滨工业大学建筑设计研究院
2018年至今　浙江省建设投资集团股份有限公司

个人荣誉
杭州高级中学钱江新城校区
荣获：2018年杭州市优秀工程勘察设计一等奖
2018年浙江省优秀工程勘察设计二等奖
杭州师范大学食堂及活动中心
荣获：2015年浙江省优秀工程勘察设计三等奖
2015年杭州市优秀工程勘察设计二等奖
绍兴亲亲家园
浙江长兴都市中央广场
联合国世界地理信息大会会址
河南安阳职业技术学校
盐城市大丰同仁医院
辽宁丹东凤城第二中学
辽宁丹东凤城中医院
杭州未来科技城第三小学
“北纬18°· 东方索契”俄罗斯文化旅游综合体A-23地块

林康

职务： 浙江省建设投资集团股份有限公司
第二建筑工程设计院院长
职称： 高级工程师
执业资格： 国家一级注册建筑师

教育背景
1991年—1996年　天津大学建筑学学士

工作经历
1996年—2008年　浙江天和建筑设计有限公司
2008年—2018年　HOOP建筑设计（杭州）有限公司
2018年至今　浙江省建设投资集团股份有限公司

主要设计作品
湖州市市民服务中心
荣获：2018年浙江省优秀工程勘察设计一等奖
沈塘湾经济合作社商业综合用房（建华商业大厦）
湖州南太湖科技创新中心
江西于都锦绣凤凰城
湖州城投达昌府
浙江安吉职业技术中心学校
湖州师范学院艺术楼
荣获：2006年浙江省优秀工程勘察设计二等奖
杭州交通置业晓时代
安吉宜和度假酒店
湖州金茂广场
华夏幸福嘉善经开区产业服务中心
诸暨祥生悦海棠
湖州海德花园
杭州浪漫和山五期
湖州金茂置业水中央度假酒店

浙江省建设投资集团股份有限公司
ZHEJIANG CONSTRUCTION INVESTMENT GROUP CO., LTD

地址：浙江省杭州市西湖区紫霞街
155号西溪诚品3号楼
邮编：310000
电话：0571-88360707
传真：0571-88259087
网址：www.cnzgcec.com

浙江省建设投资集团是成立最早的浙江省国有企业，也是浙江省最大的建筑企业集团。历经70年的发展，集团已发展成为产业链完整、专业门类齐全、市场准入条件好的大型企业集团。集团已形成了设计、施工、投资和现代服务业等板块格局，产业链覆盖建筑业上下游。现拥有各类企业资质34类、154项，其中甲级设计资质14项，建筑工程施工总承包特级资质4项，公路工程施工总承包特级资质1项；其中获得资质为行业内最高资质的共计18类、57项。

浙江省建设投资集团总部设计事业部，现有各类国家注册人员153人，各类高级工程师103人，浙江151人才13人，“五个一”人才73人。公司具有建筑行业（建筑工程）甲级资质、风景园林工程设计甲级资质、人防工程

李期荣

职务： 浙江省建设投资集团股份有限公司
第三建筑工程设计院院长
职称： 高级工程师

教育背景
1999年—2004年　长沙理工大学建筑学学士

工作经历
2004年—2010年　杭州市华清工程设计有限公司
2010年—2017年　浙江西城工程设计有限公司
2017年至今　浙江省建设投资集团股份有限公司

主要设计作品
超山海云洞区域环境整治工程
荣获：2014年杭州市优秀工程勘察设计二等奖
杭州市姚家坝配水泵站工程
荣获：2016年杭州市优秀工程勘察设计三等奖
温州半塘园城市公园工程
荣获：2017年杭州市优秀工程勘察设计三等奖
援苏丹总统府办公楼
荣获：2019年浙江省优秀工程勘察设计二等奖
浙江长兴中百一店改扩建
温岭耀达国际大酒店
天工国际大厦
浙江供销商贸城
余政储出（2011）78号地块
蓝色智谷
杭州市出租汽车综合管理服务中心
浙江泉潮旅游开发有限公司招商服务中心

丁明晖

职务： 浙江省建设投资集团股份有限公司
工程公司副总建筑师
职称： 正高级工程师
执业资格： 国家一级注册建筑师

教育背景
1993年—1998年　东南大学建筑学学士

工作经历
1998年—2018年　浙江省建工建筑设计院有限公司
2018年至今　浙江省建设投资集团股份有限公司

主要设计作品
浙江一建科研综合大楼
荣获：2018年浙江省优秀工程勘察设计三等奖
义乌商贸城客运中心
荣获：2015年浙江省优秀工程勘察设计一等奖
浙江吉利汽车零部件及配件研发制造中心
荣获：2014年浙江省优秀工程勘察设计三等奖
池州市体育馆
荣获：2012年浙江省优秀工程勘察设计二等奖
浦江职业技术学校新校区
荣获：2011年浙江省优秀工程勘察设计三等奖
吴江市汽车客运站
荣获：2008年浙江省优秀工程勘察设计一等奖
宁波北仑·现代商务城
荣获：2009年浙江省优秀工程勘察设计二等奖
金华第一中学新校园
荣获：2006年浙江省优秀工程勘察设计二等奖
桐乡茅盾学院
荣获：2005年浙江省优秀工程勘察设计三等奖
浙江师范大学田家炳教育书院
荣获：2003年浙江省优秀工程勘察设计二等奖

乙级资质、城乡规划乙级资质和商务部对外经济合作经营资格，是浙江省首批工程总承包试点企业。公司专业从事工业与民用建筑设计及技术咨询，包括城市规划设计、项目建议书和可行性研究报告编制、建筑设计、风景园林设计、室内外装饰及装潢、市政工程设计、节能评估、幕墙与照明设计以及承包援外建筑工程的勘测、咨询、设计和监理项目，工程遍及我国 24 个省市自治区和亚非欧多个地区。

公司遵循“技术先进，科学管理，精心设计，产品优质，竭诚服务，顾客满意”的质量方针，以质量求生存，以创新求发展，以服务求信誉。为首批“浙江省勘察设计行业诚信单位”“浙江省质量服务满意示范单位”。

"北纬18° · 东方索契"
俄罗斯文化旅游综合体A-23地块

"Latitude 18 North East Sochi" Russian Cultural Tourism Complex A-23 Block

项目业主：浙江佳源房地产集团有限公司
建设地点：海南 东方
建筑功能：商业、办公、酒店建筑
用地面积：117 065平方米
建筑面积：109 990平方米
设计时间：2019年
项目状态：方案
设计单位：浙江省建设投资集团股份有限公司
设计团队：方涛、杨啸晨、王卓奇、詹志远、陈倩倩

本项目位于海南省东方市金月湾，建筑功能包括高端商务办公、综合性商业、集中式酒店及分散式酒店等功能。

为了利用良好的海景资源，建筑师在地块内设计了一条直通海边的"上合文化"主题景观轴线。建筑整体自西向东呈层层抬高的趋势，最西侧为分散式小尺度客房，中部为3至5层的集中式酒店，最东侧沿滨海大道为高层商务办公。建筑造型为现代滨海式的风格，以流动的横向线条为母题，层层推进，打造了多层次的观海空间，形成了整体舒展大气的建筑风格。

沈塘湾经济合作社商业综合用房（建华商业大厦）

ShenTangWan Economic Cooperative Commercial Complex (Jianhua Commercial Building)

项目业主：浙江建华集团有限公司
杭州市拱墅区上塘街道沈塘湾村经济合作社
建设地点：浙江 杭州
建筑功能：酒店、办公、商业建筑
用地面积：16 123平方米
建筑面积：129 950平方米
设计时间：2019年
项目状态：在建
设计单位：浙江省建设投资集团股份有限公司
设计团队：魏强、林康、丁明晖、寿万里、
潘若倩、范相维、黄胜男

本项目位于杭州市大关板块，东临上塘路，南至香积寺路，西至规划七号路，北至规划六号路。主要功能为五星级酒店、5A级办公、商业及公交场站。

设计将公交场站独立置于基地北侧，其他功能置于上塘路高架及香积寺路侧，形成友好的城市形象展示面；设置南侧酒店入口广场及大跨度架空空间，增加地块城市互动性，引入人流，形成良好的商业氛围。

建筑主体采用北高南低双塔楼设计——北楼总高度为99.6米、南楼总高度为93.2米。其中，裙房共5层、首层层高4.98米、二至五层层高4.5米、地下（不含夹层）共3层。

浙江泉潮旅游开发有限公司招商服务中心

Zhejiang Quanchao Tourism Development Co., Ltd. Investment Service Center

项目业主：浙江泉潮旅游开发有限公司
建设地点：浙江 金华
建筑功能：办公建筑
用地面积：976平方米
建筑面积：1 068平方米
设计时间：2018年
项目状态：建成
设计单位：浙江省建设投资集团股份有限公司
设计团队：李期荣、陈鑫、蔡政

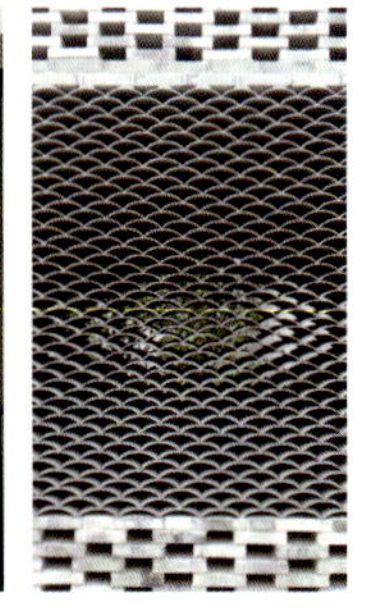

本项目位于金华市武义县王宅镇双岩路北侧，功能定位为招商服务中心。建筑师将中国传统建筑的形式美进行现代诠释，并融合江南城市园林空间特征，为客商及办公人员打造一个隐于城中的世外桃源。运用园中园（整体为一园林，建筑为另一园林）的手法，建筑中人工与自然完美结合。借用古典“入画”手法，设计中考虑院、廊、亭、台为观展、逗留、品茶、小憩提供别样的空间意境。结合自然元素的屋顶形态，将自然的山、树都置入建筑当中。

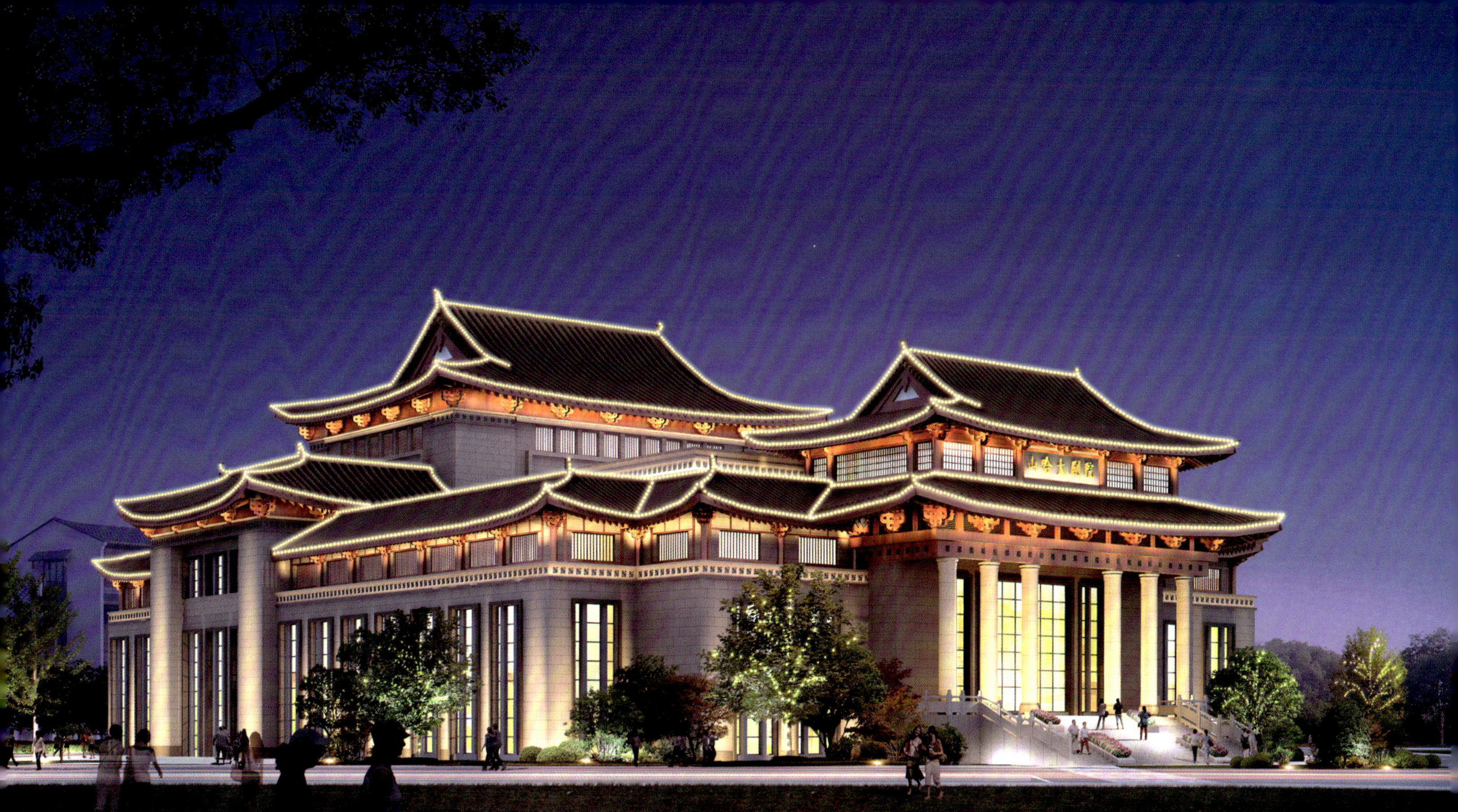

景宁山哈大剧院

Jingning Shanha Grand Theater

项目业主：景宁县城市建设发展有限公司
建设地点：浙江 景宁
建筑功能：文化建筑
用地面积：9 489平方米
建筑面积：19 821平方米
设计时间：2017年
项目状态：在建
设计单位：浙江省建设投资集团股份有限公司
设计团队：丁明晖、寿万里、王青龙

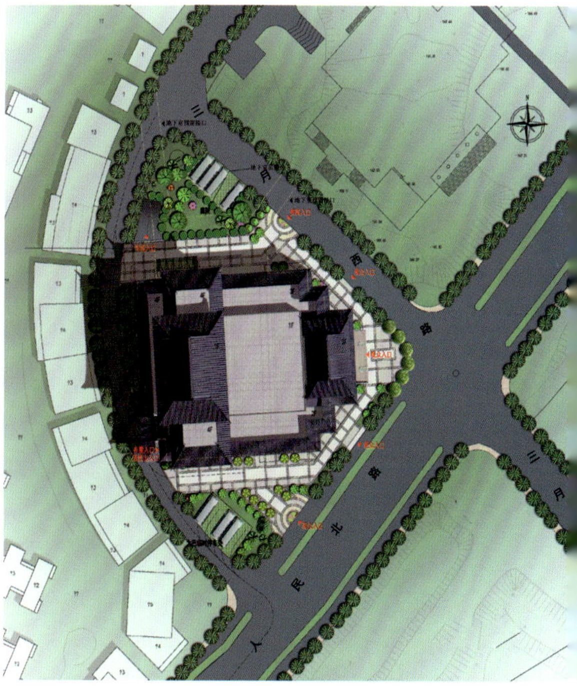

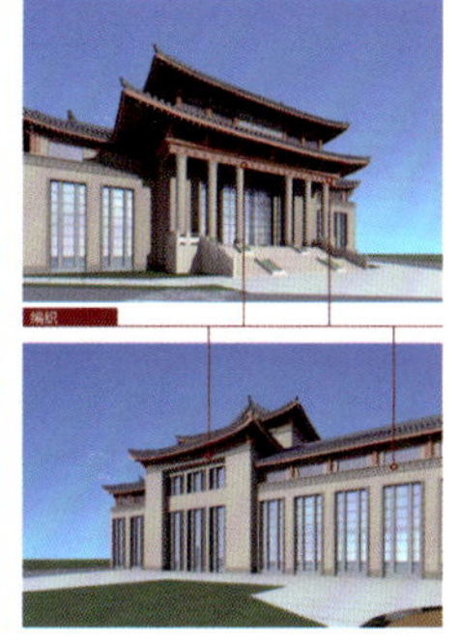

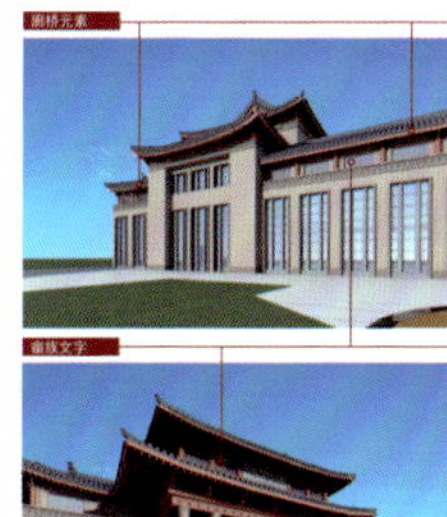

本项目位于景宁县外舍新区凤凰古镇东北角。建筑师深入体会景宁的畲族文化和历史轨迹，用建筑和环境的音符和气氛把这种向往和期许转化为现实空间。山哈大剧院作为展示畲族歌剧的场所，形象上取意畲族对歌中的廊桥，又提取古代建筑中的戏楼元素，将其与现代旅游产业结合，传承畲族传统文化，再现畲乡风土人情，形成景宁特色文化展示、市民休闲娱乐、市民集会的中心地。在建筑腰部采用了畲族特有的文字装饰带，而在剧院主入口侧墙上象征畲族文化的浅浮雕、建筑屋顶的凤凰翼部造型，处处散发着畲族文化的特色。

方晔

职务：中国联合工程有限公司副总经理、总建筑师
职称：教授级高级工程师
执业资格：国家一级注册建筑师

教育背景

1994年—1998年　中国美术学院环境艺术专业学士
2003年—2006年　浙江大学建筑设计及理论专业硕士

工作经历

1998—2005年　中国美术学院风景建筑设计院
2005年至今　中国联合工程有限公司

个人荣誉

享受国务院政府特殊津贴
中国建筑学会优秀青年建筑师
浙江省优秀科技贡献者
第一届中国建筑设计行业管理卓越人物评选荣获“优秀科技创新奖”
杭州市首届优秀青年建筑师
杭州市131中青年人才培养计划第三层次培养人选
中国勘察设计协会建筑设计分会常务理事
中国建筑学会建筑师分会理事

主要设计作品

杭州博地中心
阿里巴巴淘宝城三期
杭州良渚新城梦栖小镇
新加坡杭州科技园
浙江海外高层次人才创新园首期
上海三至喜来登酒店
杭州凡尔顿世纪广场
衢海大厦
杭州梦想小镇国际会议中心
浙大网新科创智慧谷
智汇领地科技园A区工程
杭州恒生科技园
海南省科技馆
衢州市文化艺术中心与便民服务中心
余姚市公共文化中心
亚运村公共区滨水建筑群及景观一体化设计
杭州未来科技城学术交流中心
萧山文化中心

地址：浙江省杭州市滨江区滨安路1060号
电话：0571-85391730
传真：0571-85391701
网址：www.chinacuc.com
电子邮箱：hux@chinacuc.com

中国联合工程有限公司
China United Engineering Corporation Limited

中国联合工程有限公司隶属于中央大型企业集团、世界500强企业——中国机械工业集团有限公司，是大型综合类设计和工程公司，成立于1953年，总部位于杭州。

公司具有工程设计综合甲级资质、工程咨询单位甲级资信（建筑），是国家全过程工程咨询试点企业，浙江省工程总承包第一批试点企业。

近年公建建成案例

万银国际

义乌福田银座

上海三至喜来登酒店

阿里巴巴淘宝城三期

矽力杰总部基地

杭州博地中心

杭州西溪国际信息科技产业园 衢州海创园

盾安智汇领地

浙江海创园

杭州未来科技城学术交流中心

新加坡杭州科技园

嘉兴光伏小镇

宁波前洋 e 商小镇

宁波膜幻动力小镇

杭州良渚新城梦栖小镇

Hangzhou Liangzhu New City Mengqi Town

项目业主：杭州良渚文化城集团有限公司
建设地点：浙江 杭州
建筑功能：展厅、会议中心、办公建筑
用地面积：37 514平方米
建筑面积：21 140平方米
设计时间：2016年
项目状态：建成
设计单位：中国联合工程有限公司

本案是世界工业设计大会建机场子区块改建项目。

千年之前，工业设计之父沈括在良渚留下了《梦溪笔谈》；千年之后，世界工业设计大会在此召开，再度唤醒良渚的工业基因。

初探遗存——认知旧时厂房和创新工业手段。

项目建造的路径为旧改与新建混合。建筑采用强度加固和结构加建，用结构暴露的手段，让使用者领略旧时厂区的面貌，也满足大型空间的展示需求。依据原有布局和用地特点，建筑沿中心道路依次展开，并通过两条贯穿的室外连廊形成一气呵成的整体。

在地未来——勾连良渚与全球工业文化的实用会址。

此次设计并非修旧如旧，而是通过工业语言、空间、材质与色彩表达建机场元素，用立面表皮体现良渚的在地文化。世界工业设计大会将良渚这块集聚千年文化的宝地再度推至世界的面前。

总平面图

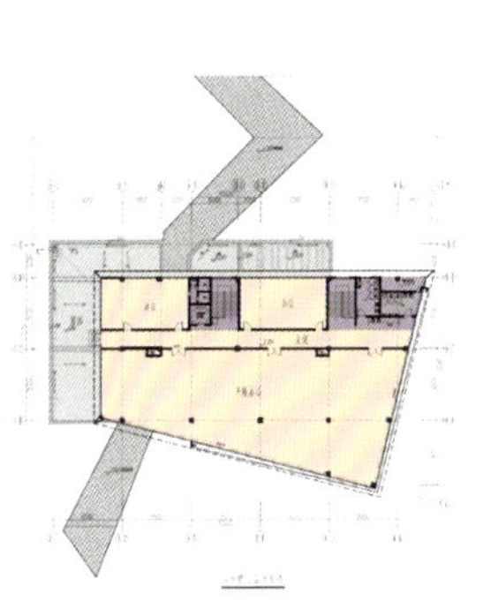

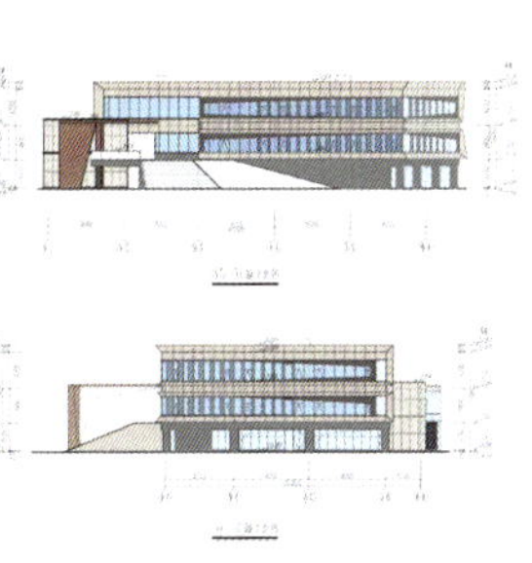

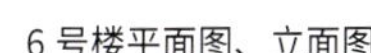

6 号楼平面图、立面图

良渚遗址保护与监测中心

Liangzhu Site Protection and Monitoring Center

项目业主：杭州良渚遗址管理区管理委员会
建设地点：浙江 杭州
建筑功能：文物研究、会议中心、办公建筑
用地面积：24 600平方米
建筑面积：22 091平方米
设计时间：2017年
项目状态：建成
设计单位：中国联合工程有限公司

遗址核心区内不该有的工厂，却是良渚百年考古的纪念碑。

良渚遗址保护与监测中心位于莫角山宫殿遗址的正南方向，毗邻遗址公园的南入口，距西面的良渚博物馆3千米，既可作为遗址的在地工作站，又方便联系原有博物馆。

设计师以“漂浮的玉石合院”作为设计立意，用玉石古拙的质感回应遗址被时光涤荡、苍凉萧瑟的氛围，以岁月赋予古玉的美感呈现年代的价值。建筑采用统一模数、简洁构建节点的方盒子为建筑形式。立面采用透光的玻璃玉石，不仅呼应了良好的蕴意，同时满足视线不可穿透以保证考古工作的机密性。合理的内部功能配置和使用效率是项目建设的真正内核。项目将不同功能合理地安置于不同单体，充分利用原有厂房的空间容量，确保基础施工量最小化。

随着实证中华五千年文明的良渚遗址顺利进入世界文化遗产名录，这些工厂建筑将以另一种方式继续见证良渚文明的后续发掘，作为良渚百年考古的纪念碑，展现当代中国考古学的研究水准。

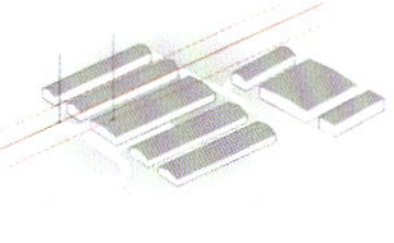
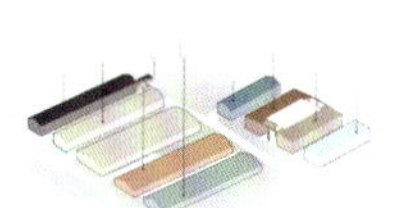
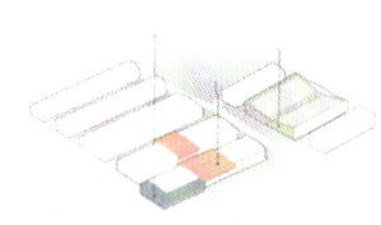
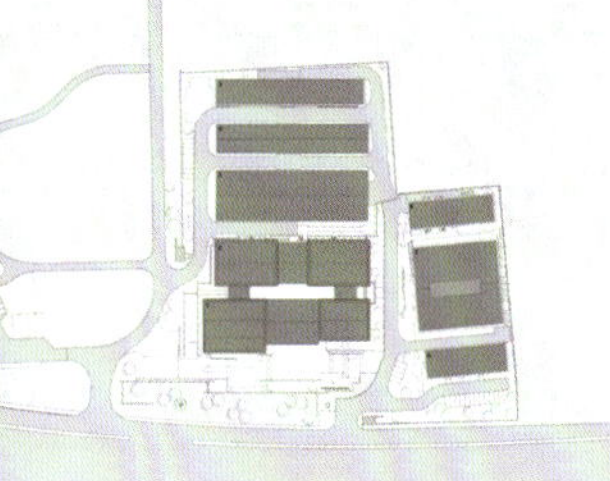
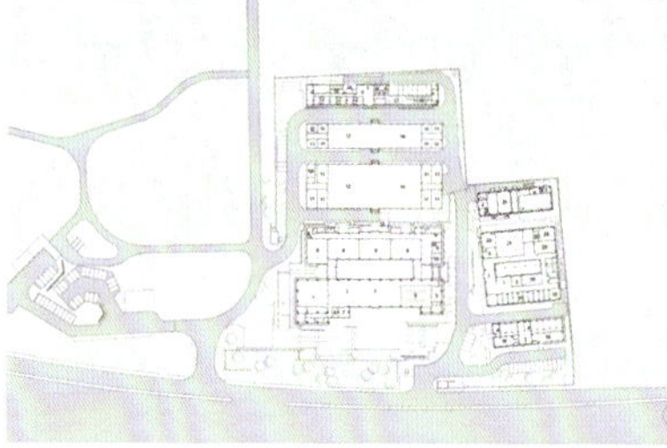
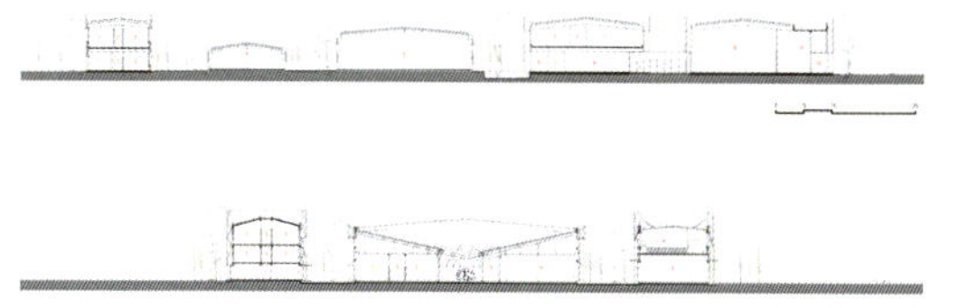
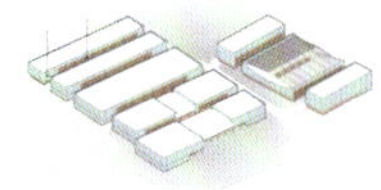

邱家坞大师村

Qiujiawu Master Village

项目业主：杭州余杭良渚组团投资有限公司
建设地点：浙江 杭州
建筑功能：会展、办公建筑
用地面积：34 328平方米
建筑面积：19 297平方米
设计时间：2016年
项目状态：建成
设计单位：中国联合工程有限公司

良渚邱家坞大师——无界园境。

最初的直觉——山下村庄。

本项目位于豕山脚下，场地由南侧的水面向北侧的山体逐渐升高，建筑上下错落地坐落其上。这是山下村庄应有的印象，是设计师对这块场地最初的直觉，也应该是项目最终完成时的“招式”和“力道”。

无界园境——拥有27座博物馆的开放园林。

设计借鉴原有自发性的布局状态，梳理出入住机构的独立院落。围墙一方面是形成基础性的有界院落单元标识，另一方面彻底打破自身的闭合性。同时，设计打破独立围墙和出入口的单维管理观念，将27个院子当成一个完整的工业设计博物馆来思考。

转译——形的意义与当代营造。

项目用历史原型的意义来传达，以原有的体系来营造为原则。利用金属网架、拼接聚碳酸酯板、纺砖肌理、宽幅白色铝板等立面材料，塑造了承载着江南、乡土、村庄的建筑语言，坡屋面、山墙、屋檐、院墙被完整地拓印于此。

至此，改建后的邱家坞依然是忠于这片土地的山下村庄，让进驻的外国设计机构工作人员感受具有当代性的东方建筑语言。

冯昶

职务：湖南省建筑设计院有限公司建筑二院副院长
职称：高级工程师

教育背景
1995年—2000年　中南大学建筑学学士

工作经历
2000年至今　　湖南省建筑设计院有限公司

个人荣誉
2011年湖南省人民政府"湖南省对口支援四川理县灾后重建工作先进个人（二等功）"
2011年湖南省建筑设计院首届"十佳模范"
2011年—2018年湖南省建筑设计院有限公司年度先进工作者

主要设计作品
桃坪羌寨新村
荣获：2013年全国优秀工程勘察设计行业奖建筑工程一等奖
2014年中国建筑学会建筑创作奖银奖
2015年中国威海国际建筑设计大奖赛工程优秀奖
2011年湖南省优秀工程设计一等奖
湖南党史陈列馆
荣获：2017年湖南省优秀工程设计二等奖
理县文体中心
荣获：2011年湖南省优秀工程设计二等奖
益阳市规划馆、博物馆
荣获：2009年全国优秀工程勘察设计行业奖建筑工程三等奖
2009年湖南省优秀工程设计二等奖
湖南科技大厦
荣获：2008年湖南省优秀工程设计一等奖
湘麓山庄国宾楼
荣获：2004年建设部城乡建设优秀勘察设计二等奖
2004年国家第十一届优秀工程设计铜奖
南山滨江国际新城
韶山风景名胜区游客服务中心
福建永定影视城国际大酒店
香江集团高岭国际商贸城
株洲市新马小学
洋湖国际文化艺术中心
天易科技城自主创业园
中广天择传媒大王山总部
常州西太湖国际健康城
怀化步步高中环广场
湖南革命陵园
古丈芙蓉学校
中国·中部香江红星美凯龙家居建材博览中心一期
长沙梅溪湖健康医疗大数据产业园
张家界华谊兄弟天门山影视文化旅游小镇
汨罗国际广场
株洲市民中心

湖南省建筑设计院有限公司
HUNAN ARCHITECTURAL DESIGN INSTITUTE LIMITED COMPANY
湖南省城市规划研究设计院
HUNAN PROVINCIAL URBAN PLANNING AND DESIGN INSTITUTE

湖南省建筑设计院有限公司、湖南省城市规划研究设计院（以下简称HD)成立于1952年7月，前身为湖南省建筑设计院，是一家管理体系健全、技术实力雄厚、设施装备完善的大型综合性设计研究企业，是全国建筑业技术创新先进企业、湖南省高新技术企业。获得商务部第一批授予对外经营权、湖南省海外领事保护重点服务单位。连续多年荣获省市"守合同重信用单位"称号，并荣获国家"守合同重信用企业""全国建筑设计行业诚信单位"、省"诚信经营示范单位"荣誉称号。60多年来，HD完成设计和工程总承包等各类项目12 000余项，业务遍及国内24个省（直辖市）、澳门特区以及海外42个国家。

HD有在职职工1 450余人，其中全国工程勘察设计大师1人，湖南省工程勘察设计大师4人，高级职称270余人，中级职称500余人，一级注册建筑师、一级注册结构工程师、注册规划师、注册设备工程师及注册电气工程师170余人。同时拥有注册监理、造价、岩土、咨询师等专业注册人员70余人，全院专业技术人员占在职职工总数的90%以上。HD是国内少有的含规划、建筑、市政设计板块三位一体的大型综合性现代科技型服务企业，始终致力于向社会提供高品质的技术和工程管理服务，传递以人为本、绿色节能环保的设计理念。HD实现了从传统单一的建筑、规划、市政设计向工程总承包等多领域业务的全方位覆盖，形成了为城乡建设和工程项目提供咨询、规划、勘测、设计、造价、监理、项目管理（代建）和工程总承包的全过程服务。拥有建筑行业（建筑工程、装饰、智能、幕墙、轻型钢结构、照明、消防设施）、规划、市政行业（给水、排水、道路、环境卫生）、风景园林设计、岩土工程勘察、岩土工程设计、工程咨询、工程造价、工程监理（房建、市政、人防）共20项甲级资质以及人防、市政桥梁、环境污染修复、环境影响评价、工程测量、岩土工程物探测试检测监测、工程监理（水利水电、矿山、电力）等共9项乙级资质，同时具有从事本公司工程设计资质证书许可范围内的工程总承包项目管理、技术与管理服务资格，并拥有施工图审查一类、建筑工程检测（地基基础检测、主体结构工程现场检测、钢结构工程检测）、市政公用工程施工总承包三级共5项资质。

HD始终以设计精品工程为己任，以保持技术领先为目标，荣获国家和省部级科技进步奖、优秀工程设计及咨询奖400多项，自主知识产权32项，自主研发科技成果92项，主持、参编各类国家、行业以及湖南省技术规范标准60项。HD将肩负"构筑时代，设计未来"的使命，致力于向社会提供高品质的技术和工程管理服务，最大限度地满足客户的价值需求。

地址：湖南省长沙市岳麓区福祥路65号
电话：0731-85166229
传真：0731-85166228
网址：www.hnadi.com.cn
电子邮箱：zxzx1@hnadi.com.cn

桃坪羌寨新村

Taoping Qiang Village New Quarters

项目业主：湖南省对口支援理县灾后重建工作队
建设地点：四川理县
建筑功能：居住、旅游建筑
用地面积：78 686平方米
建筑面积：46 332平方米
设计时间：2009年
项目状态：建成
设计单位：湖南省建筑设计院有限公司
主创设计：冯昶
摄 影 师：冯昶

桃坪羌寨新村是湖南省对口支援理县灾后重建的重点项目之一。新村建设地点位于四川省理县桃坪乡，西接“千年古堡”——桃坪羌寨。为了更好地保护桃坪羌寨、发展旅游产业及安置老羌寨灾民，新村按照“修新如旧”的原则打造。

新村整体设计与建设强调建筑群体与周边环境的紧密结合，凸显建筑的地域及民族特色，追求传统建筑形态与现代设施的完美结合。建筑造型体现建筑与环境的有机整合，通过采用独特的民族文化元素与传统建筑元素，充分体现羌文化的传统内核特质。

桃坪羌寨新村继承老寨极富特色的“迷宫式”空间布局和古朴清新的建筑形态，塑造了丰富的建筑群体和街巷空间景观。充分体现出新村作为羌族文化及桃坪老寨的文化延续，建成后成为理县新的地景，并成为全国首个羌文化为主题的国家AAAA级景区“古堡新寨”。

湖南党史陈列馆

Hunan CPC History Exhibition Hall

项目业主：湖南省委党史研究室
建设地点：湖南 长沙
建筑功能：展览建筑
用地面积：9 461平方米
建筑面积：14 484平方米
设计时间：2011年
项目状态：建成
设计单位：湖南省建筑设计院有限公司
主创设计：冯昶
参与设计：熊翔、江飘
摄 影 师：冯昶、熊翔

湖南党史陈列馆位于长沙市望城县雷锋镇雷锋纪念馆东南侧，是一座集陈列展览、宣传教育、资料文物存储、研究培训等功能为一体的大型省级综合性展览馆。陈列馆整体造型简约庄重、刚劲有力。建筑本身对地域文化的承载，使其极具标志性，并与周边环境紧密结合。

陈列馆以“横空出世”为设计理念。建筑立面造型采用传统三段式手法。坚实的基座，寓意中国共产党坚实、广泛、牢固的群众基础；古典的入口，标志着在中国共产党的领导下中国历史进入了一个新纪元；红色的列柱，代表着广大人民群众紧紧团结在党中央周围，充满了火热的激情与斗志。三者汇聚在一起，形成了独具魅力的长沙新地标。

株洲市新马小学

Zhuzhou Xinma Primary School

项目业主：株洲高科集团有限公司
建设地点：湖南 株洲
建筑功能：教育建筑
用地面积：47 079平方米
建筑面积：36 777平方米
设计时间：2015年—2016年
项目状态：建成
设计单位：湖南省建筑设计院有限公司
主创设计：冯昶、黄劲
参与人员：汪洋、江飘、熊翔、何姝
摄 影 师：熊翔

新马小学采用新中式风格，表达出强烈的现代中国风特色。中式元素与现代技艺的结合，塑造出现代规整而又富有活力的校园建筑，同时为校园提供一幅幅可深入解读的中国风画面。

灰白色调凸显中国传统文化氛围，白色部分采用白色氟碳漆，灰色部分采用灰色陶土砖，屋顶部分采用深灰色铝镁锰合金瓦。

室外院落是学生课余活动的空间载体，新中式的建构元素将院落打造成一个个具有“诗情画意”的休憩空间。

“移步换景、鸟语花香”，具有东方文化底蕴的场景浸润着校园各处，成为校园独特的文化。

出于自然，而高于自然，情景交融的艺术，让空间多了一份含蓄的美。

韶山风景名胜区游客服务中心

Shaoshan Scenic Spot Service Center

项目业主：韶山旅游发展集团有限公司
建设地点：湖南 韶山
建筑功能：旅游建筑
用地面积：300 000平方米
建筑面积：26 665平方米
设计时间：2013年
项目状态：建成
设计单位：湖南省建筑设计院有限公司
主创设计：冯昶
参与设计：熊翔、江飘
摄 影 师：熊翔

游客服务中心是韶山风景名胜区主入口建设项目的主体建筑，是红色景区的窗口工程。

方案用强烈的雕塑感充分表达出造型艺术的独特性，又巧妙地融入周边环境，表达着技术与艺术、文化与自然的对话和统一。服务中心独具个性魅力和形象特征，建成后成为韶山的地景和地标，激励着人们继承和发扬党的光荣传统和优良作风，传承革命精神。

项目进行统一规划设计，形成步步抬升、恢宏大气、视野开阔、秩序感强烈的基地中轴线。景观设计大气宏伟，营造出庄重典雅的整体环境氛围。建筑物与室外的广场及景观小品交相辉映，融为一体。

株洲市民中心

Zhuzhou Civic Plaza

项目业主：株洲市国投国盛实业发展有限公司
建设地点：湖南 株洲
建筑功能：办公建筑
用地面积：18 388平方米
建筑面积：70 250平方米
设计时间：2016年
项目状态：建成
设计单位：湖南省建筑设计院有限公司
北京联合维思平建筑设计事务所有限公司
主创设计：黄劲、冯昶、龙毅湘
参与人员：李建良、张景淇
摄 影 师：张景淇

项目设计初衷以节能、绿色为主要出发点，以降低能源消耗为目标，注重降低建筑本体能源需求以及优化能源的供应方案，减少对主动式机械采暖和制冷设备的依赖。

在设计前期充分了解当地的气候条件、自然资源和生活居住习惯，根据地区特点进行建筑的节能设计。

通过性能优化设计的方法，优化围护结构的保温、隔热及遮阳措施，最大限度降低建筑的供暖和制冷需求，达到舒适宜居的建筑空间。

天易科技城自主创业园

Independent Business Park Tianyi Science and Technology City

项目业主：株洲天易建设有限公司
建设地点：湖南 株洲
建筑功能：产业园
用地面积：780 000平方米
建筑面积：520 000平方米
设计时间：2015年至今
项目状态：部分建成
设计单位：湖南省建筑设计院有限公司
主创设计：冯昶、黄劲
参与人员：汪洋、熊翔、张善林、何姝、王茜雯

株洲天易科技城自主创业园采用前沿的设计理念和现代化的设计手法，打造一个与时俱进的创新型产业园区和总部基地聚集区。

针对现状复杂的地理条件，重点打造园区内部生态系统。规划中将由城市路网划分的各个街区比喻为组成整个园区的若干细胞体。设计在各个细胞体的内部以及细胞体与细胞体之间，结合基本服务功能和交通空间，规划绿色步道、共享单车、轨道电车，形成一套完整的慢行体系。园区内的每一个地块、每一个组团、每一栋建筑，都形成微循环系统，解决内部交通问题。园区内的慢行系统与城市慢行系统相对接，加强园区与城区的关联度，使得园区与外部交通方式更加多元化。

中广天择传媒大王山总部

Tvzone Media Dawangshan Headquarters

项目业主：中广天择传媒股份有限公司
建设地点：湖南 长沙
建筑功能：文化建筑
用地面积：39 953平方米
建筑面积：74 130平方米
设计时间：2014年
项目状态：设计中
设计单位：湖南省建筑设计院有限公司
主创设计：冯昶、熊翔
参与人员：汪洋

设计的创新性体现了中广天择传媒“专注的力量"的精神，以原创纪实、不断超越的新姿态迎接未来的挑战。

建筑布局上沿袭舞台的布局关系，将星光大道贯穿于场地轴线之中，衔接主入口和影视广场。办公楼与演播厅坐落在星光大道的核心节点上，天幕、多媒体互动等高科技手段被赋予到整个星光大道，使其成为一个动态的、多彩缤纷的演绎场。

星光大道在这里不仅仅是一个独立的道路，而是一个开放的、互动的和具有故事的核心，它是中广天择传媒内核的一个最好体现。

高建宇

职务：总建筑师

教育背景

1983年—1988年　北京工业大学建筑学学士

工作经历

2008年—2016年　北京市建筑设计研究院有限公司
2016年至今　中国建筑标准设计研究院有限公司

主要设计作品

黄金时代广场
西单国航大厦改造工程
荣获：2018年城市更新和既有建筑改造优秀案例
山东财税大厦
荣获：国家优质工程银奖
淄博海关
荣获：北京市优秀工程设计三等奖
博达国际大厦
荣获：建设部优秀工程设计二等奖
　　　北京市优秀工程设计二等奖

王雷

职务：总建筑师
职称：高级建筑师
　　　国家一级注册建筑师

教育背景

1982年—1987年　北京工业大学建筑学学士

工作经历

2010年—2018年　北京市建筑设计研究院有限公司
2018年至今　中国建筑标准设计研究院有限公司

主要设计作品

山东财税大厦
荣获：国家优质工程银奖
淄博海关
荣获：北京市优秀工程设计三等奖
博达国际大厦
荣获：建设部优秀工程设计二等奖
　　　北京市优秀工程设计二等奖
西单国航大厦改造工程
荣获：2018年城市更新和既有建筑改造优秀案例
山东艺术学院长清校区 图书馆及艺术学院
中国银行淄博分行业务技术楼
朝林国际酒店
临沂文化广场

西单国航大厦改造工程

Xidan Air China Building Renovation Project

项目业主：中国国际航空集团公司
建设地点：北京
建筑功能：办公、商业建筑
用地面积：7 000平方米
建筑面积：28 000平方米
设计时间：2016年
项目状态：在建
设计单位：中国建筑标准设计研究院有限公司
主创设计：高建宇、王雷

城市片段的历史性时常呈现于人们的记忆中，建筑的形式则是构成城市片段的重要因素，正如20年前的一面墙、一颗树所构成的画面早已存在于人们的心中，成为一种记忆、一个标识、一个符号。旧建筑改造有很多种不同的方式，当然这也取决于改造的程度，对于西单国航大厦改造工程，建筑师选择这样一种方式：去除或添加新的元素，但绝不改变建筑原有的特点、原有的味道。

西单国航大厦建筑高度40米，结构类型为框架剪力墙。在进行立面改造、改善办公条件的同时，尽量延续西长安街和西单这两个城市片段的历史记忆。尊重城市，尊重历史，也是尊重西单国航大厦最初的建设者和设计者。方案在保持原有横向线条的基础上，融入了国航标志的有机性特点，使建筑保持历史性的同时升华为一个地道的当代建筑。新的设计将室内净高由原来的2.4米提高到3米，采用落地窗，增加了有效采光面积，大大改善空间感受。外墙整体化地采用双层窗，呼吸式幕墙，可避免长安街上的噪声。可预见的是改造对现有长安街景观几乎没有影响，在未来的现代环境中，人们的记忆仍可保留在这个街区的历史片段中。

黄金时代广场A座

Block A of Golden Times Square

项目业主：山东黄金地产旅游集团有限公司
建设地点：山东 济南
建筑功能：商业、办公建筑
用地面积：36 600平方米
建筑面积：137 226平方米
设计时间：2011年
项目状态：在建
设计单位：北京市建筑设计研究院有限公司
主创设计：高建宇、王雷

建筑高度199.9米，地上47层，建筑面积为114 641平方米，为办公以及辅助用房；地下4层，建筑面积为22 585平方米，地下一层为入口大堂，地下二层为会议室、职工餐厅及机房，地下三层为车库及设备机房，地下四层为人防及设备机房。

塑造人性化的办公空间，强调“人—建筑—环境”的对话与交流。坚持以人为本、以用为主的指导思想，为办公人员提供方便、高效、舒适的工作环境；使建筑不仅是一个办公场所，同时也是一个人与人交流的空间。营造共享大厅、休息厅等休闲空间，在工作之余可以怡情养性。

塑造高效能的办公空间，为工作人员提供便利快捷的工作方式。

设计中将服务及交通空间分类、分区集成在几个主要核心区内，提高了建筑面积的使用率。在整体规划中，建筑处于核心地位，除向南可以仰望泰山外，还可以坐拥底部的整个广场，给工作人员提供了一个舒适惬意的办公环境。

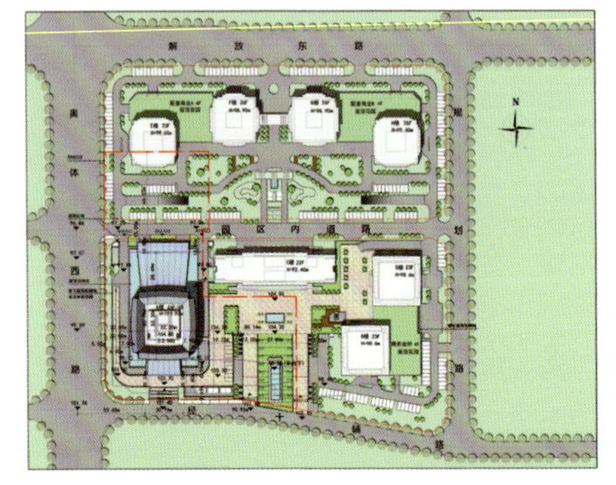

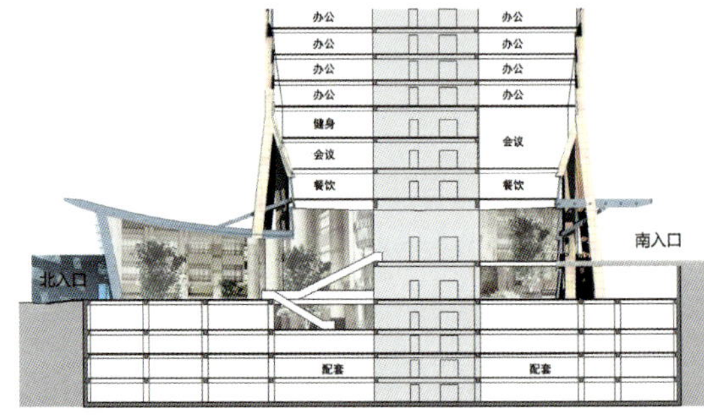

高空旋转缆车项目

High Altitude Rotary Cable Car Project

目前，高空娱乐设施如观光摩天轮和高空玻璃天桥存在各自的缺点：摩天轮的缺点是占地大，速度慢，人不能离开运行的缆车；玻璃天桥的缺点是需要自然环境（如悬崖峭壁）作为设备的依托，因而无法在城市中实施。同时两项游乐设备各自独立，不能结合为统一整体。所以亟须一种高空螺旋缆车观光娱乐系统，来解决传统高空娱乐设备占地大、速度慢、惊险性不足的问题。

本项目是新型的高空螺旋缆车观光娱乐系统，包括高塔、螺旋轨道，螺旋轨道沿高塔塔底至塔顶纵向设置，螺旋轨道上设置有缆车，缆车沿螺旋轨道滑行。螺旋轨道为双螺旋结构，外轨采用一根闭合循环轨道，通过缆车承载游客与传统摩天轮相比大幅提高了行进速度，提高了效率。游客可以在塔顶平台离开缆车，在塔顶平台或玻璃栈道进行观望。由于采用人工高塔结构，因此节约了用地，玻璃栈道也不再雷同于传统依赖自然环境的玻璃栈道，更加惊险刺激。

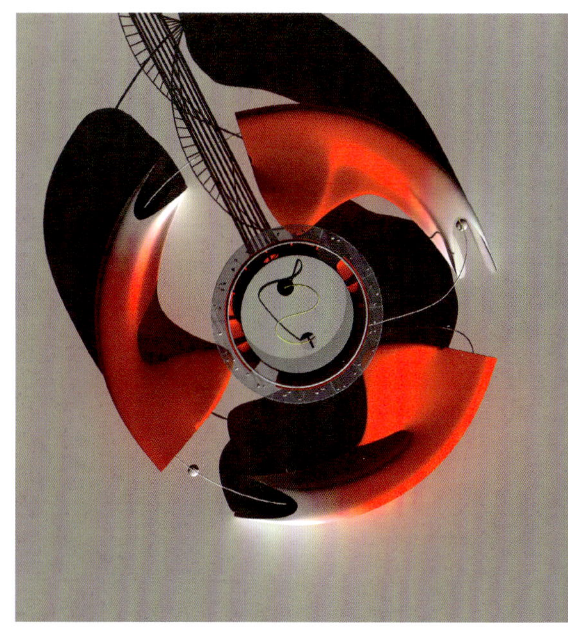

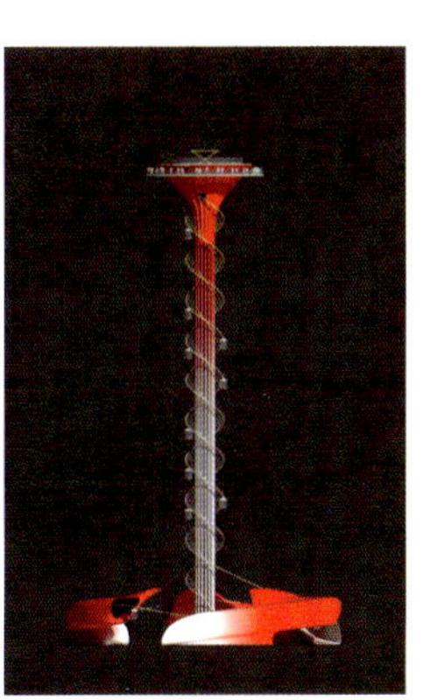

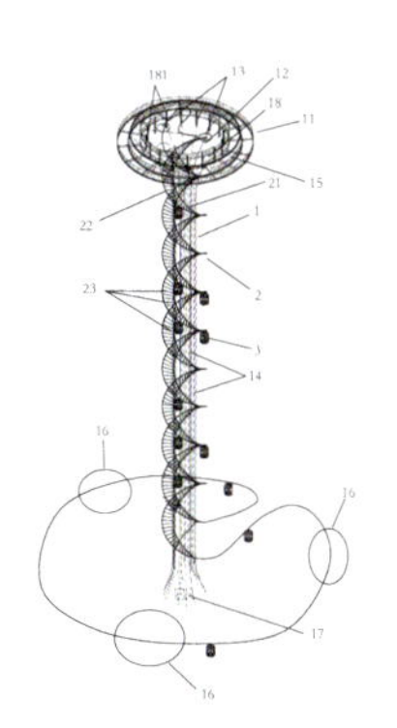

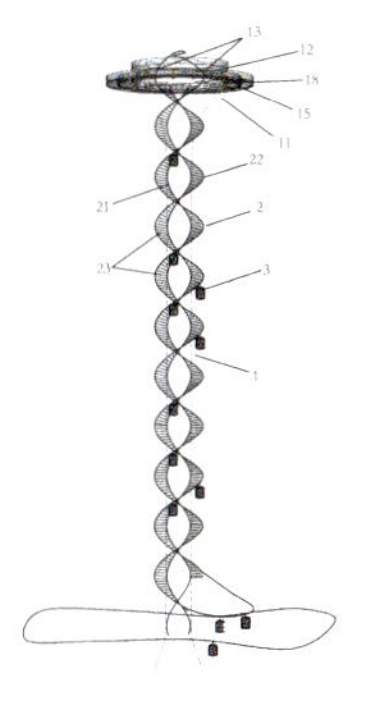

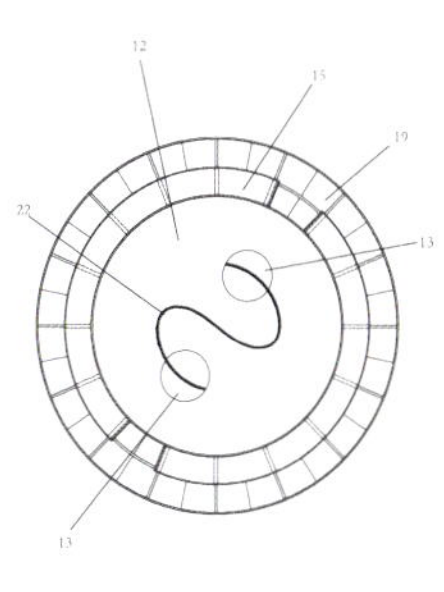

博达国际大厦

Boda International Building

项目业主：北京市经济技术开发区管委会
建设地点：北京
建筑功能：办公建筑
建筑面积：80 000平方米
设计时间：2001年
项目状态：建成
设计单位：北京市建筑设计研究院有限公司
主创设计：高建宇、王雷

建筑由两栋21层的主楼及一座4层高的裙房组成，建筑高度82米。主楼与裙房均被设计成弧形，体现了政府办公的亲和形象，而且提高了外部环境质量。该建筑在节能建筑的方向上向前迈进了一步。建筑充分考虑北方气候特点，北立面开窗较小，而南立面为充分采光的玻璃幕墙。弧形的裙房充满自然光线，地下室也采光充分。主楼采暖、制冷采用自然地热资源的水源热泵中央空调系统，使建筑对环境没有污染。而弧形的裙房屋面采用水幕喷洒循环系统，在夏季，通过水幕使建筑降温，降低对能源的依赖，并使建筑保持光洁。总之，新材料、新结构、地热自然能源的使用，不仅满足了业主的要求，更使建筑在当时成为风格独特、技术先进的建筑。

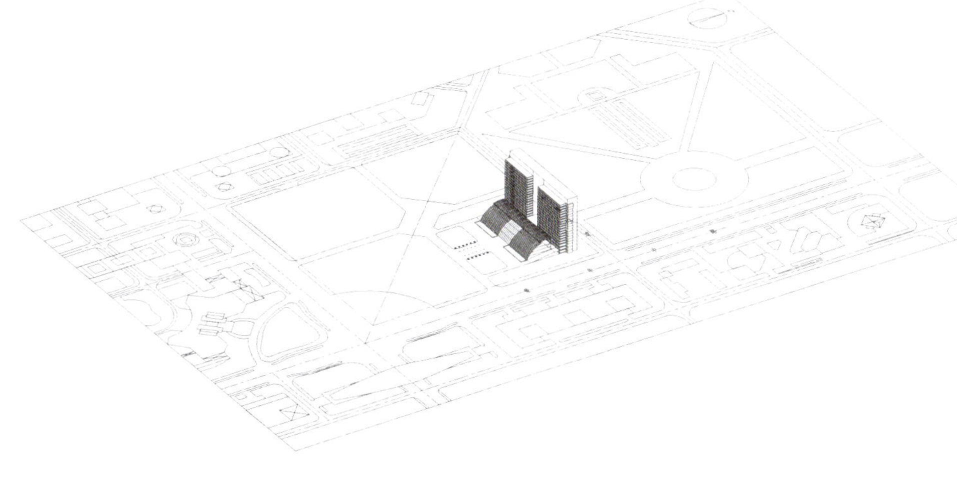

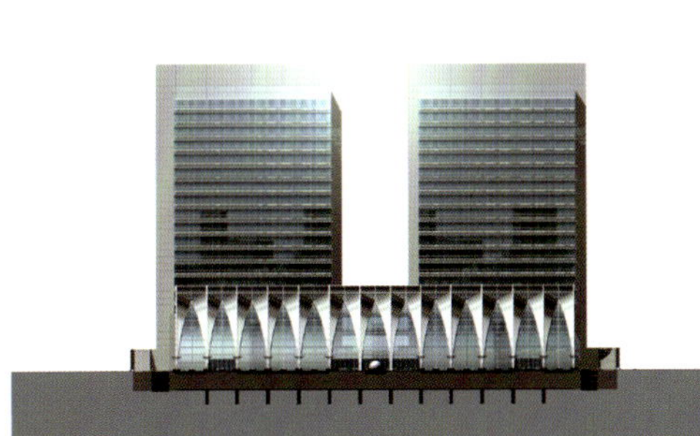

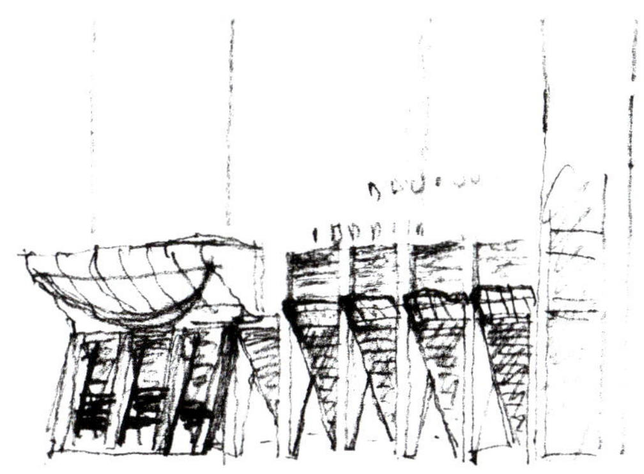

济南航天城商务中心

Jinan Space City Business Center

项目业主：济南高新控股集团有限公司
建设地点：山东 济南
建筑功能：商业、酒店、办公建筑
用地面积：38 700平方米
建筑面积：319 049平方米
设计时间：2015年
项目状态：方案
设计单位：北京市建筑设计研究院有限公司
主创设计：高建宇、王雷

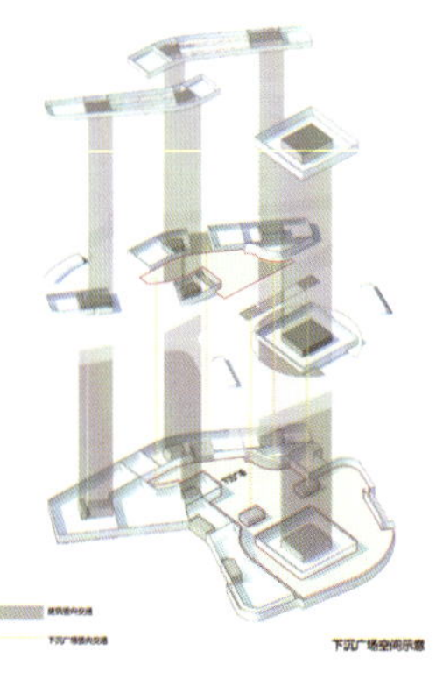

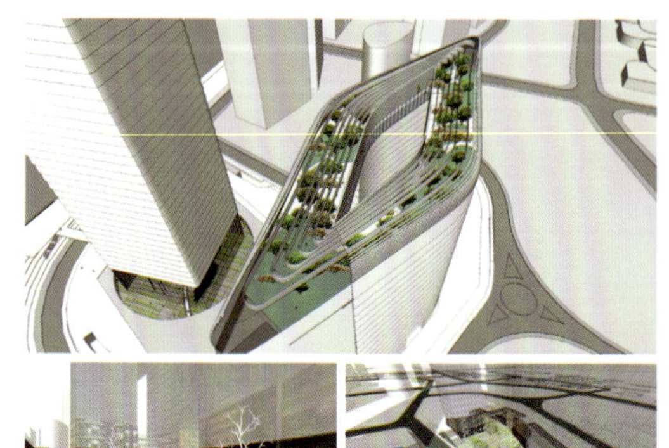

本项目位于济南市高新区贤文片区总部基地北区二期。1号楼主要功能为办公，标准层可自由分割。办公主入口设在首层南侧入口大厅及地上2层入口平台，3层为设备用房，4层至9层为办公低区，10层为避难间及办公区；11层至20层为办公中低区，21层为避难层及设备用房；22层至31层为办公中区，32层为避难层；33层至42层为办公中高区，43层为避难层及设备用房；44层至53层为办公高区，54层为屋顶花园及观光平台。1号楼造型简约纯净，外部轮廓简洁，力图寻找雕塑一般的外观，下部几层内收的建筑外形支撑着一个向上挺拔的建筑主体，呈现出一种“挺拔坚韧”的艺术形象。

2号楼、3号楼主要功能为商业及办公。2号楼、3号楼地上1层至地上2层出办公入口大堂外均为沿街配套商业，地上3层至19层为办公区。屋顶部分为空中花园，并将2号楼、3号楼连接为整体。外部造型的处理上以简洁的建筑体量展现给城市，造型简约，立面纯净，内部空间错落有致，丰富生动。

地下1层为下沉广场及商务配套、餐饮中心，地下2层至地下4层为车库及设备用房。

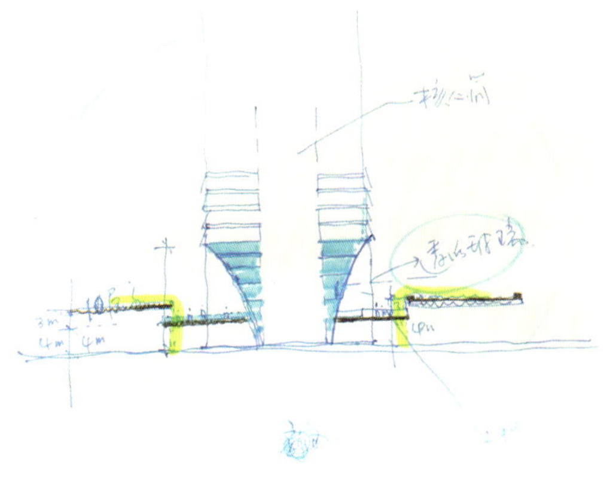

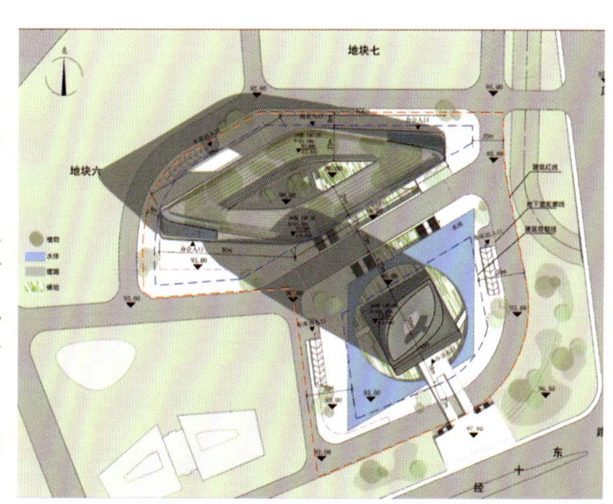

高英志

职务：哈尔滨工业大学建筑设计研究院设计一分院院长、总院副总建筑师
职称：研究员级高级建筑师

教育背景

1992年—1997年 哈尔滨建筑大学城市规划学士
2004年—2009年 哈尔滨工业大学建筑与土木工程硕士
2014年至今 哈尔滨工业大学建筑设计及其理论博士生

工作经历

1997年至今 哈尔滨工业大学建筑设计研究院

个人荣誉

2018年 第十一届中国建筑学会青年建筑师奖

主要设计作品

工业和信息化部综合办公业务楼
荣获：2017全国优秀工程勘察设计行业奖建筑工程设计一等奖
2016年黑龙江省优秀工程设计奖一等奖
2013年黑龙江省优秀建筑设计方案一等奖
漳州奥林匹克体育中心景观工程（园林和景观）
荣获：2017年黑龙江省优秀工程设计奖三等奖
辽宁（营口）沿海产业基地奥林匹克体育中心
荣获：2015年全国优秀工程勘察设计行业奖建筑工程设计三等奖
营口滨海文化艺术中心
荣获：2015年全国优秀工程勘察设计行业奖建筑工程设计三等奖
信息工程大学综合实验演训楼
荣获：2015年黑龙江省优秀工程设计奖一等奖
大连中国石油大厦
荣获：2014年黑龙江省优秀建筑设计方案一等奖
群力文化产业中心二期工程
荣获：2014年黑龙江省优秀建筑设计方案三等奖
哈尔滨师范大学新校区教学实验楼
荣获：2013年中国建筑设计奖一等奖
黑龙江现代文化艺术产业园A1项目
荣获：2013年黑龙江省优秀建筑设计方案二等奖
营口市博物馆
荣获：2012年黑龙江省优秀工程设计奖一等奖
盘锦市中心医院
荣获：2012年黑龙江省优秀工程设计奖二等奖
哈尔滨师范大学新校区教学实验楼A、B区
荣获：2011年黑龙江省优秀工程设计奖三等奖
大庆城市之光
荣获：2011年全国人居经典建筑规划设计方案一等奖
大庆市人民医院
荣获：2000年黑龙江省优秀工程设计奖二等奖
渤海大学数理化实验楼
荣获：2008年黑龙江省优秀工程设计奖三等奖
益恒园商住楼
荣获：2007年黑龙江省优秀工程设计奖三等奖

哈尔滨工业大学建筑设计研究院

The Architectural Design and Research Institute of HIT

哈尔滨工业大学建筑设计研究院成立于1958年，是全资国有、高校直属的大型工程设计咨询机构。现已跻身全国建筑设计行业前列，领军中国北方地区，荣获中国十大建筑设计公司、中国勘察设计协会优秀设计院、当代中国建筑设计百家名院等殊荣。

为了服务国内外建筑设计市场，该院聘请外籍建筑师长期驻院工作，在北京、深圳、大连、沈阳、三亚、鄂尔多斯等地设立了分支机构，与美国、德国、日本、法国、英国、荷兰、俄罗斯、意大利、澳大利亚等国的知名设计机构开展战略合作，形成了资源共享、优势互补、高端人才与先进技术融合集成、本地与外埠并重、国内与国外兼顾的整体发展战略格局。

设计院总部设在哈尔滨市，下设第一至第十二建筑设计院、规划建筑设计院、城市建筑设计所、建筑环境设计院、市政交通设计院、钢结构设计院、数字媒体研究院、建筑经济所、工程咨询所、国际合作工作室等设计机构；创作研究院、《城市建筑》杂志社、博士后科研工作站、寒地建筑研究室、环境工程研究所、智能建筑研究所、数字建筑设计研究中心、LED寒地照明工程技术研究所等科研机构；岩土公司、监理公司、项目代建管理公司、哈尔滨建创钢结构有限公司、学术交流中心、总院接待中心等相关产业机构；技术委员会、总工程师办公室、各管理办公室等人员精干、办事高效的服务机构。

地址：哈尔滨市南岗区黄河路73号
（哈工大二校区）
电话：0451-86283317
传真：0451-86283319
网址：www.hitadri.cn
电子邮箱：hgdsjy@hitadri.cn

工业和信息化部综合办公业务楼

Comprehensive Office Building of the Ministry of Industry and Information Technology

项目业主：工业和信息化部
建设地点：北京
建筑功能：办公建筑
用地面积：23 084平方米
建筑面积：62 745平方米
设计时间：2011年—2012年
项目状态：建成
设计单位：哈尔滨工业大学建筑设计研究院
主创设计：梅洪元、皮卫星、高英志

本项目充分应用绿色建筑思想，精心设计，获得国家绿色建筑设计三星认证。

设计理念：

本项目通过对规划布局、自然通风、自然采光等被动技术和节能围护结构及设备系统、建筑节材、可再生能源利用等符合北京地区气候特点的各项绿色建筑适宜技术进行深入的研究与实践应用，在技术效益、经济效益、环境效益、社会效益等方面取得了较大成效。

绿色技术特点：

本项目针对北京地区特有的气候特点，重视与自然环境的和谐统一，优先选择适宜、成熟、低成本技术，以较小增量成本达到较好的节地、节能、节水、节材的效果，创造舒适的室内外环境。

设计在院区整体规划布局中成功地解决了项目基地限制条件对规划设计的影响、建筑整体风格定位与建筑特性和周边环境的协调、项目智能低碳办公楼宇运营目标的实现等一系列的难题。

信息工程大学综合实验演训楼

Information Engineering University Comprehensive Experimental Training Building

项目业主：信息工程大学
建筑功能：教育建筑
建筑面积：82 347平方米
项目状态：建成
设计单位：哈尔滨工业大学建筑设计研究院
主创设计：梅洪元、高英志、苑雪飞、王新利

建设地点：河南 郑州
用地面积：49 400平方米
设计时间：2008年—2011年

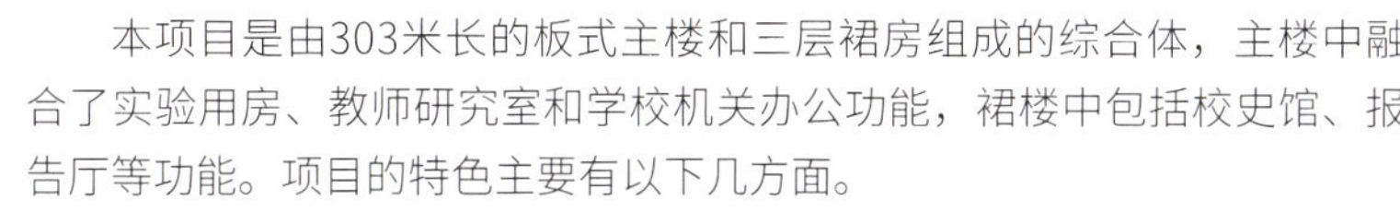

本项目是由303米长的板式主楼和三层裙房组成的综合体，主楼中融合了实验用房、教师研究室和学校机关办公功能，裙楼中包括校史馆、报告厅等功能。项目的特色主要有以下几方面。

1．提高板式建筑中空间组织的灵活性。建筑主体长303米，为打破长走廊的单调感，建筑在四至八层中部断开13米，在两部分之中，每两层设置透空的小中庭，作为休息交流空间，使人在行进过程中，不断感受到空间的变化。

2．兼顾了设计立意与使用功能的平衡。如何用建筑语言表达展开的兵书形象是设计重点考虑的内容。建筑在正立面利用3米的斜向退台塑造展开的兵书形象，每个退台的位置与房间的关系都经过了认真的推敲，充分表达了设计立意，使建筑形式与功能实现了完美的统一。

3．建筑幕墙精细化设计，保证了设计的高完成度。经过与幕墙设计师多次沟通，达到了通风好、对视线无遮挡的效果。简单的玻璃划分，形成完整统一的视觉效果。

4．建筑形态与结构及设备方案的高度统一。裙房的屋面呈五角星形，建筑与结构紧密配合，采用优化的空间桁架结构体系，实现了建筑空间形态与结构形式的统一。在实际的使用中空间适度、运行良好、效率较高，得到了业主的认可。

盘锦市中心医院

Panjin Central Hospital

项目业主：盘锦市中心医院
建设地点：辽宁 盘锦
建筑功能：医疗建筑
用地面积：202 500平方米
建筑面积：188 000平方米
设计时间：2009年—2011年
项目状态：建成
设计单位：哈尔滨工业大学建筑设计研究院
主创设计：高英志、张伟玲、皮卫星

本项目基于营造人性化的医疗空间、为城市发展提供医疗保障、构建智能高效的绿色医院的目标，设计定位首先是创造人性化的医疗空间，为患者、家属、医护、管理人员提供优质的环境；其次是设置反应迅速的应急指挥系统，应对城市突发性救护和突发性传染疾病的医疗保障；最后是节约造价、降低运营成本，建设节能高效的绿色医院，而非仅供欣赏的地标性建筑。

内蒙古自然历史博物馆

Inner Mongolia Natural History Museum

项目业主：内蒙古自治区国土资源厅
建设地点：内蒙古 呼和浩特
建筑功能：文化建筑
用地面积：33 400平方米
建筑面积：50 000平方米
设计时间：2013年—2015年
项目状态：建成
设计单位：哈尔滨工业大学建筑设计研究院
主创设计：高英志、梅洪元、王新利、苑雪飞

本项目通过流畅自然的建筑体量，隐喻“祥云”的形态，呼应在雄浑草原孕育下的质朴奔放的内蒙古文明，表达了草原人民对祥和美好生活的向往。同时建筑展开的裙房和高层部分，犹如展翅翱翔的鹰翼，表达了内蒙古腾飞发展的未来。

建筑体量浑然天成，质朴浑厚的形态铸就了壮美磅礴的草原风情。建筑形体犹如聚宝的银盘，托起博物馆区和资料研究区，象征着内蒙古自治区丰富的自然资源养育着广大人民。博物馆区的建筑体量如同切削的山石，隐喻了内蒙古丰富的矿产资源。资料研究区以挺拔独特的形态巧妙地融合了日照， 引领区域城市空间形态。建筑内部形成一个围合的内部庭院，具有向心性，象征聚宝的银盘，为市民提供了一个文化交流的活动平台。

关巍

职务：悉地国际设计顾问（深圳）有限公司设计副总裁

筑地城市空间设计中心总经理

执业资格：国家一级注册建筑师

教育背景

1984年—1988年　东南大学建筑学学士

工作经历

1988年—1999年　黑龙江省建筑设计研究院

1999年—2005年　深圳市澳大利亚（墨尔本）柏涛建筑设计有限公司

2006年—2007年　深圳市华阳国际工程设计有限公司

2008年至今　悉地国际设计顾问（深圳）有限公司

主要设计作品

青岛海尔国际智慧谷	荣获：2019年深圳建筑设计奖未建成公共建筑类三等奖
合肥科创北城产业基地	荣获：2019年深圳建筑设计奖未建成公共建筑类三等奖
深圳皇庭大厦	荣获：2017年美国LEED金奖及国家绿色建筑设计标识认证 2018年深圳市优秀工程勘察设计三等奖 2014年深圳市建筑工程施工图编制质量银奖
金地自在城商业二期BF－8、9地块	荣获：2019年深圳建筑设计奖施工图一等奖
金地自在城商业一期BF－10地块	荣获：2018年深圳建筑设计奖铜奖 2018年深圳市优秀工程勘察设计三等奖
华为湖畔花园	荣获：2017年东莞市优秀建筑工程设计一等奖 2016年东莞市优秀建筑工程设计方案二等奖
灵宝中航星城二、三期	
安徽淮南联华金水城	荣获：2012年华人住宅与住区规划设计奖
重庆渝北人民医院	荣获：2014年深圳市建筑工程施工图编制质量银奖 2016年深圳建筑创作奖铜奖
深圳平湖医院	荣获：2018年深圳建筑设计奖铜奖
哈尔滨团结镇B1、B2、D区项目	
西安金地湖城大境商业	
贵阳中航九方商业项目	
泸州佳乐世纪城购物中心	
武汉金地京汉1903	
武汉王家墩中央商务区23—6地块	
武汉自贸城全球商品采购中心二、三期	
深圳鹭湖学校	
佛山南海人民医院	

CCDI悉地国际创立于1994年，是在世界城市建设和开发领域从事综合专业服务的大型工程实践咨询机构。CCDI曾成功主持设计了国家游泳中心（水立方）、平安金融中心、深圳腾讯大厦、阿里巴巴深圳大厦、百度大厦、上海迪士尼乐园等各类型知名项目。据2018年美国《工程新闻记录》（ENR）的最新排行榜，CCDI已进入全球工程设计百强企业行列。

筑地城市空间设计中心隶属于CCDI，是历史悠久、团队稳定、持续贡献优秀作品的大型设计业务团队。“筑地”两字，取自“建筑新天地”，饱含着筑地的设计师们对于建筑的态度与抱负。十多年来，筑地团队涉足多个领域，特别是在城市更新、城市商业综合体、居住区规划、高端住宅、酒店、医疗建筑等多个领域，取得了不俗的业绩。项目遍布深圳、武汉、西安、青岛、贵阳等多个城市，为CCDI集团重要的核心团队之一。筑地的设计关注城市的、空间的、内涵的、功能性的，而不仅仅局限于建筑的表皮。设计方案以客户需求为导向，高效率地创造溢价空间，追求的是建筑产品对地域文化的高度适应，对空间应用效率性的高度掌握，对功能流线顺畅度的高度把控，对建筑细节质量的高度要求。

地址：深圳市南山区科技中二路19号
劲嘉科技大厦9楼
电话：0755-32967996
传真：0755-32966888
网址：www.ccdi.com.cn
电子邮箱：chen.cancan@ccdi.com.cn

深圳皇庭大厦

Shenzhen Wongtee Building

项目业主：皇庭房地产开发公司

建设地点：广东 深圳

建筑功能：商业、办公建筑

用地面积：7 891平方米

建筑面积：166 000平方米

设计时间：2011年—2018年

项目状态：建成

设计单位：悉地国际设计顾问（深圳）有限公司筑地城市空间设计中心

设计团队：关巍、朱宁、常兴瑞

皇庭大厦项目位于深圳福田CBD的东南部，用地局促，周边车辆交通及人流复杂。建筑高度249.9米，是特大型、超高层甲级商务写字楼及商业建筑。

平面办公空间灵活分隔布局，竖向交通分区高效，地面交通流线设计合理，立面设计简洁、大气，造型采用现代主义设计手法，运用现代而简练的线条，塑造出有力而简洁的建筑立面形象，突出标志性建筑形象。高品质、高档次、富有时代气息、现代的超一流甲级写字楼及附属配套商业成为片区新地标，充分体现出高科技、智能化、节能环保的现代办公要求。

项目采用的冰蓄冷制冷系统、结构采用的逆作法设计、雨水经物理方式处理消毒后供空调冷却塔补水及绿化灌溉使用，均体现了从设计、施工到建成投入使用各方面的优势及细致，做到了节能环保。社会效益、经济效益、节约能源等各个方面都表现突出。

西安金地凯悦酒店

Jindi Hyatt Hotel, Xi'an

项目业主：陕西金地佳和置业有限公司　　建设地点：陕西 西安

建筑功能：五星级酒店建筑　　用地面积：56 475平方米

建筑面积：64 218平方米

设计时间：2011年—2013年

项目状态：建成

设计单位：悉地国际设计顾问（深圳）有限公司

筑地城市空间设计中心

合作设计：RTKL国际有限公司

本项目位于西安市曲江池遗址公园内。古之曲江池，是中国历史上久负盛名的皇家园林区。它兴起于秦汉，繁盛于隋唐，历时千年。内有曲江池、大雁塔、慈恩寺、唐城墙遗址公园等风景名胜古迹。设计受到大明宫的灵感启发，希望创造一个“大隐”于湖城大境中的建筑，故而在总体布局上，引入了“庄”“谐”之道；在形式上，体现方正之美与逍遥之美的互生。在基地的中间，酒店到达区、大堂和大堂吧、观景平台等功能区依轴线顺序布置。酒店客房部分则顺应湖景的方向布局，力图达到对湖景的最大化利用。立面及室内设计为了表现唐风的韵味，各主要元素遵循唐代建筑的比例关系，细节则对传统唐代建筑元素进行抽取与概括，以期达到自然、文化与历史三者的融合。

青岛海尔国际智慧谷

Qingdao Haier International Wisdom Valley

项目业主：陕西金地佳和置业有限公司
建设地点：山东 青岛
建筑功能：产业园、办公建筑
用地面积：160 937平方米
建筑面积：375 918平方米
设计时间：2018年至今
项目状态：方案
设计单位：悉地国际设计顾问（深圳）有限公司
筑地城市空间设计中心
主创设计：关巍、曹世达

本项目位于青岛市即墨区蓝色硅谷。用地北侧为泰安街、南侧为山大南路、西侧为硅谷大道、东侧为滨海公路。设计立足于学校及周边区位，打造以人的体验为核心，进行立体开发，围绕着生长、共享、交互三个关键词层层展开。

生长：生长的创意源于自然的形式语言，与古代东方哲学相呼应。从意到形，从平面到空间，从心灵体验到生态建设层层深入展开。交错相间的立面造型寓意着生长的趣味和年轻的活力。

共享：共享空间给园区内丰富多彩的生活提供了可能性，多层次的变化将产生无穷的空间体验并衍生出多种功能。

交互：建筑的内外空间、交流区、商业区、景观等空间叠合，形成一个综合布局。不同的平台交互界面被组织起来，形成特别的空间并相互交融。

华为湖畔花园
Huawei Lakeside Garden

项目业主：东莞绿苑实业投资有限公司
建筑功能：居住建筑
建筑面积：420 538平方米
项目状态：建成
设计单位：悉地国际设计顾问（深圳）有限公司
筑地城市空间设计中心
设计团队：关巍、白艳、常兴瑞
建设地点：广东 东莞
用地面积：114 907平方米
设计时间：2015年—2016年

湖畔花园项目是华为技术有限公司投资建设的住宅项目，位于东莞市松山湖高新技术开发区南部。用地西侧紧邻松山湖湿地景区，景观资源优越。

项目定位为高档高层住宅，现代风格的水岸城邦。设计为全过程设计总包。为打造新时代中青年科技人才宜居型居住小区，规划布局以营造社区休闲、舒适、绿色为特色，最大化地保留原丘陵地貌，因地制宜。场地与周边路面高差分别为15~25米，设计通过分台地多竖向标高的设计措施，使场地竖向与周边市政道路协调共生。地下室利用原始地形，由低到高层层退台，有效地减少土石方开挖量。建筑立面风格充分发挥了视野、方位及布局的优势，笔直的竖向线条和几何形体的有机切分，使住户享受到更多的日照，其简洁典雅的建筑表皮彰显内敛大气。

深圳市平湖医院

Shenzhen Pinghu Hospital

项目业主：深圳市龙岗区建筑工务局
建设地点：广东 深圳
建筑功能：医疗建筑
用地面积：56 154平方米
建筑面积：324 910平方米
设计时间：2015年—2017年
项目状态：在建
设计单位：悉地国际设计顾问（深圳）有限公司
筑地城市空间设计中心
设计团队：关巍、王秋萍、邱深

“因地制宜，统筹兼顾”是该项目的设计思路，针对医院用地紧张的现状，本着节约用地、优化环境的原则，门诊部、医技部、住院部、行政科研、后勤保障系统及院内生活布局紧凑、分区明确、流线便捷。同时有效配合了医疗院区整体改造的分阶段实施，达到实用和减少开支、利于病人就诊、方便行医及文明服务的目的。在医院总体布局的设计中，突出医院核心医疗区（门急诊、医技部、住院部）相互的协调，结合医疗建筑发展的“有机生长”特性，远近期结合，进一步增加花园绿地及公共设施，充分改善医疗环境，并留有发展余地，使医疗区内的功能、交通环境和医疗流程趋于合理。

黄琳

职务：中衡设计集团股份有限公司总经理助理、建筑创作设计研究院常务副院长、设计总监
职称：高级工程师
执业资格：国家一级注册建筑师

教育背景

1999年—2004年　苏州科技学院建筑学学士

工作经历

2004年至今　中衡设计集团股份有限公司

主要设计作品

中交柬埔寨办事处办公楼
吴江旗袍小镇
中国马来西亚钦州产业园职业教育实训基地（一期）
苏州金融小镇一期
高铁新城第一中小学
苏州工业园区星湾学校西校区
苏州悦榕庄
苏州工业园区公共卫生中心
南师大苏州高铁新城实验学校
同程网研发办公楼项目
康力电梯综合办公楼改造
苏州工业园区斜塘学校
康力电梯测试塔及技术中心
吴江市滨湖新城餐饮一条街
中衡设计集团新研发中心大楼
苏州赛得科技金螳螂工程施工管理运营中心
大型电子系统工程科研生产基地
昆山市第一中学艺体馆及配套设施
中央景城学校
吴江东太湖温泉度假酒店
苏州生物纳米科技园B地块B3-B12研发楼
绵竹市体育中心
独墅湖会议酒店
苏州工业园区档案管理中心大楼
苏州工业园区星湾学校
苏州工业园区工业技术学校一期工程
金鸡墩邻里中心

个人荣誉

东南大学硕士专业学位研究生校外指导教师
江苏省土木建筑学会第九届理事会江苏省建筑师学会青年建筑师分会委员
苏州科技大学建筑与城市规划学院评图教授
2018年第十一届中国建筑学会青年建筑师奖

学术研究

《现代园林中的人文办公——中衡设计集团研发中心设计解析》，《建筑学报》，2015.12
《延续建筑——种建筑创作方法的人文表达》，《建筑技艺》，2016.01
《绿坡之上，生命之环——金螳螂工程施工管理运营中心设计》，《建筑技艺》，2016.02
《EPC模式下的特殊超高层建筑——康力电梯测试塔及技术中心设计》，《建筑技艺》，2018.01

建筑思想

在多年的工作中，始终坚持“人本”的设计理念，运用“延续建筑”的设计思想从事建筑创作。坚信优秀的建筑设计能影响人的行为，能够为人们创造更美好的生活。

中衡设计集团股份有限公司（原苏州工业园区设计研究院股份有限公司）创立于1995年，是“中国—新加坡苏州工业园区”的首批建设者、全过程亲历者、见证者和实践者。2014年12月31日公司于上交所成功上市，成为国内建筑设计领域第一家IPO上市公司。

公司为国家高新技术企业，也是江苏省发展和改革主管部门认定的省建筑设计领域首家服务业创新示范企业，被评为中国最具品牌价值建筑设计机构，全国勘察设计行业创优型企业，荣获江苏省勘察设计质量管理先进单位、诚信单位等多项荣誉。根据江苏省勘察设计协会排名，自2010年以来，中衡设计营业规模在全省建筑设计企业中稳居第一名。

目前公司拥有3 000余名员工，主要提供建筑领域的工程设计、工程总承包、工程监理及管理三大核心服务，业务范围贯通全产业链，涵盖城市规划、城市设计、建筑设计、景观设计、室内设计、工程监理、工程管理、工程总承包八大领域。到2016年，公司工程设计项目获得国家级和部级、省级以上优秀设计奖项314项，形成了良好的品牌影响力，其中多个项目荣获“三星级建筑设计标识认证”、美国LEED金级认证。

上市之后，公司以先进的企业管理模式较好地进行了资本运作，持续提升科研投入，最终达成公司的远大愿景：致力于成为建筑设计及工程领域有识之士志同道合的会聚平台，共谋发展、共创未来；致力于成为文化理念体系传承历史与创新变革的交汇点，广集众长、聚变升华。

地址：江苏省苏州市工业园区八达街111号
电话：0512-62586258
传真：0512-62586259
网址：www.artsgroup.cn

中衡设计集团研发中心大楼

Artsgroup R&D Center Building

项目业主：	中衡设计集团股份有限公司	建设地点：	江苏 苏州
建筑功能：	办公建筑	用地面积：	14 137平方米
建筑面积：	77 008平方米	设计时间：	2010年—2015年
项目状态：	建成	设计单位：	中衡设计集团股份有限公司
主创设计：	冯正功、高霖、平家华、黄琳	参与设计：	杜良晖、赵栋、张瑾

获奖情况：2017年全国优秀工程勘察设计行业奖建筑工程一等奖
2016年中国建筑学会建筑创作银奖
2016年江苏省城乡建设系统优秀勘察设计一等奖
2016年江苏省优秀工程设计一等奖
2015年江苏省土木建筑学会建筑创作一等奖

研发中心大楼将传统、人文、地域文化及园林特征融入现代办公建筑中，设计上借鉴苏州民居“进”与“落”的空间组合手法，并把园林穿插于各个空间，工作之余徜徉其中，尽享不出“城郭”而得“林泉”之致。贯穿大楼南北的中庭是对苏州“小桥、流水、人家”的现代演绎，各个空间花草树木映衬，近景远景层次分明，员工既可以工作又可以享受生活乐趣，充满了人文关怀。大型屋顶花园及符合生物链特征的绿色农场，既改善了城市形象，又促进了人与自然的融合。给予员工“家”的温度，工作之余可以享受田间劳动之趣，也可以三五成群围坐在咖啡吧台或者在屋顶花园散步，仰观宇宙之大，俯看花草宜人。

一座有温度的建筑，必定会给人们带来多样的体验，研发中心大楼把绿色与人文结合起来，给予员工工作之余的休闲体验。同时，延伸空间功能，把绿色建筑与艺术元素融合在一起，打造开放性顶层画廊、中厅展廊，定期举办免费展览，既满足了员工艺术体验，又为市民提供了艺术熏陶的场所，将原本单一的办公建筑提升为丰富民众文化生活的载体，为城市文化的发展做贡献。

研发中心大楼通过优化建筑布局，因地制宜，采用自然通风、自然采光、雨水回收利用、垂直绿化、屋顶花园农场、可调节遮阳系统、新排风热回收等绿色建筑技术。应用地源热泵空调、太阳能热水、风光能联合发电等可再生能源应用和智慧运营，实现多种绿色建筑技术优化集成，避免高成本、设备堆砌的表面绿色，达到了“节地、节能、节水、节材、室内环境优良、运营管理智慧”的绿色建筑目标。

康力电梯综合办公楼改造

Canny Elevator Integrated Office Building Renovation

项目业主：康力电梯股份有限公司
建设地点：江苏 苏州
建筑功能：办公建筑
用地面积：143 046平方米
建筑面积：11 542平方米
设计时间：2013年—2015年
项目状态：建成
设计单位：中衡设计集团股份有限公司
主创设计：冯正功、黄琳、陈曦、高黎
参与设计：蔡逸帆、路江龙、李刚
获奖情况：2017年全国优秀工程勘察设计行业奖建筑工程三等奖
2015年江苏省土木建筑学会建筑创作一等奖
2016年江苏省城乡建设系统优秀勘察设计 一等奖

康力电梯综合办公楼的改造采用了不同以往的建筑改造策略，它既不是拆除重建，也不是保留结构重做表皮，它采用了孕育、延续的方式。新建筑将老建筑包裹其中，二者在结构上完全分离，又互为逻辑。老建筑得到充分的尊重和保护，它就像是一个记忆的存储器，记录着康力的发展在它身上留存的痕迹，老建筑孕育出了新建筑，新建筑又给老建筑以护卫。

新建筑采取了一种平稳的姿态与左右现有房屋对话、共存。唯有南部出挑的头部在完成功能的同时，清晰而有力地刻画了康力公司行业领导者的形象。建筑表皮的设计采用了双层表皮的方式，第一层为正常的建筑外围护玻璃幕墙，第二层为“悬浮”于第一层玻璃幕墙之外的玻璃遮阳带，玻璃遮阳带在起到遮阳效果的同时也遮挡着立面的开启扇，使建筑保持着始终如一的安静形态。玻璃遮阳带的使用，使得建筑体量更加轻盈，别样地诠释着江南建筑的秀丽性格。遮阳带的彩釉图案取自康力电梯生产的零部件形态，无时无刻不在表达着自身的特征。

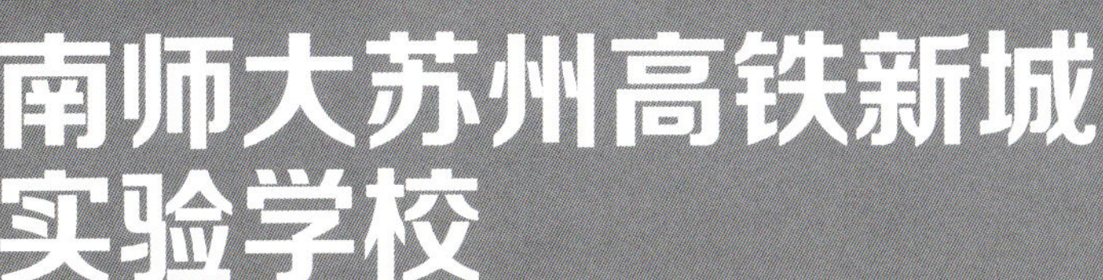

南师大苏州高铁新城实验学校

Nanshi University Suzhou High Speed Rail New Town Experimental School

项目业主：苏州高铁新城经济发展有限公司
建设地点：江苏 苏州
建筑功能：教育建筑
用地面积：60 989平方米
建筑面积：75 123平方米
设计时间：2014年—2015年
项目状态：建成
设计单位：中衡设计集团股份有限公司
主创设计：黄琳、管春时、葛松筠、郑郁郁
参与设计：赵伟、陈锦芳、陆和燕
获奖情况：2017年江苏省城乡建设系统优秀勘察设计二等奖
2017年苏州市城乡建设系统优秀勘察设计一等奖
2015年江苏省土木建筑学会建筑创作二等奖

规划理念上，设计师希望创造的是一所运行高效、共融共享、环境优美的现代学校综合体。

被誉为东方最美丽校园的南师大随园校区，绿树成荫、文韵深厚。在这里有茂密的林荫道、开阔的大草坪、蜿蜒的游廊，设计师希望将中央共享庭院如“随园”设计，室外表演舞台、晨读密林、阳光草坪，种种美丽都是对“随园”的致敬，最美校园在这里得以再现，得以共享。同时这一座向内的园林也是对中国传统建筑的一种模拟。

通过不同但又相关的功能体量之间的相互围合，创造出多样而又具有独特性格的空间活动场所。首先，通过教学楼、图书馆，在入口部分形成以形象礼仪为主的校前广场，展示校园形象；其次，通过公共实验楼、宿舍区共享走廊及餐厅围合成以交流为核心的共享中央庭院，图书馆穿插于二者之间；再次，宿舍楼之间形成以生活为主的生活庭院。从左至右，不同主题内容的空间被一条暗含的日常行为为轴所贯穿，高效而生动。南侧围绕体育馆形成以运动为主的体育空间。

建筑材料选用陶土板，以表达教育建筑的文化感。在建筑造型及材料语言中，设计师着重考虑现代教育建筑的气质以及地域文化。在此基础上抽取了江南民居建筑的典型特征，以现代简洁的手法运用到建筑形象之中，并通过木构、瓦墙等元素点缀，共同构建独特的现代建筑形象。

高铁新城第一中小学

High Speed Rail New Town First Primary & Secondary School

项目业主：苏州高铁新城经济发展有限公司

建筑功能：教育建筑

建筑面积：80 875平方米

项目状态：建成

主创设计：黄琳、宋扬、赵伟

获奖情况：2018年江苏省城乡建设系统优秀勘察设计一等奖
2018年苏州市城乡建设系统优秀勘察设计一等奖

建设地点：江苏 苏州

用地面积：85 186平方米

设计时间：2014年—2017年

设计单位：中衡设计集团股份有限公司

参与设计：程呈、胡湘明、高英、马亭亭

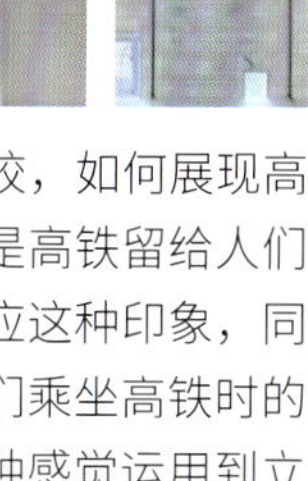

一条贯穿南北的轴线，将南部校园入口、中央庭院、北部校园入口串联起来，校园的精彩汇聚于此，中央庭院更是达到精彩的高潮。

各部分围合的空间节点，被泛在学习空间所串联，泛在学习空间突破走廊的空间属性，并与“轴”和“心”发生互动关系。“使用即学习，学习即使用”的概念得以淋漓尽致的展现。

垂直方向的复合应用是现代城市校园的一个重要解决策略，通过这种向下的空间模式，复杂的车行交通得以解决，相对大体量的建筑得以削减，景观得到了更大面积的释放。

作为高铁新城核心区域内的第一所公办九年一贯制学校，如何展现高铁新城的特质成为建筑形态设计的首要任务。直接与快速是高铁留给人们的印象，建筑形态设计采用简洁明快的体量组织手法来回应这种印象，同时这也符合建设工期短的现实要求。水平线条的错动是人们乘坐高铁时的感受，窗外的具象景致已化为一片片的色彩，设计师将这种感觉运用到立面设计中。“新城”代表未来，生态必将是未来的主题，设计中贯彻高铁新城的生态概念，将绿化引入到各个楼层，成为各种活动的背景。

金螳螂
金螳螂

苏州赛得科技金螳螂工程施工管理运营中心

Suzhou Sade Technology Gold Mantis Project Construction Management and Operation Center

项目业主：苏州赛得科技有限公司
建设地点：江苏 苏州
建筑功能：办公建筑
用地面积：44 636.8平方米
建筑面积：111 302平方米
设计时间：2011年—2014年
项目状态：建成
设计单位：中衡设计集团股份有限公司
主创设计：黄琳、冯正功、胡湘明、葛松筠
参与设计：吴洁、王涛、顾志兴
获奖情况：2015年江苏省城乡建设系统优秀勘察设计一等奖
2015年苏州市城乡建设系统优秀勘察设计一等奖

本项目方案设计引入地景的概念，沿主入口南北两侧各有大草坡由室外景观地面往上伸展至二层裙房屋面，使建筑完全融入景观，建筑由自然绿地破土而出，塔楼沿不同的方向设置空中花园，打造垂直绿化景观，让阳光、空气、绿色伴随着每天的好心情。南北塔楼相互错位，视觉上避免对视干扰以及获得最大范围的日照条件，同时二十二层的空中会所把南北塔楼联系起来成为一个整体，并且与空中花园有机结合。建筑整体显得新颖、简洁、大气，建成后成为区域性的标志性建筑。

黄晓群

职务：中国中元国际工程有限公司总建筑师
　　　医疗建筑设计研究院副院长
职称：教授级高级工程师
执业资格：国家一级注册建筑师

教育背景

1997年—2002年　朝鲜平壤建设建材大学建筑学

工作经历

2003年至今　中国中元国际工程有限公司

个人荣誉

2012年中国建筑学会青年建筑师奖
2016年首届“环亚杯”全国十佳医院建筑设计师
2016年国机集团劳动模范荣誉称号

主要设计作品

北京朝阳医院东院
宁夏宝丰医院及养护院
北京积水潭医院回龙观院区二期工程
北京同仁医院经济技术开发区院区二期工程
山西省儿童医院新院
中国气象局气象科技大楼
荣获：2005年机械工业优秀工程设计二等奖
北京朝阳医院门急诊及病房楼
荣获：2006年首届全国医院建筑十佳奖
　　　2009年北京市第十四届优秀工程设计一等奖
　　　2009年全国优秀工程勘察设计二等奖
粤北人民医院住院大楼
荣获：2007年机械工业优秀工程咨询勘察设计二等奖
　　　2009年全国优秀工程勘察设计二等奖
乐山市人民医院综合住院大楼一期
荣获：2010年第二届中国医院建筑设计十佳奖
苏州大学附属第二医院病房楼
荣获：2012年机械工业优秀工程勘察设计三等奖
粤北人民医院门急诊医技综合楼
荣获：2016年机械工业优秀工程勘察设计三等奖
中国检验检疫科学研究院
荣获：2016年机械工业优秀工程勘察设计一等奖
爱育华妇儿医院
荣获：2019年北京市优秀工程设计二等奖
　　　2019年全国优秀工程勘察设计二等奖

中国中元国际工程有限公司

中国中元国际工程有限公司是集工程咨询、工程设计、工程总承包、项目管理、设备成套、装备制造和技工贸为一体的大型工程公司。

公司具有工程设计综合资质甲级、建筑工程施工总承包一级、专业承包一级（电子与智能化工程、建筑装修装饰工程、消防设施工程、建筑机电安装工程）及对外承包工程资格证书及其相关资质，可以承接全行业、各等级的工程设计业务和从事工程设计资质标准划分的建筑、机械、医药、船舶、兵器、市政、商业、化工、能源、建材、轻工等21个行业的工程总承包、项目管理及境外工程承包等业务，承接建筑工程施工总承包一级资质范围内的施工总承包、工程总承包和项目管理业务。

公司具有城乡规划编制、工程监理、工程咨询、工程造价咨询甲级资质，具有压力管道设计资格，具有独立的进出口经营贸易权、对外经济合作资格证书、进出口企业资格证书、自理报关单位注册登记证书、工程招标代理机构资质证书、施工图设计文件审查许可证书及建筑装饰工程设计与施工资质证书，公司具有市政行业（载人索道）工程甲级设计资质证书、工程咨询单位（索道工程）及索道工程项目管理和索道工程评估咨询资格证书。

公司现拥有各类人员3 000余人，其中享受国务院政府特殊津贴人员30人、国机集团首席专家2人、各学科博士及硕士等750余人、高级工程师以上人员760余人。公司的组织机构设置有13个直属生产单位、3个技术支撑部门、10个职能管理部门，在北京、海南、厦门、上海、长春、南京设有10个二级法人单位，在广东、安徽、青海、四川、浙江、深圳、西安等地设有分公司。因境外业务发展的需要，公司先后设立了驻乌兹别克斯坦、柬埔寨、多米尼加、古巴等境外办事处。

公司秉承“质量是生命，精心设计、创优工程、诚信服务，保护环境、珍爱生命，是我们对顾客、社会、员工始终不渝的承诺”的管理方针，质量、环境、职业健康安全管理体系健全，数十年来一直跻身于全国勘察设计综合实力、工程承包和项目管理百强单位的行列。

公司历年均被评为中国十大建筑设计公司之一，在众多设计领域创造了大量的精品，确立了在行业中的地位。始于设计，中国中元通过前后业务的延伸，已成为医院建设全过程咨询国内最大的服务团队，引领着该领域技术进步及发展。为客户提供从前期咨询、工艺咨询、工程设计，到项目管理、工程建设、设备代购等全方位的服务工作。中国医院百强榜单上，超过1/4的设计来自于中国中元；99项国家和省部级奖项，21本国家卫生建设的规范、标准、图集，600余所医院建筑的技术服务，是对公司历程的记录。创新是公司不变的追求！

地址：北京市海淀区西三环北路5号
电话：010-68732688
传真：010-68732688
网址：www.ippr.com.cn
电子邮箱：office@ippr.net

苏州大学附属第二医院病房楼

Ward Building of Second Affiliated Hospital of Suzhou University

项目业主：苏州大学附属第二医院
建设地点：江苏 苏州
建筑功能：医疗建筑
用地面积：58 200平方米
建筑面积：82 720平方米
设计时间：2014年—2015年
项目状态：建成
设计单位：中国中元国际工程有限公司
设计团队：黄晓群、刘涵、周兆发、罗浩原

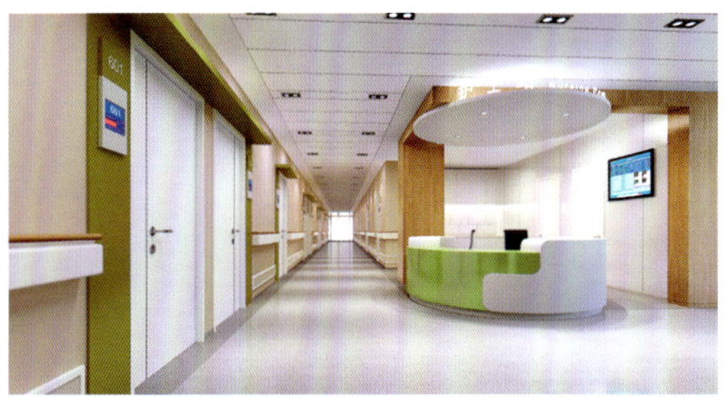

本项目建设于医院老院区的一片不规则用地上，是老院区整体更新、分步实施规划的第一步。布局上考虑到现状院区建筑的暂时保留，老医院在建设中需继续运营，将门诊、医技平行布置于南侧沿街面，本期与二期两栋病房楼后退并最终围合成院区中心花园。医疗街南北贯通，门诊入口顶部的飘篷跨过整个门诊大厅，与医疗街平行延伸至二期，贯穿并联络整个医疗功能，具引导性，成为亮点。一期建设用地较为紧张，为扩大前广场，将裙楼底部架空，顶部四个形体组合成富于特色的沿街立面，梭形柱始终是立面元素的重要组成部分。外观设计上，考虑到丝绸之乡的特色，追求线条的柔美、动感的表达。

爱育华妇儿医院

Aiyuhua Women and Children Hospital

项目业主：北京国通鑫泰投资管理有限公司
建设地点：北京
建筑功能：医疗建筑
用地面积：38 700平方米
建筑面积：74 300平方米
设计时间：2012年—2013年
项目状态：建成
设计单位：中国中元国际工程有限公司
合作设计：美国HKS.inc
设计团队：黄晓群、辛慧琴、许传刚

本项目定位为国际化高端妇女儿童医院。由于项目设计之初的土地性质为工业用地，导致规划条件受限；而业主对项目国际化、高标准的要求以及未来需求和运营主体的不确定性，则是设计工作的难点所在。设计中如何把握这个高标准医疗设施的“度”，选择适宜的技术手段，是亟待解决的问题。

最终实现的项目形体立意来源于象征着成功、健康和成就的“三叶草”。将每个“叶片”代表一个护理单元，而连接“叶片”的主干则是医院的门诊和医技中心。设计中融入了流程及技术创新理念、人性化理念、智慧医院理念，实现了医院的灵活性、安全性。其外观和室内欢快而温馨的设计风格，也赢得了广大妇女儿童的喜爱。

中国检验检疫科学研究院

China Inspection and Quarantine Research Institute

项目业主：中国检验检疫科学研究院
建设地点：北京
建筑功能：科研、办公建筑
用地面积：29 035 平方米
建筑面积：91 343平方米（一期43 630平方米）
设计时间：2007年—2009年
项目状态：建成
设计单位：中国中元国际工程有限公司
设计团队：黄晓群、黄 强、刘海宁、俞琪、李欣

中国检验检疫科学研究院整体搬迁项目位于北京亦庄开发区的核心区域。长方形用地内，一、二期建筑呈围合布局，共享一个巨大的中央花园。

项目涵盖多种特殊实验室和大型实验设备室。特殊实验室包括生物安全三级、二级实验室，二恶英实验室，纳米实验室，动物房以及化妆品功效实验室等。设计中充分考虑这些实验室对环境的影响、科研领域的不断拓展、科研设备的不断更新、实验室的需求在不断变化等因素进行功能布局及设计。将办公、生活及普通实验区临城市主路布置，而将特殊实验室集中布置于用地一角，以尽量减少对环境的影响。建筑形象上，以敦实的石材、厚重的风格体现国家级科研建筑的严谨、求实。

北京朝阳医院门急诊及病房楼

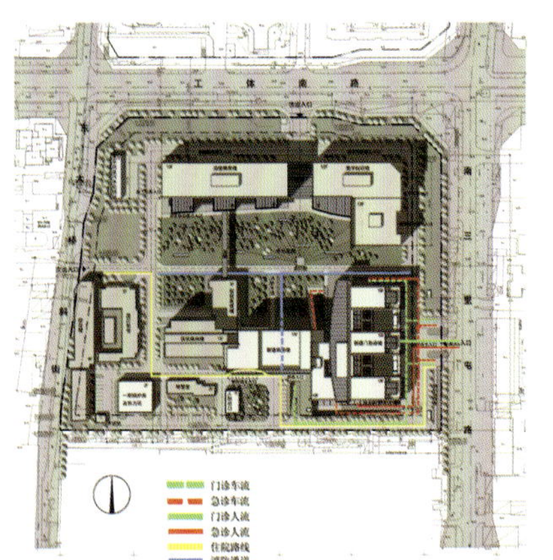

Beijing Chaoyang Hospital Gate Emergency and Ward Building

项目业主：北京朝阳医院
建设地点：北京
建筑功能：医疗建筑
用地面积：50 726平方米
建筑面积：84 000平方米
设计时间：2002年—2004年
项目状态：建成
设计单位：中国中元国际工程有限公司
设计团队：黄锡璆、黄晓群、刘海宁、黄 强、周超

本项目用地十分紧张，涵盖一栋少有的10层高门诊楼和与既有病房楼无缝衔接的13层病房楼。规划布局上，结合老院区情况进行了建筑空间梳理和医疗流程再造。方案设计上，为改善城市中心区老医院用地紧迫状况，将门诊楼东侧沿街主入口处架空，作为医院室外前广场的一部分，成为建筑与城市道路之间的缓冲区域。同时，将急诊部布置于地下一层，并合理组织人行、车行及急救车等各种流线。

虽然建筑密集，但内部空间极具通透性。新老病房楼层高不同，用坡道和台阶使每层相连通，并利用5层高现状医技楼的顶部空间，围合成天井，使交通空间自然采光通风。门诊区域通过大尺度天井也使内部空间充满阳光。

外观设计追求朝阳医院自身特色，也探索现代医院特质，与所处城市氛围相融合。项目建成后，成为老医院改造的经典案例。

北京同仁医院经济技术开发区院区二期工程

Beijing Tongren Hospital Economic and Technological Development Zone Phase II Project

项目业主：北京同仁医院
建设地点：北京
建筑功能：医疗建筑
用地面积：101 889平方米
建筑面积：152 000平方米
设计时间：2012年—2015年
项目状态：在建
设计单位：中国中元国际工程有限公司
设计团队：黄晓群、李茗茜、许传刚、庄宇

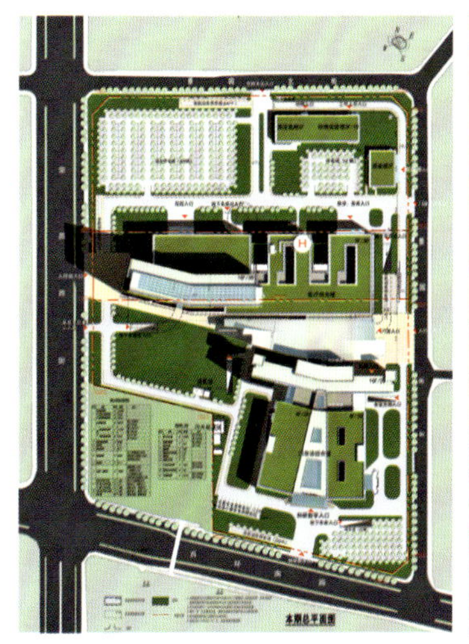

二期方案设计考虑了一期的存在，却避免简单的重复，并以一个共享的门诊大厅联系两期建筑。通过二期的规划，实现了医院规模的扩张，住院病床数从500张增加至1 400张，同时也重新建立了医疗流程，出入口及交通流线也实现了完全改变。二期工程功能齐全，涵盖门急诊、医技、住院及配套设施，与一期的住院部分组合成新的医疗区。而一期的裙楼将作为科研、教学区使用。用一条通透的医疗街展开二期流程设计，医疗街始于门诊大厅，止于住院大厅，面向南侧花园景观，将各科室高效组织起来。

何金生
职务：航天建筑设计研究院有限公司
一综院院长
职称：研究员
执业资格：国家一级注册建筑师
国家一级注册结构工程师

王庆霞
职务：航天建筑设计研究院有限公司
一综院副院长
职称：研究员
执业资格：国家一级注册建筑师

战兵
职务：航天建筑设计研究院有限公司
一综院副总建筑师
职称：研究员

刘冬冬
职务：航天建筑设计研究院有限公司
一综院建筑所所长
职称：研究员
执业资格：注册城市规划师

贾晓元
职务：航天建筑设计研究院有限公司
一综院建筑所副所长
职称：研究员
执业资格：国家一级注册建筑师

刘学锋
职务：航天建筑设计研究院有限公司
一综院建筑所副所长
职称：高级工程师
执业资格：国家一级注册建筑师

王萍
职务：航天建筑设计研究院有限公司
一综院建筑所副所长
职称：研究员
执业资格：国家一级注册建筑师

历莹莹
职务：航天建筑设计研究院有限公司
一综院建筑所总工
职称：高级工程师
执业资格：国家一级注册建筑师
注册城市规划师

陈世钊
职务：航天建筑设计研究院有限公司
一综院建筑所1A1工作室主任
职称：高级工程师
执业资格：国家一级注册建筑师

慕昆朋
职务：航天建筑设计研究院有限公司
一综院建筑所所长助理
职称：高级工程师
执业资格：国家一级注册建筑师

胡闻雷
职务：航天建筑设计研究院有限公司
一综院建筑所方案中心主任
职称：高级工程师

何晓斌
职务：航天建筑设计研究院有限公司
一综院建筑所绿建中心主任
职称：高级工程师

地址：北京市大兴区春和路39号院3号楼A座
电话：010-89060505
传真：010-68749185
网址：www.jzsj.casic.cn
电子邮箱：htyzy@vip.163.com

航天建筑设计研究院有限公司，自1965年以来承担160余项重点工程项目的工程咨询、选址规划、设计、施工等工作。公司以提高发展质量和效益为中心，以打造特色的国内一流综合型工程服务产业集团为规划目标，立足长远发展，着力推进业务转型升级，负责产业结构优化调整。业务范围主要包括各类工业与民用建筑的咨询设计、前期规划、工程总承包、工程信息化、装备设计及集成和综合科技服务等。

公司一综院设计团队中有一级注册建筑师15人、国家一级注册结构工程师8人、注册城市规划师3人、注册设备工程师16人，具备全专业高水平的设计师队伍。

公司的设计团队具有解决大型复杂建筑空间消防设计的能力，并能通过结构设计实现复杂的空间形式，并在全预制装配式建筑方面处于全国领先地位，开创了首个预制装配式停车楼，掌握着本领域最先进的技术。具备钢结构工程设计、洁净厂房设计、光学暗室设计、安防系统设计、建筑智能化设计以及电磁屏蔽、空调净化非标准设备技术研发、研制生产的综合能力，拥有这些领域的核心竞争力。

中国第一汽车集团公司技术中心乘用车所

Passenger Car Institute of Technology Center of China First Automobile Group Corporation

项目业主：中国第一汽车集团公司技术中心
建筑功能：办公建筑
建筑面积：443 000 平方米
项目状态：建成
合作设计：美国史密斯公司（SMITH GROUP JJR）
主创设计：王庆霞、何金生

建设地点：吉林 长春
用地面积：511 000平方米
设计时间：2010年
设计单位：航天建筑设计研究院有限公司

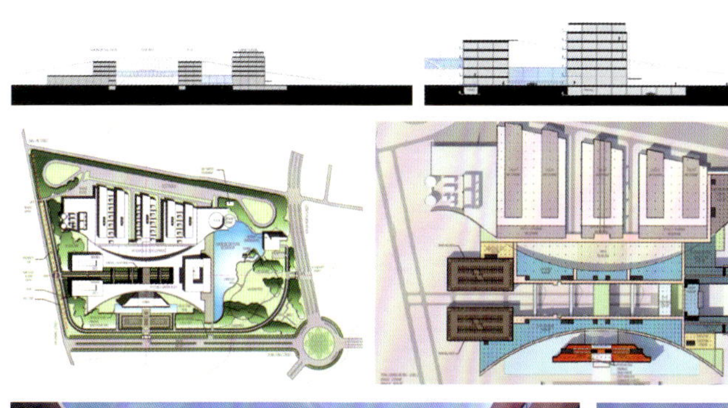

本项目包括前期策划楼、项目团队大楼、R&D南北楼、厂房、停车楼、造型中心、动力中心等建筑物，各建筑相互连通为一座综合体建筑，集办公、展示、科研等功能于一体。将最先进的设计工程概念与中国传统的楼宇文化相结合，借鉴国际成熟经验打造国际、国内一流的研发中心，为一汽创造一个独一无二的乘用车研发基地。

项目解决了超复杂的消防问题，采用“钢化玻璃+喷淋保护”的防火分隔，通过了国家级建筑消防评审。结构方面为了完成“V”字形开口造型，采用两种不同力学模型的三维空间分析软件进行整体内力及位移计算，对重要构件（主要框架柱、斜柱、框架梁）进行中震弹性及大震不屈服验算，完成国家和吉林省专家组成的评审专家组超限审查。项目停车楼是全国首例预制装配式停车楼，于2012年9月通过了停车楼预制装配式结构体系专项评审。

项目实用、大方、简洁；功能布局层次清楚，体现汽车开发流程，展现汽车开发文化，传承开发的历史，体现红旗文化。

北京经济技术开发区职教园区体育馆、游泳馆

Gymnasium and Natatorium of Vocational Education Park, Beijing Economic and Technological Development Zone

项目业主：北京经济技术开发区职教园
建筑功能：体育建筑
建筑面积：12 682 平方米
项目状态：建成
主创设计：王庆霞
建设地点：北京
用地面积：20 000 平方米
设计时间：2010 年
设计单位：航天建筑设计研究院有限公司

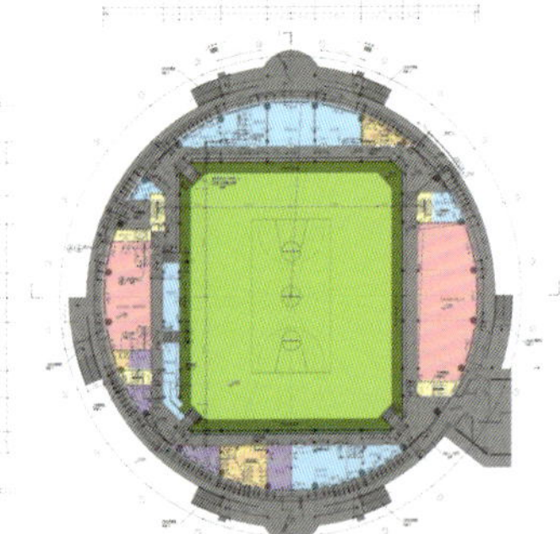

体育馆一层平面图

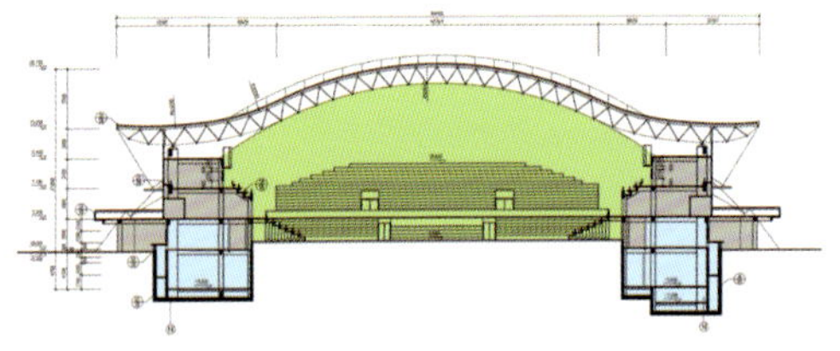

体育馆 1-1 剖面图

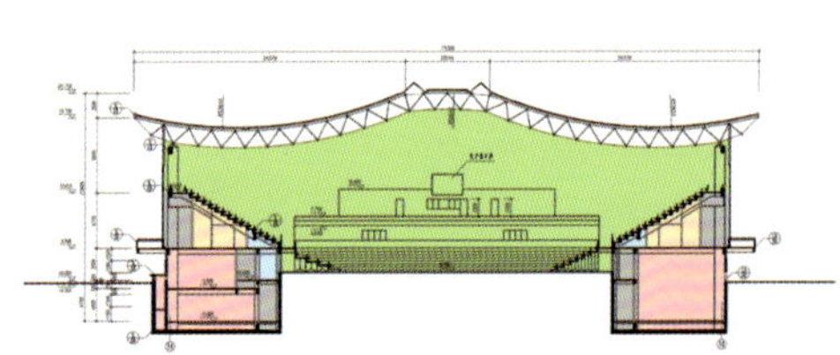

体育馆 2-2 剖面图

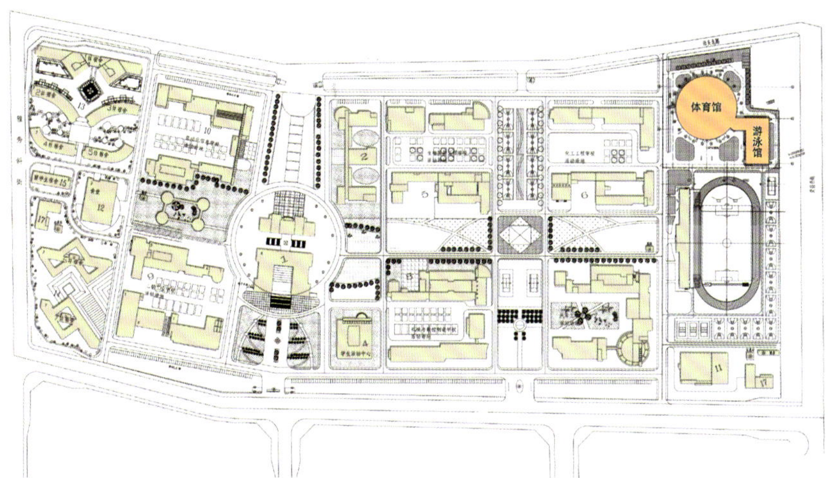

总平面图

本项目位于北京市经济技术开发区职教园区东北角，为北京市级重点建设项目，建成后同体育场连成一体，成为北京职业教育学院的体育活动中心。该项目为丙类体育建筑，由体育馆、游泳馆及其淋浴部分组成。工程主体结构类型为钢筋混凝土框架结构,屋面为网架结构。设计使用年限为50年。

体育馆依据观众席东西两侧布局的特点，形成两端低、中间高并向两侧扩展的仿佛飞鸟一般的形状。游泳馆的屋面则以一条浪漫的曲线，顺应了看台部分高空间的使用需要，仿佛一条由金属铝板和透明玻璃形成的晶莹剔透的鱼。 两栋建筑寓意“海阔凭鱼跃，天高任鸟飞”。

在设计中，建筑布局充分考虑了场馆平时和赛时结合的使用需求。结构专业的立面双曲网架设计实现了最初“飞鸟”及“游鱼”的构思，与设备专业配合，隐蔽了内部各种管线。

泸州预冷动力项目（一期）研发中心

Research and Development Center of Luzhou Pre-cooling Power Project (Phase I)

项目业主：泸州瀚飞航天科技发展有限责任公司
建设地点：四川 泸州
建筑功能：科研、办公建筑
用地面积：5 968平方米
建筑面积：24 737平方米
设计时间：2018年
项目状态：在建
设计单位：航天建筑设计研究院有限公司
主创设计：一综院1A1工作室

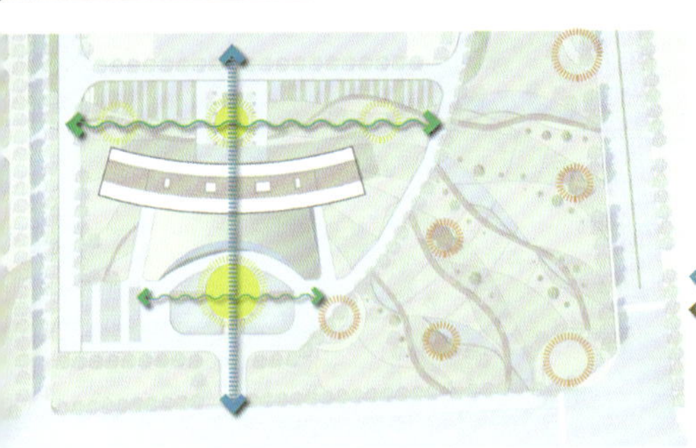

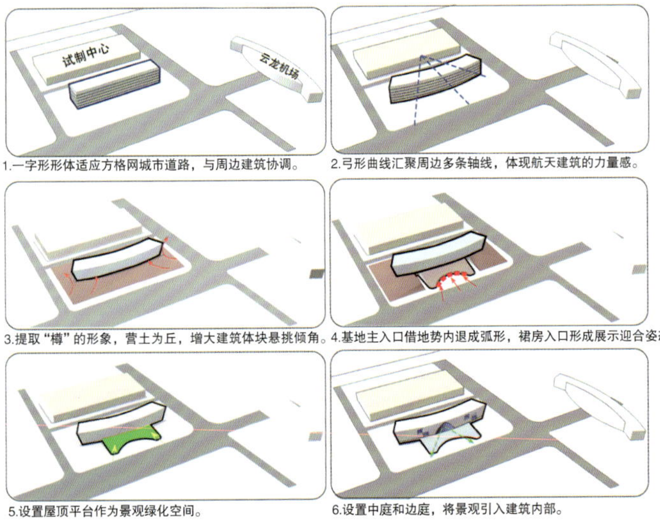

空间结构分析

中心主轴
景观绿轴
中心景观核心
景观节点

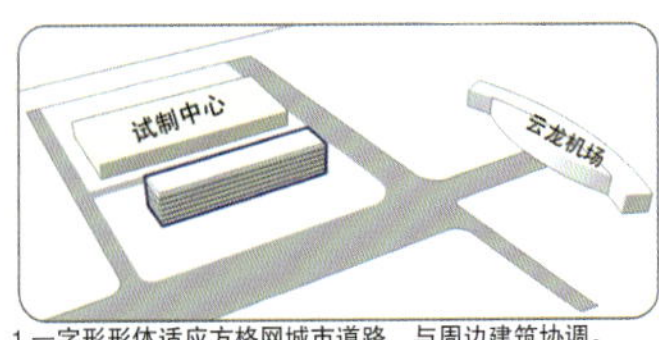

1.一字形形体适应方格网城市道路，与周边建筑协调。

2.弓形曲线汇聚周边多条轴线，体现航天建筑的力量感。

3.提取“樽”的形象，营土为丘，增大建筑体块悬挑倾角。

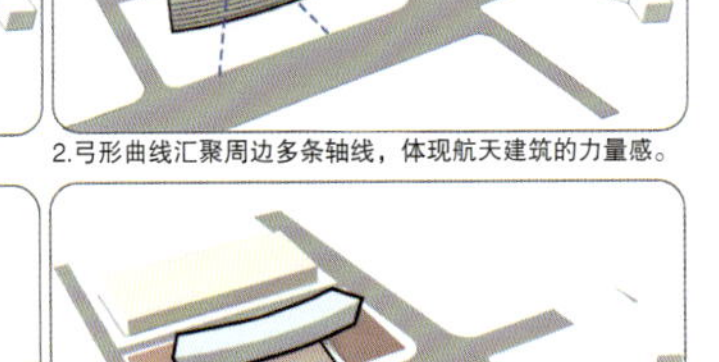

4.基地主入口借地势内退成弧形，裙房入口形成展示迎合姿态。

5.设置屋顶平台作为景观绿化空间。

6.设置中庭和边庭，将景观引入建筑内部。

本项目位于四川省泸州市泸州空港产业园区，紧邻云龙国际机场，距城区13千米，周边地形较为平坦，环境优美。研发中心建筑面积24 737平方米，地上5层，局部1层，整个建筑平面呈弧形，垂直方向呈上大下小的梯形，象征泸州酒文化的代表器物“樽”，同时也象征本建筑在整个园区中处于引领地位。

项目的主要难点是如何通过合理的结构形式实现建筑方案的设计理念。上大下小的形式是一种反重力的受力方式，立面上也是从上到下渐变的构件尺寸，顶部的窗与窗分隔构件间距最小，越往下越大，二层间距最大。一层直接接入覆土中，使建筑呈现从土壤中生长出来的态势。中间双曲线的玻璃幕墙内凹形成整个建筑的视觉焦点。在施工图工作中，应用RHINO和GRASSHOPPER软件进行参数化设计，实现精确的杆件排布和尺寸对位，也能更便捷地配合建设方提出的修改。

长郡株洲云龙实验学校

Changjun Zhuzhou Yunlong Experimental School

项目业主：株洲云龙城乡建设置业有限公司
建设地点：湖南 株洲
建筑功能：教育建筑
用地面积：135 623平方米
建筑面积：91 130 平方米
设计时间：2017年
项目状态：方案
设计单位：航天建筑设计研究院有限公司
主创设计：一综院1A1工作室

总平面图

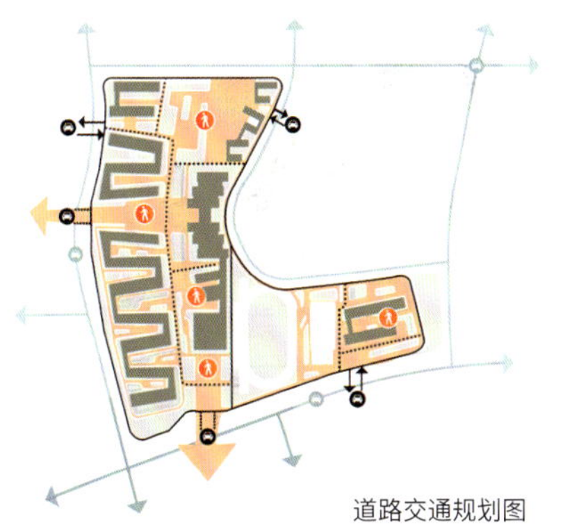

道路交通规划图

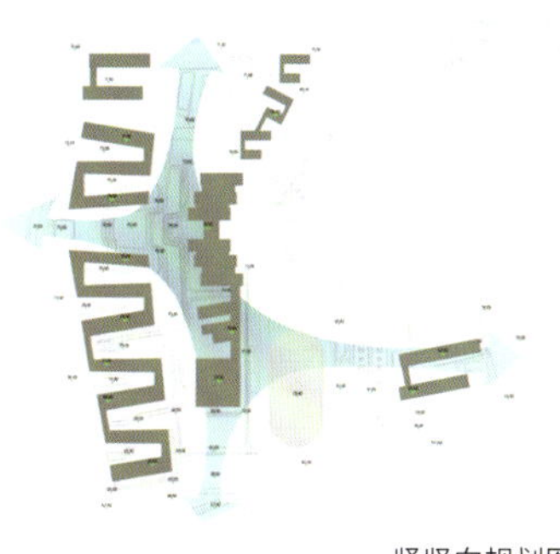

紧竖向规划图

场地位于株洲云龙示范区龙头铺镇。场地内最大高差为 26m，项目地形复杂，高差变化大。整体布局东侧为综合功能建筑，西侧为教学楼，东侧建筑群象征错落有致的书架，西侧教学楼建筑蜿蜒曲折象征山路，寓意“书山有路勤为径”。

设计从总体上统筹考虑建筑、道路、周边环境之间的和谐，利用原有地形的基础上，尽量减小校园内部高差，同时创造与建筑功能相适应的优美舒适空间。塑造简约现代的建筑形体，与山脉和地势呼应，并把山体景观引入校园，突出校园的文化氛围。建筑形式在严谨中不乏轻松活泼，连续的形体塑造“山径”情景，并充分利用南向日照条件。主入口、图书馆前分别设广场及大台阶，一方面顺应地势解决高差问题，另一方面营造校园文化形象。

洪悦

职务：深圳大学建筑设计研究院有限公司
三拓工作室主持人、主任建筑师
职称：高级建筑师
执业资格：国家一级注册建筑师

教育背景

1996年—2001年　沈阳建筑大学建筑学学士
2001年—2004年　深圳大学建筑设计及其理论硕士

工作经历

2004年至今　深圳大学建筑设计研究院有限公司

主要设计作品

中山万科城市风景一期、二期
荣获：深圳市第十二届优秀工程勘察设计一等奖
广州利海绿洲花园（托斯卡纳）
荣获：深圳市第十二届优秀规划设计三等奖
深圳万科天琴湾
荣获：2012年深圳市优秀工程勘察设计一等奖
2013年广东省优秀工程勘察设计二等奖
深圳市宝安区中心设计C地块（沙井地块）
荣获：2006年建筑设计竞赛二等奖
合力东方城
托莱多水城
深圳大学档案馆
深圳技术大学新材料与新能源学院
中国建设银行陕西省分行综合办公大楼
合肥鼎元别院
合肥沃野花园
佛山万科南庄
南充万科金润华府
南通万科公园里
厦门绿波花园

学术研究成果

1.《高层建筑新型外墙设计探析》，硕士学位论文
2.《高层建筑的生态型表皮设计》载《建筑》，2003年第5期
3.《生态摩天楼，让人在建筑里触摸自然》载《中外建筑》，2003年第5期
4.《什么是建筑的自然美》载《南方建筑》，2003年第4期
5.《不同的风格，不同的建筑视觉形象——深圳市大中华国际交易广场立面改造设计随想》载《建筑创作》，2004年第3期
6.《生态化——高层建筑外墙设计的发展趋势》载《华中建筑》，2005年第1期
7.《双层换气幕墙典型类别与节能效益分析》载《建筑学报》，2006年第2期
8.《浅析现代住宅的绿色生态设计》载《科园月刊》，2007年第9期
9.《未来的商品化住宅设计》载《城市住宅》，2009年第3期
10.《城郊住宅规划与发展的新思考》载《中外建筑》，2009年第4期

深圳大学建筑设计研究院
THE INSTITUTE OF ARCHITECTURE DESIGN & RESEARCH, SHENZHEN UNIVERSITY

深圳大学建筑设计研究院成立于1984年，是建设部批准的全国综合甲级设计单位，主要从事城镇规划、居住区规划设计、建筑工程设计和施工图设计文件审查、室内外装修设计和园林设计，涉及建设前期咨询、规划研究、社区评价等研究课题，完成的项目遍布全国数十个大中城市。

深圳大学建筑设计研究院建院30多年来，共获国家、省部、市各级优秀设计和科技奖80项；1995年被深圳市评为勘察设计单位综合实力50强第三名，2000年通过ISO 9001质量管理体系认证，2002年和2004年被深圳市企业评价协会评为中国深圳行业十强企业，2006年被建设部评为“十五”全国建筑业技术创新先进企业。

深圳大学建筑设计研究院自成立之日起，即全力投入深圳经济特区和深圳大学的建设中，坚持与深圳大学建筑与城市规划学院紧密结合，走出一条生产、教学、科研三赢的道路。至今该院超过百人次出国进行专业考察和参加国际学术会议，承担了国家、省部级科研课题40多项，担任了深圳市政府多项大型工程的顾问工作，并与多个国际著名建筑事务所和万科、中海等多家著名房地产开发商有全方位的合作关系。

30多年来，深圳大学建筑设计研究院通过设计实践，充分体现了建筑师们对现代建筑内涵和本质的理解，以乐观折中、谦和而又执着的态度，对待和处理建筑与其生存环境的辩证关系，以其不拘一格的形式和形态，超越建筑师个人的体验和风格，写意地表达了对现代建筑的诉求。

地址：广东省深圳市南山区南海大道深圳大学北门建筑与城市规划学院B座
电话：0755-26732802
传真：0755-26732801
网址：www.suiadr.com
电子邮箱：archjy@126.com

中国建设银行陕西省分行综合办公大楼

Comprehensive Office Building of China Construction Bank Shaanxi Branch

项目业主：中国建设银行陕西省分行
建设地点：陕西 西安
建筑功能：办公建筑
用地面积：11 547平方米
建筑面积：76 606平方米
设计时间：2012年
项目状态：在建
设计单位：深圳大学建筑设计研究院有限公司
主创设计：杨文焱、洪悦

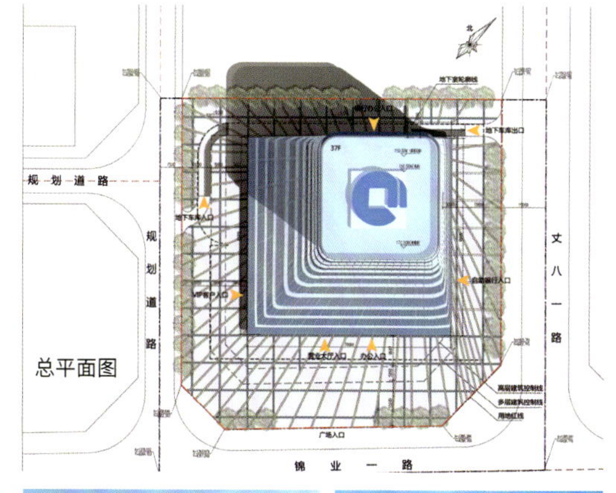

总平面图

本项目设计以寻求建筑形态的整体性与建筑空间灵活性为目标，彰显建行的独特形象。着重从两方面入手：第一，抽取中国传统器物“瓶”的形态曲线，赋予建筑“宝瓶”的意象，使其外部形象既注入街区城市空间，又具备完整独特的形态；第二，以象征性的“木作”方式营造一个“大屋檐”下可变复合空间，以适应使用功能的不同变化。外部形态力求从上到下的平滑过渡，并在窗的开启上考虑遮阳和节能的处理，形成细致的表皮肌理和对于传统建筑的隐喻。

深圳万科天琴湾

Shenzhen Wanke Tianqin Bay

项目业主：深圳市富春东方房地产开发有限公司
建设地点：广东 深圳
建筑功能：别墅建筑
用地面积：253 990平方米
建筑面积：25 040平方米
设计时间：2008年
项目状态：建成
设计单位：深圳大学建筑设计研究院有限公司
主创设计：曹卓、洪悦、傅洪

山地建筑的首要原则就是依山就势，充分发挥山势的特征，创造最优的人居环境。基地地形陡峭，最高点接近半岛中心，高度大约为海拔120米。设计理念从自然山形提炼而来，建筑空间以等高线为构图肌理，简化出居住空间的层叠排列，有机地生成了一个具备向心凝聚力的空间群落。别墅组群的规划充分利用基地本身沿山等高线迂回曲折的地形及由高而低的天然山势，以高低错落有序的几何形体组合创造出一个自然生长的山地建筑群。

深圳大学档案馆

Shenzhen University Archives

项目业主：深圳大学
建设地点：广东 深圳
建筑功能：档案馆
用地面积：3 535平方米
建筑面积：7 792平方米
设计时间：2011年
项目状态：建成
设计单位：深圳大学建筑设计研究院有限公司
主创设计：洪悦

本项目由两个完整的长方体组合而成，简洁的体量犹如一块朴实的玉石，象征着档案的真实与原始。立面上的篆刻“脚踏实地”为深圳大学校训，整座建筑脚踏深圳大学，无数的断层记录着深圳大学发展的每一个历史片段。它的记录是不作雕饰的，却也是多面的，需要人们从不同侧面去研究探寻，才能发现历史的真迹。档案馆的机理疏密有致，身披斑驳的深圳大学地图透过一扇扇蕴含历史气息的窗棂，安静地呈现在深大校园中。

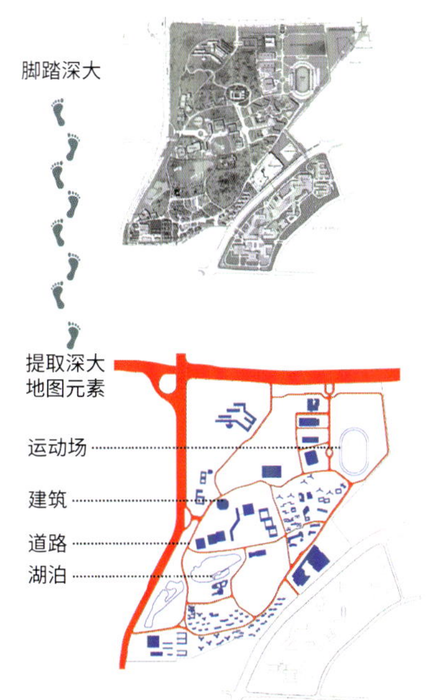
脚踏深大
提取深大
地图元素
运动场
建筑
道路
湖泊
点阵处理
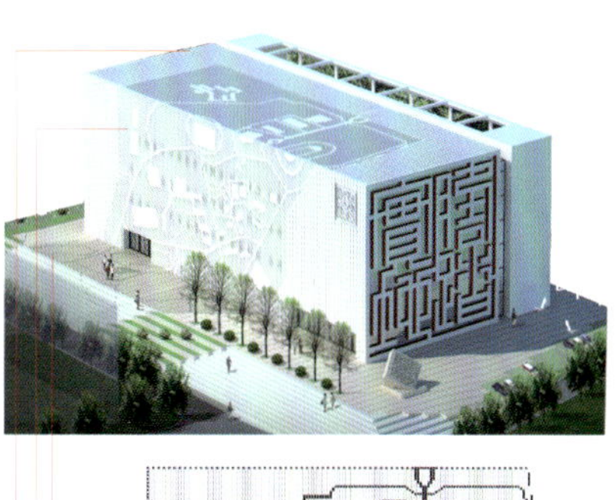
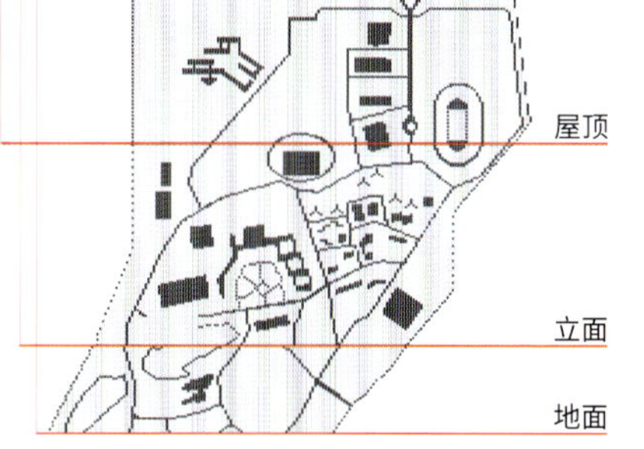
屋顶
立面
地面

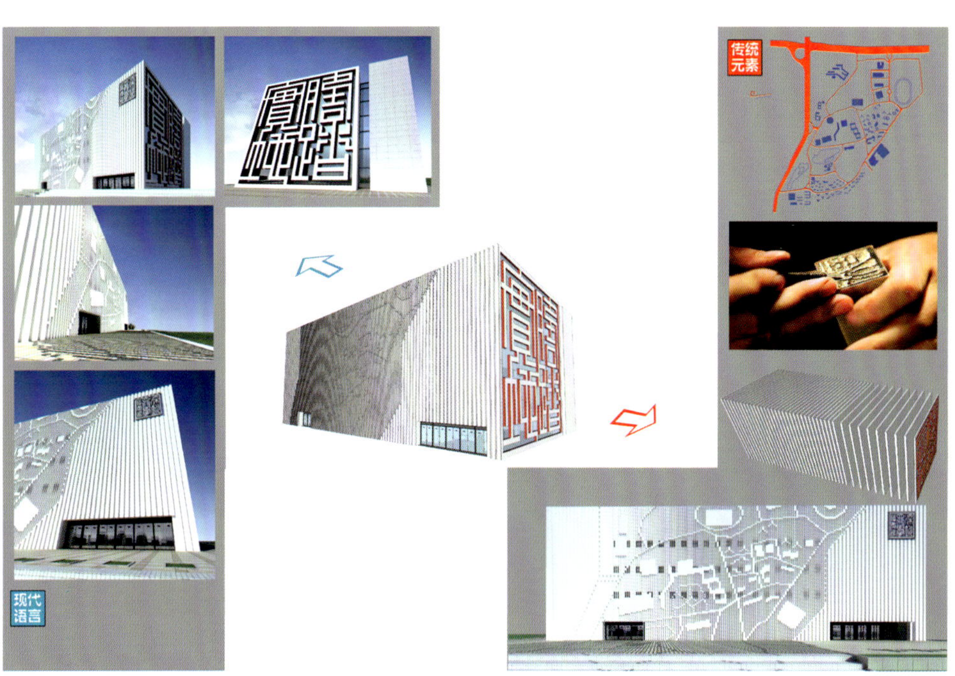
传统
元素
现代
语言

合力东方城

Heli Oriental City

项目业主：湖北合力房地产开发有限公司
建设地点：湖北 利川
建筑功能：居住建筑
用地面积：70 264平方米
建筑面积：49 325平方米
设计时间：2010年
项目状态：建成
设计单位：深圳大学建筑设计研究院有限公司
主创设计：洪悦

设计起始于对这块不规则起伏地表的重塑，结合不同的建筑功能内容，如住宅、商业、会所、幼儿园、车库等以及总平面设计中的人行道、车行道、泳池、花园等，进行整体抬高，创造城市立体、标志性的人居环境——“高台阔府”。以前瞻性的“城市客厅”设计思维，体现现代城市空间的艺术张力，在此建筑不再是孤立的，而真正成为城市生活空间的主体。立面设计采用了比较明快大方的现代建筑风格，彰显生活美学理念。

托莱多水城

Toledo Water City

项目业主：铜陵拓基房地产开发有限责任公司
建设地点：安徽 铜陵
建筑功能：别墅建筑
用地面积：95 850平方米
建筑面积：68 034平方米
设计时间：2013年
项目状态：建成
设计单位：深圳大学建筑设计研究院有限公司
主创设计：洪悦、杨文焱

本项目基于“新城市主义”设计理念，将基地内现有内湖资源加以利用，并适度整合改造，构成以中央湖区为中心的纵横交织的小区水网，形态自由舒展的“绿色通廊”把天然景观与区内造景有机结合在一起，小区形成以水景为主题、宅与水共生的规划布局。

胡展鸿

职务：广州市城市规划勘测设计研究院总建筑师
建筑设计一所所长
医疗建筑设计研究中心主任
岭南人居建筑设计研究中心主任
BIM设计研究中心负责人
职称：教授级高级工程师
城市规划高级工程师
执业资格：国家一级注册建筑师

教育背景

1993年—1996年　华南理工大学建筑学硕士

工作经历

1996年至今　广州市城市规划勘测设计研究院

社会职务

广东省土木建筑学会副理事长
广东省医院协会常务理事
重庆大学城规学院专业硕士研究生企业导师
广州大学校外硕士研究生导师

个人荣誉

广东省土木建筑十佳中青年建筑师
中国医院建设匠心奖——2017中国医疗建筑设计年度杰出人物
第四届中国十佳医院建筑设计师

主要设计作品

广州市铁路职业学院迁建项目BIM
荣获：2019年广东省优秀工程勘察设计建筑信息模型（BIM）专项一等奖
中央海航酒店广场项目一期写字楼工程
荣获：2019年广东省优秀工程勘察设计建筑工程三等奖
广州市妇女儿童医疗中心增城院区
荣获：中国医院建筑匠心奖2017中国医疗建筑设计年度优秀项目
2016年奥园城市天地
荣获：2016年广州市优秀工程勘察设计三等奖
2018年广州市优秀工程勘察设计奖
佛山市佛山新城中欧服务中心
荣获：2016年广东省注册建筑师协会优秀建筑创作奖佳作奖
珠江太阳城广场商业中心
荣获：中国建筑学会优秀建筑防火设计奖三等奖
2014年广州市优秀工程勘察设计二等奖
2015年广东省优秀工程勘察设计三等奖
广州市番禺万达广场
荣获：2015年中国建筑学会优秀建筑防火设计奖一等奖
2016年广州市优秀工程勘察设计二等奖
2017年广东省优秀工程勘察设计三等奖
云浮市人民医院
荣获：2014年广州市优秀工程勘察设计一等奖
2015年广东省优秀工程勘察设计二等奖
佛山中德工业服务区高技术服务平台建筑方案设计
荣获：广东省注册师协会第七次优秀建筑佳作奖
增城万达广场商业综合体
荣获：2014年广州市优秀工程勘察设计二等奖
2014年广州市绿色建筑优秀设计二等奖
2015年广东省优秀工程勘察设计三等奖
中山大学附属第三医院岭南医院
荣获：2012年广州市优秀工程勘察设计一等奖
2013年广东省优秀工程勘察设计三等奖

广州市城市规划勘测设计研究院

广州市城市规划勘测设计研究院（GZPI）创于 1953 年，是华南地区历史最悠久、规模最大、专业最齐全、综合实力领先的规划勘测设计高新技术单位，致力于向政府、社会和公众提供城乡规划建设和自然资源管理技术服务。

GZPI 业务涵盖了城市规划、测绘地理信息、建筑设计、市政与景观、岩土工程、工程管理与咨询6大领域，具备为城乡规划建设和自然资源管理提供一站式服务的雄厚实力。并始终以“服务政府、服务社会”为宗旨，兼顾质量标准、法律法规、业主期望和公众利益的统一，重视城市空间和地域文化对具体项目的要求。

GZPI 的作品与项目遍及全国各地，乃至国际。拥有多名院士级顾问，并与国际一流设计公司保持着持续、开放、深入的合作。

GZPI 在科技创新、人才培养、质量控制等方面进行了深刻的变革，通过了 ISO9001 质量管理体系、环境与职业健康安全管理体系，2019年通过了工程勘察设计行业质理管理体系升级版认证，取得（AAA）证书。实现了高效的流程化运作，以此确保对客户的优质服务。

公司力争在此良好基础上发展成为国内乃至国际最具行业影响力的规划勘测设计咨询服务联合体，卓越的工作团队，将持续提升围绕客户需求的创新能力，通过领先的技术、完善的管理和优良的服务实现这一目标。

GZPI自建院以来，获国家和省市科技进步及优秀工程勘察设计奖1 520项，其中国家级奖9项、部级奖324项、省级奖480项、市级奖707项、专利奖5项。

GZPI 拥有2 000 余名专业技术人员，享受国务院特殊津贴专家 2 人、广东省工程勘察设计大师 1 人、广州市“121 人才梯队工程”专家 2 人，共 500 多人次分别入选部、省、市级 30 多个技术专家库。GZPI 制定了长期人才发展规划，建立了总工体系，明确各专业学术带头人，培养了一批中青年专家，建立科学有效的人才引进机制，不断优化人才梯队，完善人才发展通道，为 GZPI 专业持续稳定发展奠定基础。GZPI 邀请知名院士专家担任技术指导，邀请优秀留学归国人员和外籍设计师加入，共同组成 GZPI 智库型团队。

近年来，院优化人才培养，打造人才成长平台，持续深入实施“英才计划”，助力青年人才快速提升。开阔思路，加快国际人才队伍建设，为专业人才队伍的国际化交流创造机遇。

地址：广州市越秀区建设大马路10号
电话：020-83762220
传真：020-83762220转8011
网址：www.gzpi.com.cn
电子邮箱：654520326@qq.com

2010年第十六届亚洲运动会开闭幕式场地——海心沙

Venue of Opening and Closing Ceremony of the Sixteenth Asian Games in 2010–Haixinsha

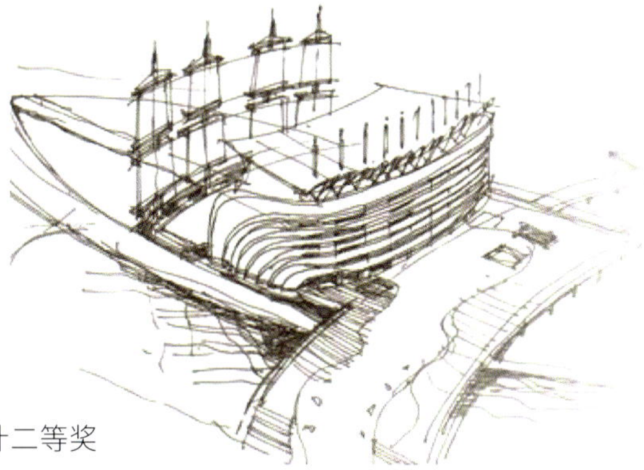

项目业主：广州市新中轴建设有限公司
建设地点：广东 广州
建筑功能：观演建筑
用地面积：393 000平方米
建筑面积：117 708平方米
设计时间：2009年—2011年
项目状态：建成
设计单位：广州市城市规划勘测设计研究院
主创设计：陈建华、范跃虹、潘忠诚、胡展鸿、区惠霞、黎明、李志龙、李刚、李捷、张荣富、谢彦峰
获奖情况：2011—2012年度国家优秀工程奖
2011年全国优秀工程勘察设计建筑智能化二等奖
2011年中国土木工程詹天佑奖
2011年广东省优秀工程勘察设计特别奖
2011年广东省注册建筑师协会优秀建筑创作奖
2011年全国优秀工程勘察设计三等奖
2011年中国建筑学会优秀建筑结构设计二等奖
2011年广东省土木工程詹天佑故乡杯
2011年广东省优秀工程勘察设计建筑智能化一等奖
2011年中国环境艺术奖（综合类）——最佳范例奖

结合该届亚运会以“珠江为舞台，城市为背景”的创意，营造了一场两岸同乐、一江欢歌的水上亚运盛典。开幕式赛后，将项目工程改建为亚运公园，考虑对主体建筑和亚运火炬塔进行保留，作为亚运遗产的标志。

广州市妇女儿童医疗中心增城院区

Zengcheng Hospital of Guangzhou Women and Children Medical Center

项目业主：广州市妇女儿童医疗中心　　建设地点：广东 广州
建筑功能：医疗建筑　　用地面积：71 256平方米
建筑面积：219 970 平方米　　设计时间：2017 年至今
项目状态：在建　　设计单位：广州市城市规划勘测设计研究院
主创设计：胡展鸿、张庆宁、黄凯昕、郑海砾、李妮、周巧、陈理政、王钰渊、郭丹

广州市妇女儿童医疗中心增城院区创新性地采用“花”式布局和空港式立体交通，将医院复杂的功能与流线串联起来，为增城创造出一座高效、舒适的现代化医院。

佛山市第二人民医院新院区概念设计

Conceptual Design of New Hospital District of Second People's Hospital, Foshan

项目业主：佛山市第二人民医院　　建设地点：广东 佛山
建筑功能：医院建筑　　用地面积：80 186平方米
建筑面积：245 000平方米　　设计时间：2019 年
项目状态：实施方案设计　　设计单位：广州市城市规划勘测设计研究院
主创设计：胡展鸿、郑海砾、李妮、周巧、王钰渊、何悦、郭丹、张昊宇

主持医疗建筑设计研究中心医院项目简介

自 1995 年从事医疗建筑设计工作至今，负责 70 多项医院规划项目设计，其中主持设计的 9 家医院进入全国百强医院排行榜，8 家成为国家卫生健康委与广东省签署建设第一批医学中心和国家区域医学中心的医院。

于 2005 年组建医疗建筑设计研究中心团队，会集了专门从事医疗建筑设计的专业人才，植根广州，在粤港澳大湾区拥有丰富的规划设计经验，医疗建筑设计实力代表了华南地区的领先水平。

中山大学附属第一（南沙）医院

方案合作单位：中国建筑设计研究院
项目负责人：杨海宇、万钧、胡展鸿
医院定位：综合类国家区域医疗中心、全国百强医院
项目状态：在建

南方医科大学南方医院外科综合楼

项目负责人：胡展鸿
医院定位：国家创伤区域医疗中心、全国百强医院
项目状态：在建

南方医科大学南方医院院区改造规划

项目负责人：胡展鸿
医院定位：国家创伤区域医疗中心、全国百强医院
项目状态：已规划

天河区第二人民医院

设计合作单位：华南理工大学建筑设计研究院
项目负责人：何镜堂、胡展鸿
医院定位：国家心血管区域医疗中心、全国百强医院
项目状态：在建

广州呼吸中心

设计合作单位：新加坡 CPG 集团
项目负责人：胡展鸿
医院定位：国家呼吸医学中心、全国百强医院
项目状态：在建

中山大学孙逸仙纪念医院海珠新院

项目负责人：胡展鸿
医院定位：全国百强医院
项目状态：已规划

中山大学附属第三医院岭南医院

项目负责人：范跃虹、胡展鸿
医院定位：国家神经区域医疗中心、全国百强医院
项目状态：建成

中山大学附属第三医院肇庆医院

项目负责人：胡展鸿
医院定位：国家神经区域医疗中心、全国百强医院
项目状态：在建

广州市妇女儿童医疗中心珠江新城总院

项目负责人：范跃虹、胡展鸿
医院定位：国家儿童区域医疗中心、全国百强医院
项目状态：建成

云浮市人民医院

项目负责人：胡展鸿
医院定位：三级甲等综合医院
项目状态：建成

广州市第八人民医院二期工程

项目负责人：胡展鸿
医院定位：三级甲等综合医院
项目状态：在建

珠海市慢性病防治中心

项目负责人：胡展鸿
医院定位：三级甲等专科医院
项目状态：在建

广州市第三少年宫

Guangzhou Third Children's Palace

项目业主：广州市少年宫
建设地点：广东 广州
建筑功能：文化建筑
用地面积：20 080平方米
建筑面积：28 942平方米
设计时间：2013年—2016年
项目状态：建成
设计单位：广州市城市规划勘测设计研究院
设计团队：胡展鸿、区慧美、赖奕堆、梁彦、谭中婧

广州市第三少年宫旨在发挥传统少年宫功能的基础上，强调适应岭南气候特点的空间布局与建筑形态。建筑云状外轮廓界面自由活泼，具有不确定性与灵活性，符合少年儿童的心理需求，能较好地体现少年宫建筑充满想象力的形象特征。在活泼的形态轮廓内部，平面空间采用规整的柱网体系结构，功能实用，便于教学活动空间的流线组织与空间划分。

广州站改造配套工程白云站站房及综合交通枢纽开发概念设计

Guangzhou Station Reconstruction Supporting Project Baiyun Station and Integrated Transport Hub Development Concept Design

项目业主：广铁公司广州工程建设指挥部、广州铁路投资建设集团有限公司　建设地点：广东 广州

建筑功能：交通建筑　用地面积：365 800平方米　建筑面积：479 000平方米

设计时间：2018 年至今　项目状态：在建

设计单位：中铁第四勘察设计院集团有限公司、华南理工大学建筑设计研究院、广州市城市规划勘测设计研究院、日建设计株式会社

本院设计团队：胡展鸿、黎明、严卓夫、许炯燊、冯业奔、胡玲

方案以展现广州城市名片与绿色生态的设计理念为核心，以云山珠水、木棉花开为灵感，从自然景观渗透、城市发展轴线、城市轨道交通三个角度出发，采用“方—圆—方”的图底关系布局、融合站城一体化的新模式，契合项目所处区域的城市设计方案，尊重区域特色。考虑功能复合、绿色生态可持续等多方面需求，构筑极具标志性城市形象的大型综合交通枢纽中心。

执信中学天河校区

Tianhe Campus of Zhixin Middle School

项目业主：广州市天河区教育局　建设地点：广东 广州

建筑功能：教育建筑　用地面积：215 184 平方米

建筑面积：199 153平方米　设计时间：2017年至今

项目状态：施工图设计阶段

设计单位：广州市城市规划勘测设计研究院（主体方）
华南理工大学建筑设计研究院有限公司（成员方）

主创设计：何镜堂、胡展鸿、郭卫宏、麦子睿、黎明、谭丽华

门启轴，水映山，廊连院：建筑单体设计充分考虑亚热带气候特点，于校园中营造组团式书院氛围。通过架空风雨廊将各个功能部分有机串联，形成尺度宜人的教学、生活及文娱场地。红墙绿瓦、荷塘雅苑，小桥流水、书院飘香。

胡暐昱

职务：洲宇设计集团董事
洲宇设计集团上海公司总经理、设计总监
职称：高级工程师
执业资格：国家一级注册建筑师

教育背景
2005年—2008年　东南大学建筑学硕士

工作经历
2008年—2015年　上海建筑设计研究院有限公司
2015年—2016年　贝肯建筑规划设计有限公司
2016年至今　洲宇设计集团

主要设计作品
长沙绿地城际空间站
德阳绿地康养生态城
昆明融创春风十里海豚湾
内江新城吾悦广场
乐山宝德未来科技城
成都朗诗上林熙华府
西安蓝光长岛社区
蓝光观岭雍锦半岛
成都蓝光长岛城
新希望贾家小镇东进项目示范区
宁波弘阳新希望长粼府
力高保运·璟颐湾

胡暐昱先生在建筑设计领域拥有丰富经验，他于2016年加入洲宇设计集团。胡暐昱先生将其独特、富有诗意和充满想象力的设计理念融入设计之中，创作充满灵性的作品，用大气、纯正的当代建筑设计手法和对建筑环境的优先考量相结合，为客户的设计目标服务。他始终坚持设计与技术的创新，将敏锐洞察力和国际化视角带入以市场为导向的开发过程之中。

洲宇设计集团成立于2010年，是智慧城市与建筑艺术创新设计平台，为全国性领先的综合设计机构。集团目前在成都、上海、深圳、昆明、西安、南宁、厦门、沈阳、长沙、济南、郑州、贵阳、重庆、武汉等14个城市设有分公司。

以“让建筑更智趣、让城市更美好”为使命，推动设计革新，为全球城市发展提供全方位技术解决方案。目前主要服务于一线房地产开发企业，并与多家全国20强地产企业建立了长期战略合作伙伴关系。服务内容涵盖规划设计、建筑设计、景观设计、BIM、PC、顾问咨询、设计优化、绿建咨询、TOD、智慧社区、幕墙设计和室内设计等板块。

洲宇拥有2 000多名各专业技术人才，团队以“持续创新建筑品质、改善人类活动环境、创造美好的感官体验”为服务宗旨，在全国打造了500多项各类建筑设计作品。公司以“成就员工理想、助推城市梦想、创造国际水准、设计智造未来”的经营理念，打造建筑设计、生活、科技等多元化的综合性设计平台，凭借其高附加值的设计、卓越的服务意识、优质的资源整合、精益的企业管理，在行业内树立了良好的品牌形象。

地址：成都市天府新区华府大道1号
蓝润置地广场1号楼27-30F
电话：028-85357531
网站：www.sczygp.com

成都朗诗上林熙华府

Chengdu Landsea Shanglin Xihua House

项目业主：朗诗地产
建设地点：四川成都
建筑功能：住宅建筑
用地面积：46 203平方米
建筑面积：265 000平方米
设计时间：2019年
项目状态：在建
设计单位：洲宇设计集团
设计团队：胡暐昱、王申、邓泽青、张博、张子萱

本项目属于政府对驷马桥片区产业结构升级的首批项目，政府关注度和本公司要求都很高。项目共分4个地块，为中高端居住社区、中高端办公、酒店、宴会楼及商业组合为一体的高层建筑群。设计师有效地利用场地条件，从建筑的宏观规划到细节布局都追求极致。后现代工业化风格与现代风格有效结合，同时严控成本，打造出了一个地产精品项目，同时为城市添上靓丽的一笔。项目建筑风格与周边片区建筑风格相呼应，并寻求新的突破，外立面采用现代简洁的元素，摒弃高复制的古典风格，并通过建筑元素的恰当组合、材料的合理运用、精致的细部处理，达到丰富的视觉效果，拒绝线脚堆砌，营造有节制的奢华。

长沙绿地城际空间站

Changsha Greenland Intercity Space Station

项目业主：绿地长沙事业部
建设地点：湖南 长沙
建筑功能：住宅、商业建筑
用地面积：116 537平方米
建筑面积：604 008平方米
设计时间：2018年
项目状态：在建
设计单位：洲宇设计集团
设计团队：胡暐昱、李磊、周玉鹏、蒲生辉

本项目位于长沙高铁南站旁，是长沙市政府重点打造的城市经济新引擎。该区域以高铁、航空及城市主干道三位一体交通网为生长脉络。规划强调“礼仪中轴”，打造“高铁新城”的概念。办公商务区设计为该区域的双塔门户。将住宅分布在商务办公区域北侧，楼王对称置于地块内部，周边通过不同户型的穿插，使规划更加对称、规整。

立面以现代风格为基调，保留新古典风格的竖向线条，形成错层的框架穿插设计，通过玻璃幕墙的结合，整体提升大盘的品质和业主的体验感。外框架的乳白色调、内墙的灰白色调以及框架区域的深咖色调，三种色调协调统一，再度升级立面的展示性。

内江新城吾悦广场

Neijiang Xincheng Wuyue Square

项目业主：新城控股集团
建设地点：四川 内江
建筑功能：商业、住宅建筑
用地面积：164 208平方米
建筑面积：551 185平方米
设计时间：2019年
项目状态：在建
设计单位：洲宇设计集团
设计团队：胡暐昱、赵攀、黄健强、卓高盼、胡梦、陈庆、于明悦、蔡雷文、林哲曦、高森河、兰鑫

本项目定位为中高端购物中心加销售型商业街区，将打造集餐饮、购物、影院、休闲娱乐、生活配套等多种业态于一体的一站式生活中心。吾悦广场作为业主的主力品牌，融入内江市作为张大千故地的文化背景，强调“大千世界、吾悦生活”的生活主题。本案场地高差达26米，购物中心部分有15米高差，故而大胆采用三首层平街入口的商业模式，将原本的不利因素化解转为核心竞争力，为业主丰富了产品线，为购物中心树立了新的标杆。

力高保运·璟颐湾

Ligao Baoyun Jingyiwan

项目业主：泰州嘉凯房地产开发有限公司
建设地点：江苏 泰州
建筑功能：住宅、商业建筑
用地面积：223 247平方米
建筑面积：645 344平方米
设计时间：2019年
项目状态：在建
设计单位：洲宇设计集团
设计团队：胡暐昱、李磊、邱鲁平、周玉鹏、李竹青、付晓涛、蒲生辉

本项目的设计理念是要打造一个公园式的生活社区，同时也注重业主的生活体验。在地块西侧沿城市主干道溱湖大道设计高层住宅，提升城市的展示面；内部采用洋房和叠墅产品的布局，丰富城市的天际线。

立面设计强调泰州姜堰的历史文化，以新中式风格为基调，内部叠墅植入中式格栅，高层底座区域植入中式元素符号，不同的产品做到不同的中式概念。同时，结合了新古典风格的竖向线条以及现代风格的玻璃栏板，以更优雅的姿态重新诠释经典，使建筑整体感觉大气、沉稳、干净并有艺术气质。

乐山宝德未来科技城

Leshan Baode Future Science and Technology City

项目业主：宝德集团鸿德房地产
建设地点：四川 乐山
建筑功能：办公、酒店、商业、住宅建筑
用地面积：564 396平方米
建筑面积：1 930 195平方米
设计时间：2019年
项目状态：方案
设计单位：洲宇设计集团
设计团队：胡暐昱、许海峰、邓泽青、程宇、张依铭

本项目规划为智慧型产业公园，以数字经济为核心驱动力，带动上下游产业的聚集并多元化发展，从而形成完整的产业链条，最终形成生态化产业圈层。通过产业服务、学术创新、科技研究、应用体验、体验休闲及生活社区等功能配套的有机交织，来完成产城融合的创新生态圈。作为宝德集团落地西南的第一个项目，建成后将助力乐山抢占西南大数据产业战略高地，并深度辐射相关垂直应用领域，最终打造成为中国西部创新国际门户。

胡勇

职务：浙江南方建筑设计有限公司董事、院长
执行总建筑师
杭州南方九域建筑设计事务所有限公司董事长、总经理、总建筑师
浙江楠悦规划设计咨询有限公司董事长
职称：高级建筑师
执业资格：国家一级注册建筑师

教育背景

1985年—1990年　浙江大学建筑学学士

工作经历

1990年—1994年　浙江现代建筑设计有限公司
1994年—1995年　深圳市建筑科学研究院
1995年—2001年　浙江省城乡规划设计研究院
2001年—2009年　浙江工业大学建筑规划设计研究院
2009年至今　浙江南方建筑设计有限公司
杭州南方九域建筑设计事务所有限公司

主要设计作品

杭州海外海皇冠大酒店
荣获：2010年浙江省优秀勘察设计二等奖
2010年杭州市优秀勘察设计二等奖
宁波恒元大酒店
荣获：2012年浙江省优秀勘察设计三等奖
杭州国际汇丰中心
荣获：2012年杭州市优秀勘察设计二等奖
宁波余姚阳明温泉山庄
荣获：2013年浙江省优秀勘察设计一等奖
2013年杭州市优秀勘察设计三等奖
舟山科技创意产业园
荣获：2015年浙江省建设工程钱江杯奖
2015年舟山市建设工程海山杯奖
2017年浙江省建设工程优秀设计奖
2016年—2017年度国家优质工程奖
梦想小镇
荣获：浙江省首批特色小镇
2019年杭州优秀勘察设计二等奖
2017中国特色小镇博览会被评为“最具影响力特色小镇”
浙江自然博物园核心馆区
荣获：2019年杭州市优秀勘察设计三等奖

浙江南方建筑设计有限公司

Zhejiang South Architectural Design Co., Ltd.

公司概况

浙江南方建筑设计有限公司成立于1999年1月，具有住建部颁发的建筑行业（建筑工程）甲级资质，业务涉及多个领域，覆盖所有建设类型，主要包括城市综合体、商务办公、居住社区、星级酒店、创意地产、特色小镇、商业零售、旅游地产、文化会展、教育建筑、乡村再生、城市更新、医疗建筑、交通建筑、政府办公、工业地产、新型建筑、景观规划等产品体系。公司旗下子公司、工作室多达70多个，员工近1 000人。

公司自成立以来，以认真严谨的敬业精神、精益求精的工作态度和周到完善的服务理念，至今已完成2 000多个项目案例，业务遍及全国25个省150个市，跨越各种项目类型和产业特点，彰显了公司强大的业务能力及深厚的设计实力。

作为特色小镇的实践先行者，公司经历了特色小镇从诞生到发展的整个过程，先后参与了玉皇山南基金小镇、梦想小镇、云栖小镇、艺尚小镇、中国青瓷小镇等300多个国家级、省级、市级特色小镇项目，是中国仅有的全过程、全界面参与过不同地区、不同类型特色小镇项目的机构，对特色小镇的设计、建设和发展做出了重要贡献。公司也由单一的建筑设计发展成为涵盖策划、产业、建设、运营、互联网、金融、能源、科技等跨专业、跨行业的综合型平台公司。

企业文化

“和而不同，顺势而为，知行合一”。

创新机制

公司十分重视技术进步与创新，确保每年都有优秀新产品的开发、应用和储备。同时积极开展与国际、国内知名设计院所及高校的交流与合作，先后与RPA、EDSA、SWA、WATG、DCA、博塔、皮奥兹、奥尔索普、矶崎新等国外知名公司合作，共同参与学术研究与科技成果转化，不断提升团队技术水准，同时强化质量管理体系，努力提高产品品质。

奖项荣誉（部分）

公司作品多次获得国际、国内各类奖项，其中杭州湖滨国际名品街荣获2005年度全球最优异项目大奖；九树公寓荣获2008年度英国皇家建筑师学会国际大奖（同期获奖的有水立方、鸟巢等大型公建项目，九树公寓是唯一获此殊荣的住宅作品）；大连卧龙湾国际商务中心荣获2011年度美国景观设计师协会设计大奖；玉皇山南国际创意产业园荣获2013年度中国创意产业年度大奖龙腾奖；梦想小镇荣获2017杭商品牌案例20强。

地址：杭州市上城区白云路36号
电话：0571-85462610
传真：0571-87989581
网址：www.zsad.com.cn
电子邮箱：zsad999@163.com

国际旅游联盟（WTA）总部

Headquarters of the World Tourism Alliance (WTA)

项目业主：湘湖旅游控股集团有限公司
建筑功能：博物馆、办公、商业、酒店建筑
建筑面积：227 610平方米
项目状态：在建
设计单位：浙江南方建筑设计有限公司
主创设计：胡勇、杨鸣等

建设地点：浙江 杭州
用地面积：234 000平方米
设计时间：2018年

本项目是WTA总部功能的重要载体，是WTA核心理念“旅游让生活和世界更美好”的重要展示区，是湘湖旅游板块“文化+旅游”的重要节点。设计贯穿了旅游与国际化元素的融合、旅游与地域文化的融合，以国际化的视野、时代性的认知，对自然、人文、旅游进行解读，对时代、世界、科技进行解读。设计以体现文化自信的“国之文化”、体现自然内敛简约为美学理念的“宋之造诣”、体现山水秀丽的“越之风韵”、体现包容与创新的“萧之精神”等作为项目的创作元素，使项目宛若宋画中的写意山水乡村聚落，并最终形成散落于山水间的实景文化博物馆。

艺尚小镇

Yishang Town

项目业主：杭州南苑控股（集团）有限公司
建设地点：浙江 杭州
建筑功能：会展、办公、商业建筑
用地面积：181 657平方米
建筑面积：338 300平方米
设计时间：2015年
项目状态：建成
设计单位：浙江南方建筑设计有限公司
主创设计：胡勇、宋强等
获奖情况：浙江省特色小镇

本项目作为第一批国家级特色小镇，将打造一座集高端设计研发、智能生活制造、时尚艺术传播、展示消费体验及人才创业创新为一体的时尚名镇。

用国际化的视野和“互联网+”的思维打造两条时尚文化艺术街区，形成两处高端前沿产业人群的集聚区。植入文化艺术中心、会展中心及商业中心等配套功能，在全国范围内成为时尚文化产业风向标和时尚生活示范区。通过对时尚研发、展示、交易、体验、发布、教育、休闲、金融、居住等多种功能的融合，不仅构建时尚的产业生态，更完善时尚的文化生态，打造一座永不落幕的时尚博览会。

jaC Canada
life style showroom

宁波宁海西子国际广场

Ningbo Ninghai Xizi International Square

项目业主：宁波西子太平洋置业有限公司　　建设地点：浙江 宁海

建筑功能：城市综合体　　用地面积：94 363平方米

建筑面积：310 497平方米

设计时间：2013年

项目状态：建成

设计单位：浙江南方建筑设计有限公司

合作设计：杭州南方九域建筑设计事务所有限公司

主创设计：胡勇、何静、吴为民等

本项目位于宁海CBD核心区，是集酒店、酒店公寓、办公、大型商业及商业街于一体的大型城市综合体。本项目的建成与运营，将使桃源中路商圈成为宁海体量最大、覆盖最广、影响最大的城市综合体项目，从而推动该商圈的发展，使之成为宁海的城市新中心。

义乌佛堂商业综合体

Commercial Complex of Yiwu Buddhist Hall

项目业主：义乌翔云置业有限公司
建设地点：浙江 义乌
建筑功能：城市综合体
用地面积：63 121平方米
建筑面积：218 367平方米
设计时间：2015年
项目状态：建成
设计单位：浙江南方建筑设计有限公司
合作设计：杭州南方九域建筑设计事务所有限公司
主创设计：胡勇、吴为民等

本项目位于义乌市佛堂镇，该镇是建成区面积最大、集聚人口最多、综合实力最强的义乌市第一大镇。该项目是集购物、美食、休闲、娱乐、居住五大功能于一体的大型城市综合体。

项目以商业文化和居住文化相融合的方式，打造佛堂首个商业新中心，定义佛堂乐居生活新高度，使之成为“地标性城市综合体”“具有持久生命力的小镇中心”“佛堂全天候、全年龄段的新型体验式商业中心”。规划设计中，设计师力求实现三个设计要素：追求现代理性的同时，融入传统的元素；树立城市地标，体现商业的丰富性与多样性；合理布局，让商业价值最大化。

梦想小镇

Dream Town

项目业主：杭州余杭仓前古街综合保护开发有限公司
建设地点：浙江 杭州
建筑功能：办公、商业、住宅建筑
用地面积：296 700平方米
建筑面积：211 772平方米
设计时间：2015年
项目状态：建成
设计单位：浙江南方建筑设计有限公司
主创设计：胡勇、方志达、何静、宋强、林泳、邱明、杜婕、尹方、王焱、苏辉、叶建维、姚大鹏、楼海峰

本项目是梦想小镇的先导启动区块，在对近700栋现有建筑进行了精心的调研后，采用了“织补”的设计手法，对古建进行修复，对一般性建筑进行立面提升改造，对危房和违建进行拆除重建。在项目腹地，以老街的空间肌理为脉络，梳理水街、巷道，添补小桥、河埠，恢复枕河而居、夹岸为街、宅院四合的老街风韵。同时对老街的历史文化、生态系统、交通系统、街道空间、公共功能进行织补，全方位地提升和改善老街的整体环境。

项目以共享作为互联网2.0时代的核心，作为互联网的众创办公基地，新仓前古街既是工作空间，更是思想与理想的碰撞空间、人才与技术的交流空间、新老文化的融合空间、服务器等公共资源的共享空间，新的仓前古街为创客们构建一条梦想之路与共享平台。

钱江世纪城沿江公园综合体（G20项目）

Qianjiang Century City Yanjiang Park Complex (G20 Project)

项目业主：杭州萧山钱江世纪城沿江建设开发有限公司
建筑功能：办公、商业、酒店建筑
建筑面积：167 774平方米
项目状态：建成
主创设计：胡勇、方志达、何静、吕鸿伟、李华、褚凌琳
获奖情况：2017年中国照明学会照明工程设计奖一等奖
G20杭州峰会服务保障先进单位

建设地点：浙江 杭州
用地面积：933 332平方米
设计时间：2015年
设计单位：浙江南方建筑设计有限公司

本项目地处杭州萧山钱江世纪城核心区的北面滨江地区，紧邻G20峰会主会场杭州国际博览中心，是杭州南向发展带上的重要节点，它是奥体和中央商务区重要的服务配套，其影响将辐射整个杭州。

项目以G20和奥体为契机，将G20纪念公园、休闲运动公园、生态商业公园融合在一起，努力营造可持续的沿江生态公园综合体。

姜海玉

职务：中国中元国际工程有限公司建筑三院总建筑师
中国中元——英国诺丁汉城市综合体联合研究中心主任
中国中元——英国诺丁汉科学建筑联合研究中心主任

职称：教授级高级工程师

执业资格：国家一级注册建筑师

教育背景

2001年—2004年　北京工业大学建筑学硕士

工作经历

2004年至今　中国中元国际工程有限公司

主要设计作品

民航运行管理中心、气象中心及民航情报管理中心工程
荣获：全国"创新杯"建筑信息模型BIM应用大赛第二名
兰州机场三期扩建空管工程
中国疾病预防控制中心二期工程
长沙火车站邮政产业创新中心
国门1号商业综合体
合肥左能泰和街
石家庄国际会展中心
世界种子大会2014年场馆总体设计
中关村军民融合产业园
温州总部基地
西门子办公楼（二期）
北京经济技术开发区路东区B7生物医药产业园
荣获：机械工业优秀工程勘察设计奖工程设计二等奖
全国优秀工程勘察设计三等奖
全国工业建筑优秀设计一等奖
河南省口岸食品药品医疗器械检验检测中心
西城区定向安置房养老院
泸州医学院附属医院
粤北医院
北苑北辰居住区C区暨2008年北京奥运媒体村工程
燕王庄、西田各庄、西白辛庄等三村安置用房
北京润泽庄苑住宅小区
荣获：全国优秀工程勘察设计三等奖
新大地住宅小区

建筑思想及实践

姜海玉建筑师，自从业以来一直致力于大型公共建筑包括城市综合体、科研建筑、会展建筑、高端数据机房、办公建筑以及大型居住区等项目的原创设计。项目多次获得省部级、市级和单位奖项。在设计实践中始终坚持原创性，坚持项目从规划、建筑、幕墙、室内、景观和照明等多方面一体化设计，追求项目的高完成度。设计作品具有高度的前瞻性、创新性，具有技术和艺术的高度统一。同时担当中国中元—英国诺丁汉城市综合体联合研究中心主任、中国中元—英国诺丁汉科学建筑联合研究中心主任，从实践中总结设计理论，并把研究成果运用到设计实践中，并多次参加国内外建筑相关论坛主持并发言。

长沙火车站邮政产业创新中心

Changsha Railway Station Post Industry Innovation Center

项目业主：湖南中邮信诚房地产开发有限公司
建设地点：湖南 长沙
建筑功能：商业综合体
用地面积：56 346平方米
建筑面积：441 789平方米
设计时间：2017年—2019年
项目状态：方案
设计单位：中国中元国际工程有限公司
主创设计：姜海玉
参与设计：张秋洋、冯睿、赵乾铭、王菲菲、李欣

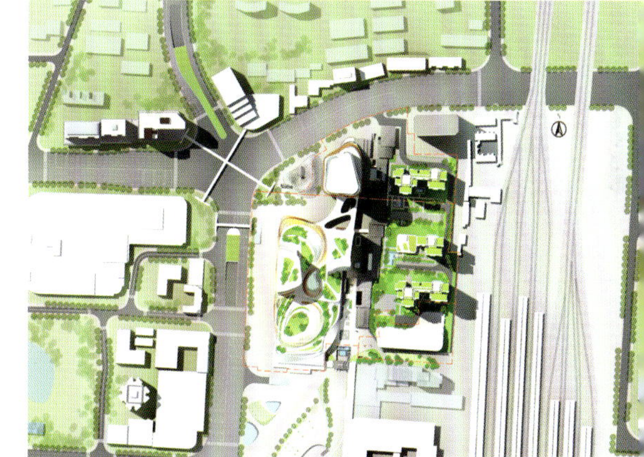

本项目位于长沙市“岳麓山—火车站”城市轴线的终端。设计以传承湖湘文化为内核，以都市生活为外延，打造涵盖文化传承、时尚艺术、便捷服务、都市居住于一体的商旅文化城市综合体。

方案立足于多元复合的建筑功能与形象、Tod为导向的立体开发模式、“山水洲城”的空间理念。“让外地人来这里看长沙，长沙人来这里看世界”。购物中心以“奇境漫步”的“云端、水瀑及树庭”为主题打造多元浸入式空间体验，营造旅游、文化、休闲、娱乐一站式主题乐园。商业街则以“时光之旅”为主线，通过车站历史和湖湘文化相结合，营造一段新的旅程，一种历史、建筑、艺术、非物质文化体验之旅。

立面造型取自流水蜿蜒的意向，顶部逐层退台，形成自然的梯田状屋顶花园。裙房立面采用当地传统的“瓦”为原型，以参数化手法利用金色金属铝板打造具有传统元素的前瞻性建筑形态。

民航运行管理中心、气象中心及民航情报管理中心工程

Civil Aviation Operation Management Center and Meteorological Center and Civil Aviation Information Management Center Project

项目业主：中国民用航空局空中交通管理局
建设地点：北京
建筑功能：办公建筑
用地面积：80 000平方米
建筑面积：74 985平方米
设计时间：2016年—2019年
项目状态：在建
设计单位：中国中元国际工程有限公司
主创设计：姜海玉
参与设计：陈自明、赵乾铭、李斌、姜力萍、塔林、冯睿、孔迪

设计概念从航空发动机汲取灵感，结合整个院区规划，运用东西轴线与南北轴线对地块进行划分，根据功能需求将四个内向型体块分置其中，通过共享大厅对各功能空间进行有效组织与衔接，将其理性的工业之美融入建筑之中，形成外向型与内向型兼具的空间形态。双曲面幕墙、扭转起伏的屋面、贯通10余米的编织筒大厅、直线与曲线形体的交接，构成了饱满流畅的曲线造型，使建筑犹如一朵绽放的“工业之花”。

项目融合了高端数据机房、流量管理运行大厅、空管工作区等众多复杂功能，形成庞大的统筹协调与后勤保障综合体，为空管工作提供一个更加科学高效、舒适自然的工作环境。

运用BIM技术进行协同设计与合作，配合业主搭建项目数字化管理平台，协助施工方实现智慧工地建设。从设计、施工、管理全流程实现了建筑、结构、机电、景观、幕墙、室内等多专业的一体化设计，追求整体项目的高完成度。

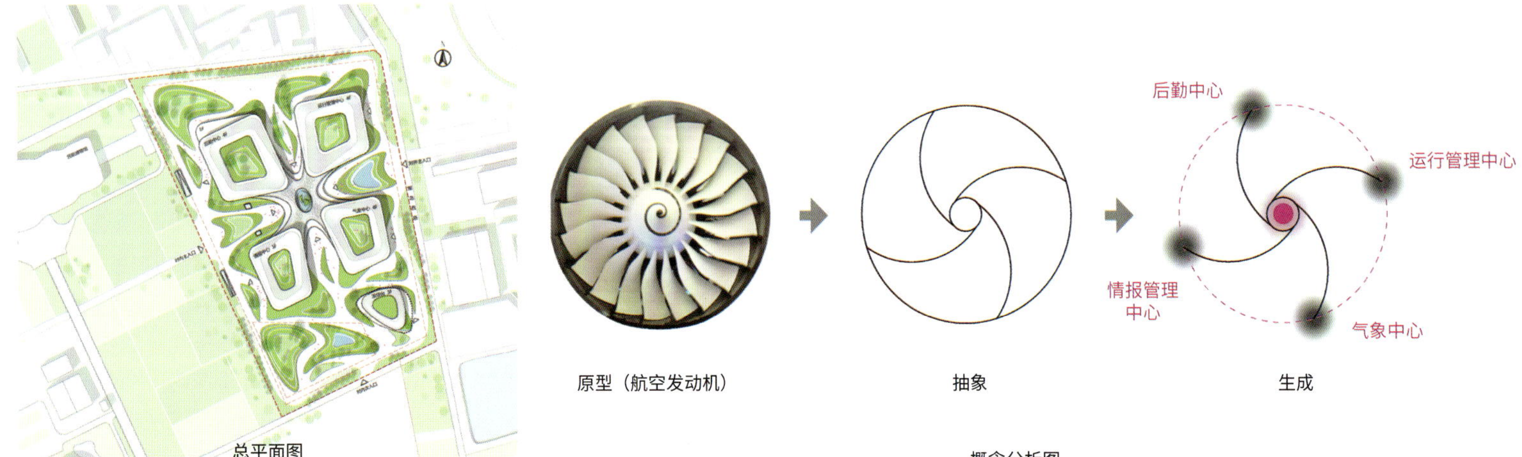

总平面图

概念分析图

中国疾病预防控制中心二期工程

China Center for Disease Control and Prevention Phase II Project

项目业主：中国疾病预防控制中心
建设地点：北京
建筑功能：医疗建筑
用地面积：553 437平方米
建筑面积：171 400平方米
设计时间：2018年
项目状态：方案
设计单位：中国中元国际工程有限公司
主创设计：姜海玉
参与设计：周刚、塔林、赵乾铭、张秋洋、郑安迪

设计依托园区优美的自然环境，延续一期规划布局，建筑依山而建，使建筑和自然融为一体。并通过增加南北礼仪轴线和东西景观轴线，重塑园区新秩序。

建筑设计结合中国传统“山水•园院”和中国疾控中心的“C”LOGO标识，抽象提取出“围合•院落”的设计概念。建筑依山而建、南低北高，好似山势起伏；围合庭院曲水流觞、步移景异，犹如畅游园林。围合的院落式布局，创造出尺度宜人、环境优雅的立体庭院空间。

立面上，在与一期材质统一的基础上寻求变化，通过斜角、错动等新手法，丰富二期建筑立面。最终形成新老建筑与环境和谐统一的现代化实验园区。

本设计秉承可持续发展理念，将打造一个集人性化、智能化、生态化为一体的世界一流创新型科研园区。

国门1号商业综合体

Guomen No. 1 Commercial Complex

项目业主：北京金盛顺鑫置业投资有限公司
建筑功能：商业综合体
建筑面积：325 500平方米
项目状态：建成
设计单位：中国中元国际工程有限公司
主创设计：姜海玉
参与设计：周静、韩莉、高宇、赵乾铭

建设地点：北京
用地面积：89 236平方米
设计时间：2015年—2017年

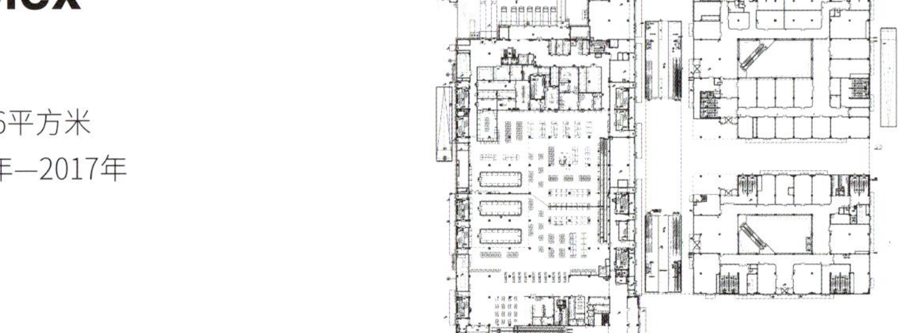

一层平面图

总平面图

本项目根据使用功能、动静需求将用地分为南区商业、北区办公两个区域，以保证每个区域的相对独立和各区域的品质。通过南北向的景观轴线将南北区串联成一个整体。

南区集中商业引入甲板商场的概念，创造了商业室外层层错叠的空间，使商业功能向室外延伸。设计注重消费者参与、体验和感受，力图打造集商业、家居、娱乐休闲、艺术文化为一体的体验式商业综合体。商业区结合商业街和MALL的形式，并设置下沉广场，极大激活地下商业的价值，整体形成活力四射的商业氛围。

北区办公定位为“互联网金融孵化器”，园区办公楼呈对称布局，围合形成组团式的景观序列空间。现代的新中式园林景观布局，尺度宜人，闹中取静，自成一体，为创业者提供优良的创业环境。

建筑立面与一期花博会场馆相协调，外形方正。结合山姆会员店的菱形标志，用参数化手法设计渐变的菱形窗，增加立面的趣味性，并结合局部彩色玻璃幕墙和LOGO的设计，创造了既高端又丰富的商业表情。

姜山英

职务：上海优爱建筑设计事务所创始合伙人
执业资格：国家一级注册建筑师

教育背景

1992年—1996年　沈阳建筑工程学院建筑学学士
1999年—2002年　同济大学建筑学硕士

工作经历

1996年—2002年　沈阳建筑工程学院建筑系
2002年—2018年　泛太平洋设计集团有限公司（加拿大）
2018年至今　上海优爱建筑设计事务所

个人荣誉

上海交通大学、沈阳建筑大学校外导师
郑州市航空港区规划局专家评委

主要设计作品

郑州龙湖壹号院
荣获：READ 星设计银奖
南京银河湾欢乐城
荣获：CREDAWARD 地产设计大奖 · 中国优秀奖
上海云锦东方
荣获：CREDAWARD 地产设计大奖 · 中国优秀奖
绿地滨湖国际城
郑州绿地之窗
郑州绿地新都会
绿地 · 溱水小镇展示区
郑州绿地双鹤湖双塔
常州城际交通枢纽
新乡绿地泰晤士新城三、四期
商丘绿地城
亚新美好香颂
亚新美好天境

上海优爱建筑设计事务所（UAD）成立于2009年，是一个具有建筑设计甲级资质，专注于地产设计领域的设计机构。

UAD是一个由国内外学术背景的建筑学人及法国、中国国家注册建筑师组建的建筑设计事务所，一个不求大而全只求小而精的团队；十余年来在这里的二三十个建筑师一直对建筑创作保持着相当的热情，并痴迷于将建筑从纸面到建成的全过程。事务所以合伙人的体制将核心设计团队紧密团结在一起，荣辱与共，群策群力，在各自擅长的领域成为领军人物。

UAD以“设计让生活充满理想，建造让理想照进现实”为理念，处处着眼于项目的最佳效果，注重项目运作全过程的实操跟进，一切的努力是为了把设计理念变成精彩现实，创造具有时代精神的建筑艺术作品。

地址：上海市黄浦区望达路19号
越界世博园B3-B楼4层
电话：021-6323 3502
网址：www.uad-design.com
电子邮箱：uad@uad-design.com

绿地滨湖国际城

Greenland Lakeside International City

项目业主：绿地集团中原事业部
建设地点：河南 郑州
建筑功能：办公建筑
用地面积：26 122平方米
建筑面积：130 600平方米
设计时间：2013年—2014年
项目状态：建成
设计单位：泛太平洋设计集团有限公司（加拿大）
设计团队：姜山英、李松龄、孙昊

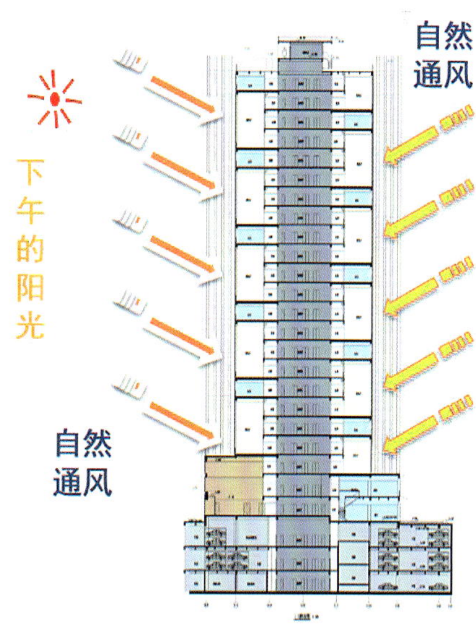

本项目总体上构建二七新城地标性建筑群，塑造新区门户形象，建筑形态服从整体的城市规划，与同一中轴线上的双塔地标建筑形成尺度上、形态上的协调和呼应。空间上与南侧青铜器公园的融合，体现花园办公、生态办公的设计理念。

在标准层设计中，电梯厅两侧设置多个三层高的空中客厅，形成“立体花园式办公”的空间。建筑立面在开窗部位外置铝百叶，既减少了开启窗户对立面的影响，使建筑立面显得更加“整体、简洁、通透”，同时在自然通风时，起到遮阳、挡风、避雨的作用，开启全天候的“呼吸模式”。建筑形象简洁大气、通透开朗，精致的细节，高级灰的色调，体现产品的高品质。

绿地·溱水小镇展示区

Greenland Zhenshui Town Exhibition Area

项目业主：绿地集团中原事业部　　建设地点：河南 新密

建筑功能：售楼处、商业建筑　　用地面积：15 000平方米

建筑面积：6 300平方米

设计时间：2017年—2018年

项目状态：建成

设计单位：泛太平洋设计集团有限公司（加拿大）

设计团队：姜山英、牛茂祥、秦坤、王梓瑜

溱水小镇位于新密市曲梁镇，临近溱水河景观带，溱水与洧水在此地交汇，孕育了千年传颂的溱洧文化。

作为绿地集团溱水小镇的展示区，立足于郊区特色小镇的项目定位及后续开发的诉求，建筑师提取中式古典园林空间精髓，借鉴中国古典建筑制式，用现代的建筑语汇打造一座具有古典韵味大气磅礴的“溱水府”。溱，新中式风格追溯溱洧文化之源；水，抽象的水景寓意溱水河之美；府，宽大的尺度展现出整个小镇的气度。

郑州·龙湖壹号院

Zhengzhou Longhu No.1 Yard

项目业主：亚新集团
建设地点：河南 郑州
建筑功能：办公、商业建筑
用地面积：68 800平方米
建筑面积：137 600平方米
设计时间：2012年—2014年
项目状态：建成
设计单位：泛太平洋设计集团有限公司（加拿大）
设计团队：姜山英、李松龄、阮建超

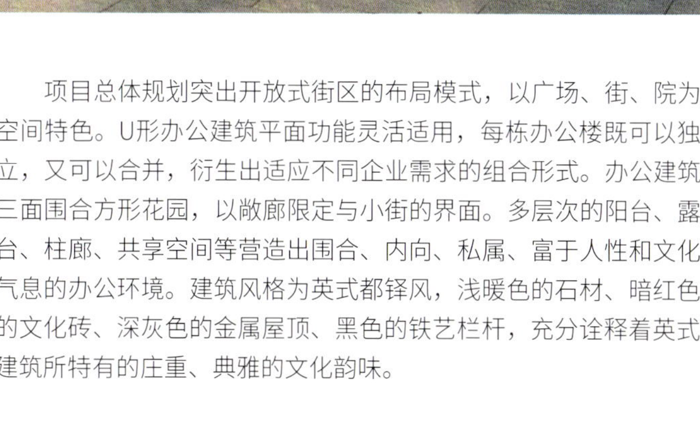

项目总体规划突出开放式街区的布局模式，以广场、街、院为空间特色。U形办公建筑平面功能灵活适用，每栋办公楼既可以独立，又可以合并，衍生出适应不同企业需求的组合形式。办公建筑三面围合方形花园，以敞廊限定与小街的界面。多层次的阳台、露台、柱廊、共享空间等营造出围合、内向、私属、富于人性和文化气息的办公环境。建筑风格为英式都铎风，浅暖色的石材、暗红色的文化砖、深灰色的金属屋顶、黑色的铁艺栏杆，充分诠释着英式建筑所特有的庄重、典雅的文化韵味。

郑州绿地双鹤湖双塔

Zhengzhou Greenland Shuanghe Lake Twin Towers

项目业主：绿地集团中原事业部
建设地点：河南 郑州
建筑功能：办公、酒店、商业建筑
用地面积：55 812平方米
建筑面积：426 000平方米
设计时间：2016年
项目状态：国际竞赛
设计单位：泛太平洋设计集团有限公司（加拿大
设计团队：姜山英、王洁、孙昊、陈秀星

本项目位于航空港南部高端制造业集聚区，建筑用地以半岛状伸入双鹤湖，同时处于园博会和双鹤湖的景观轴线上。

建筑师将“莲鹤山水”的概念巧妙地融入总体规划设计：4栋塔楼总体上呈现对称状态，围合广场，形成莲花姿态；将4片莲花瓣抬升为山，中心落地为谷，形成错落有致的“建筑山体”；底部的曲线裙房将4栋塔楼连接在一起，形成具有围合感、开放性的城市公共空间。

立面上整个建筑群正看如双鹤相依，侧看如山峰谷地。当飞机从上空飞过，莲花的绽放之美、双鹤的舞动之美、山水的动静之美尽收眼底。

驻马店天中城际空间站一区二区

Tianzhong Intercity Space Station Area 1-2, Zhumadian

项目业主：绿地集团中原事业部
建设地点：河南 驻马店
建筑功能：办公建筑
用地面积：68 800平方米
建筑面积：137 600平方米
设计时间：2018年—2019年
项目状态：方案
设计单位：上海优爱建筑设计事务所
设计团队：姜山英、牛茂祥、孙业梅、刘磊

本项目位于驻马店高铁西站的西广场，紧邻农业会展中心，依托于高铁和会展中心强大的经济影响力、人流会聚力和交通便捷性，其发展目标是一个集酒店群、商务办公、商业服务、休闲娱乐为一体的城市综合体。

一区和二区位于整体项目东侧，总体定位是“新城市中心商务”，据此，建筑师提出了开放式街区、花园式办公的设计理念，以提升物业价值和城市形象。高层办公位于地块角部、城市空间节点，以简洁、明朗的建筑形象突出标识性；多层花园式办公以多层次的空间及体量变化营造出街区式、组团化、人性化、绿色生态的办公建筑空间特色，以提升产品的附加价值。

金文杰

职务： 重庆同乘工程咨询设计有限责任公司
副院长、总建筑师
重庆金文设计工作室首席建筑师

职称： 正高级工程师

执业资格： 国家一级注册建筑师
国家注册监理工程师

教育背景

1986年—1991年　河北工程大学建筑系学士

工作经历

1993年—2002年　重庆钢铁设计研究院
2002年—2004年　融侨长江重庆房地产有限公司
2004年—2006年　重庆协信集团中城联置业公司
2007年至今　重庆同乘工程咨询设计有限责任公司
2019年至今　重庆金文设计工作室

个人荣誉

1990年珠峰杯海内外书法大赛硬笔书法优秀奖
2010年重庆市优秀青年建筑师
2011年中国建筑设计行业金牌建筑师
2010年至今重庆市发改委评标专家
2012年至今重庆市住建委勘察设计咨询专家

主要设计作品

四川华蓥双创研发中心
白银凤凰湾住宅小区
华蓥西部硅谷
重庆精神卫生康复中心
长安汽车全球研发中心
巴南职业教育中心迁建工程
四川射洪国际社区
重庆解放碑八一广场
四川省射洪外国语学校
重庆长安锦尚城
合川柏树街旧城改造与保护规划
重庆市巴南区花溪保障性住房建设项目
大足龙水湖室内滑雪馆
合川德润世家
荣获：2010年获第七届中国人居典范金奖
四川省通江县人民医院迁建项目
重庆正大软件职业技术学院
永川山水林涧三期
吉首锦绣新都
重庆威尼斯印象
荣获：2006年中国人居典范规划设计金奖
协信Town城
融桥半岛总体规划
重庆大学文科逸夫楼
上海宝钢三期工程厂房、办公、生活服务设施
珠海国际人才培训中心
重庆市江北区嘉陵大厦

建筑理念

金文杰先生从事建筑设计近30年，一直致力于从建筑的本质和人性的需求出发去创作，他认为建筑不仅是人类“居住的容器”，更应该成为“人类灵魂的居所”！

大师说过：建筑是凝固的音乐，空间是流动的雕塑，建筑是技术与艺术的交响……不错，建筑是一门艺术，但建筑不是时尚艺术，而是时空行为艺术。一座优秀的建筑经得起“时间+空间+人类行为”的检验。

年轻的时候喜欢包豪斯、蓬皮杜、朗香教堂，如今却发现中国的窑洞、吊脚楼也是很好的建筑。因为在那个刀耕火种的年代，作为建筑的雏形，它们以简单生态的方式满足了古代人类物质和精神居所的需求；而今天很多的“标志性建筑”耗费了大量的资源，却未必兼顾到人类与自然的交流。

不是每一个业主都愿意为设计探索买单，更不是每一座建筑都需要成为地标，更多的建筑只是为了给老百姓提供一个适宜某些活动的场所。但设计师不能因此而放弃对一个项目的深度调研与独立思考，建筑设计应该回到“尊重场地、尊重历史、关注人性需求”的本源上来，创作属于本地区的、民族的、时代的历久弥新的作品，这才是建筑师的价值。

重庆同乘工程咨询设计有限责任公司
金　文　工　作　室
VENTRUEKING DESIGN STUDIO

重庆同乘工程咨询设计有限责任公司前身为重庆长安设计研究院，成立于1951年，2005年改制为股份制公司，具备建筑行业甲级设计与咨询资质。

公司现有职工200余名，高级及以上职称约70名，建筑、结构、公用设备（给排水、暖通、动力）、电气、规划、造价、咨询、招标各类注册工程师约50名；专业涵盖咨询、规划、工艺、设备、建筑、结构、给排水、暖通、动力、电气、经济、招标代理等。

金文设计工作室成立于2019年，由总建筑师金文杰担纲主持，配有10余位老中青不同年龄的建筑师、规划师、结构工程师、机电工程师团队，服务领域以建筑设计、园林景观、城乡规划为主，设计理念以“尊重每一寸土地、关怀每一方人文”为指导，投入每一份激情，希望为每一个项目铸造灵魂。

地址：重庆市江北区建新东路82号
电话：023-86394606
网址：www.tccq.cn
电子邮箱：642742204@qq.com

四川省射洪外国语学校

Sichuan Shehong Foreign language School

项目业主：四川绿然集团
建设地点：四川 射洪
建筑功能：教育建筑
用地面积：156 666平方米
建筑面积：200 000平方米
设计时间：2013年
项目状态：建成
主创设计：金文杰、范颖佳

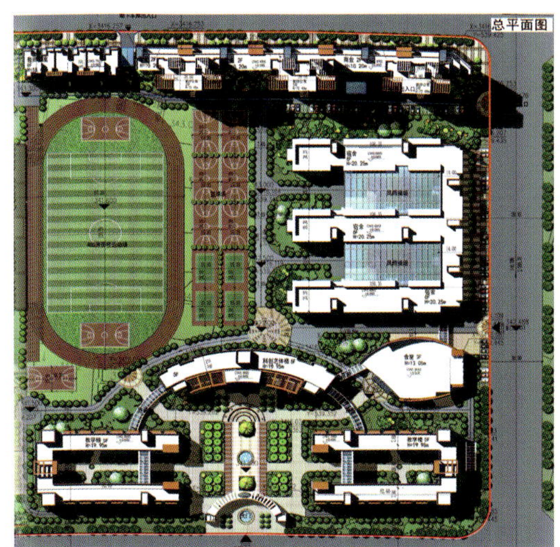

本项目是四川绿然集团投资创办的私立双语国际学校，规模为210班小班制学校。分两期建设。一期（小学部）占地73 333平方米，学生规模90班，于2009年完成设计、2010年建成开学；二期（中学部）紧邻小学部，占地83 333平方米，学生规模120班。本次展出的设计图以二期为主，实景图包括一期和二期。

项目的小学部与中学部可分期实施、独立运营，也可统一管理。校园规划设计充分展现了“绿色育人、自然成才”的智慧教育理念，充分考虑了校园文化与校园环境的有机结合，让身处其中的师生们时时体验着大美至善，处处感知到文明渊源，从而达到环境育人的效果，正所谓“桃李无言，下自成蹊”。

巴南职业教育中心迁建工程

Banan Vocational Education Center Relocation Works

项目业主：重庆市巴南职业教育中心
建设地点：重庆
建筑功能：教育建筑
用地面积：75 288平方米
建筑面积：79 010平方米
设计时间：2014年
项目状态：建成
设计团队：金文杰、范颖佳、刘海晶、张林利、陈杰、王渊阳、韩永慧、龙健、丁靖凌

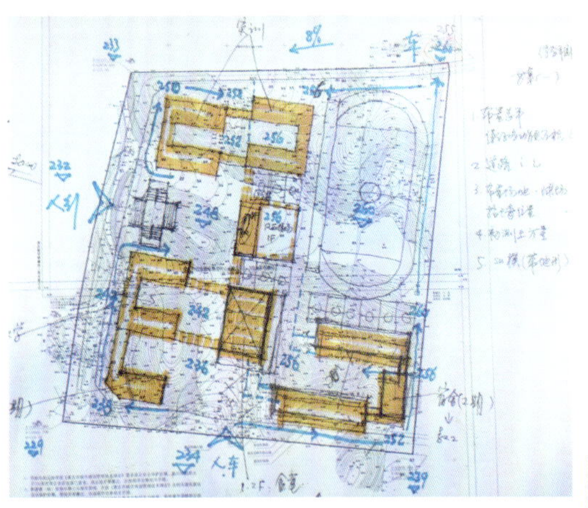

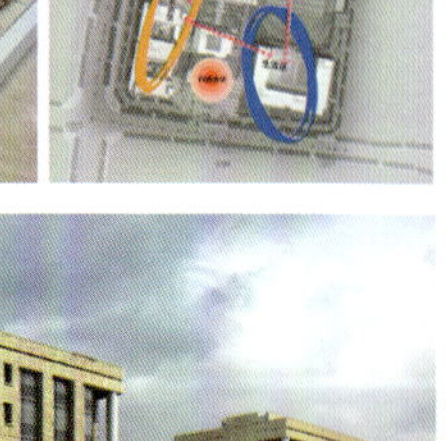

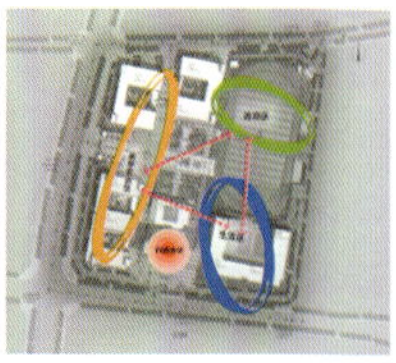

该学校是重庆市职教先进集体，三峡移民技能培训基地。这次迁建工程系德国复兴银行促进性贷款支助项目，对项目方案的功能经济指标有严格的要求。

由于项目用地紧张，资金有限，而且场地整体高于四周道路，场内高差达40米，规划经过多方案多轮比较，并制作了3套模型，最终选定了现有方案。

设计原则是在兼顾学校功能分区合理、师生使用方便的情况下，尽可能控制土石方量，节约高挡墙等成本，同时规划出学生主轴和行政辅轴两条校园轴线。教学楼、实训楼、生活用房均以连廊相接，成组布置，人性设计，方便师生交通交流。实训楼（以汽车维修为主）紧临北侧道路并与之齐平，有利汽车进出，方便校企合作。而食堂与风雨操场则巧妙利用地形高差，以半地下室加采光天窗的方式处理，其屋顶可作为活动场地，有效化解了用地紧张和场地高差问题。

华蓥西部硅谷

Huaying Western Silicon Valley

项目业主：四川省华蓥市发展投资有限公司
建设地点：四川 华蓥
建筑功能：电子产业孵化园区
用地面积：320 000平方米
建筑面积：680 000平方米
设计时间：2016年
项目状态：在建
设计团队：金文杰、朱嘉璐、武智杰、刘海晶、张林利、杨涛、安卫锋、张小凤、王渊阳、陈杰、何利、何廷轩、张琨、苏涛、钟澍

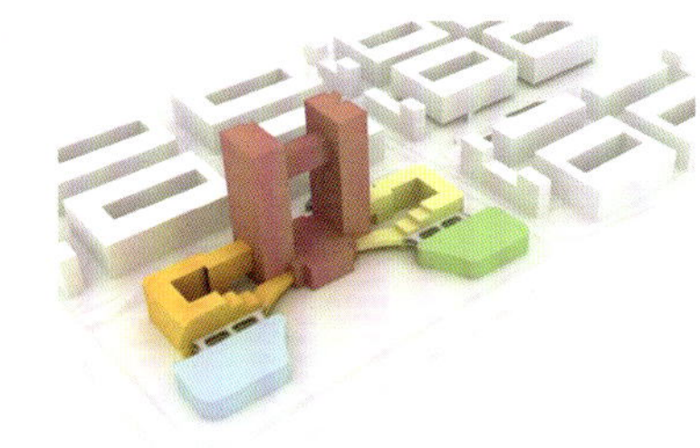

本项目位于华蓥山经济开发区，目标是打造电子产业孵化园，筑巢引凤，吸引广东沿海手机、平板、笔电等产业转移，同时促进华蓥传统的煤炭工业转型升级。

规划分为：A区为双创研发中心，B、C、D区为标准厂房，E区为职业技术培训中心，F区为配套生活区共6个地块四大功能区。2016年完成规划及标准厂房、生活区、培训基地设计，2018年完成双创研发中心（双塔）设计，目前大部分已建成使用，双塔拟于2020年建成。

其中A区（双创研发中心）系园区地标性建筑，设计以“破茧成蝶”寓意华蓥工业的转型升级。立面取“华蓥”首字母“H”之变形；屋顶倾斜的女儿墙与华蓥山自然地貌遥相呼应；水平带窗略作宽窄变化，隐含“胜利”（Victory）之意。女儿墙上的圆洞窗恰似凤凰头部的双眼，而凤凰的尾翅则顺着一条条宽窄变化的水平带窗延展到了裙房地面上；立面四周圆角代表着现代电子产业的精密品质与时尚形象。

重庆解放碑八一广场

Chongqing Jiefangbei Bayi Square

项目业主：重庆警备区
建设地点：重庆
建筑功能：酒店、商业综合体
用地面积：5 684平方米
建筑面积：80 172平方米
设计时间：2013年
项目状态：建成
设计团队：金文杰、朱竹、周洁、安卫锋、陈杰、韩永慧、戴玎、钟澍

本项目位于重庆解放碑，位置优越、寸土寸金。基地由八一路、中华路、民权路围合而成，面积不大，但容积率很高，又受到100米高度限制，因此设计难度较大。与周边超高层建筑在一起，它显得又矮又胖，为了削弱这种压抑感，立面最终采用了大量玻璃幕墙。

项目功能综合复杂，包括地下车库、商场、影院、酒店等。因影院设于四层以上，又有400多平方米13米高的IMAX影厅，方案最终通过了四川消防研究所性能化评估后方才得以实施。

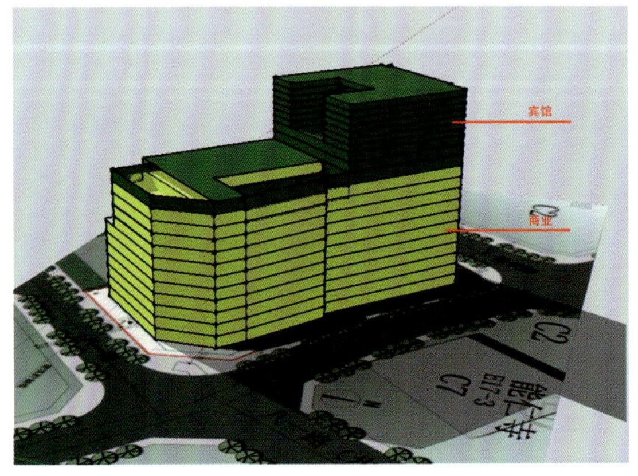

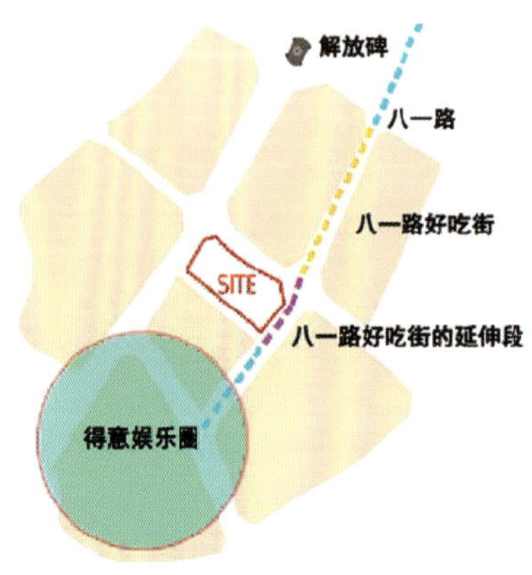

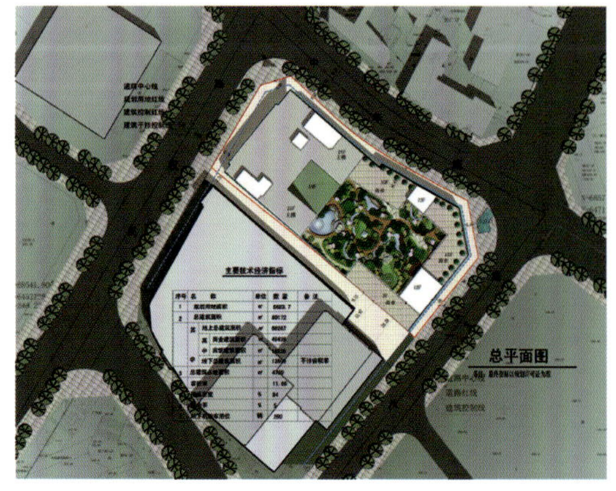

重庆精神卫生康复中心

Chongqing Mental Health Rehabilitation Center

项目业主：重庆市卫生局
建设地点：重庆
建筑功能：医疗建筑
占地面积：33 988平方米
建筑面积：44 588平方米
设计时间：2016年
项目状态：在建
主创设计：金文杰、朱家璐

医疗分析 | 基础分析

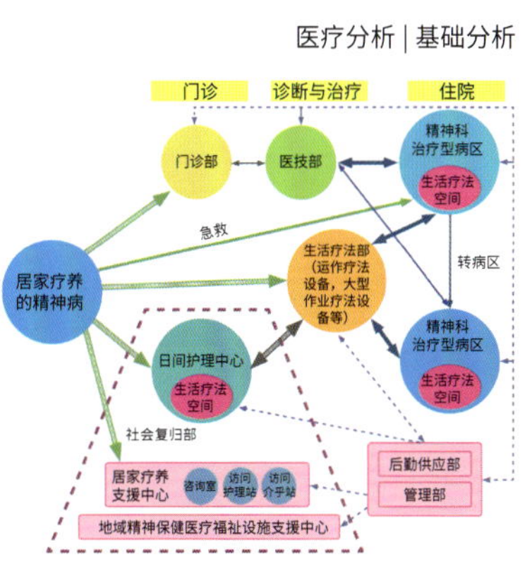

功能分析 | 规划分析

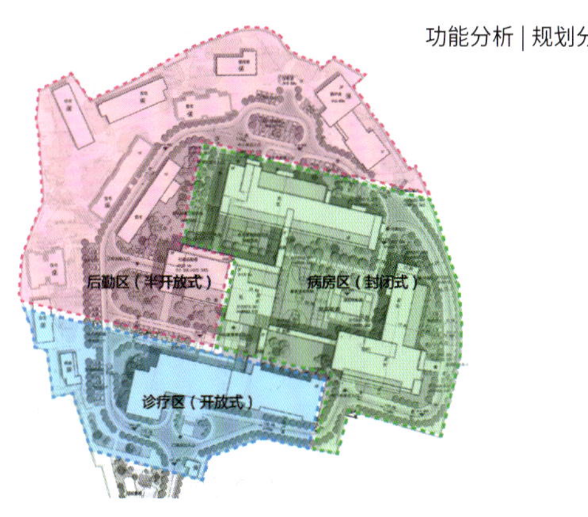

本项目位于重庆歌乐山一个进出只有一条路的山头，用地有限，门诊医技楼为新建不久的建筑，此次建设三栋楼必须与之协调，共同运营管理，同时此次建设和拆迁还要分两期实施，一期建成投用后方可拆除二期原有建筑。因此设计难度较大，设计团队经过多次实地踏勘并与甲方探讨，进行多方案比较，才确定了实施方案。

设计力求打破精神病专科医院类似监狱的不良印象，为患者和医护人员提供一个更为人性化的生活、工作、交流、活动的空间。设计将重症病房围合成封闭院落以便管理，同时患者也可在内院活动、交流。而老年病房、日间康复用房则采取半围合、半开放模式，给患者和医护人员创造一个更人性化空间，同时有利于对外交通和交流。

刘海明

职务：亚瑞建筑设计有限公司湖南设计院院长
职称：高级建筑师

教育背景
华中科技大学建筑学学士
湖南大学工程硕士

工作经历
1995年—2002年　湖南省建筑设计院建筑师
2002年—2003年　湖南省建筑设计院海南分院副院长、总建筑师
2003年—2008年　湖南省建筑设计院西北分院院长、总建筑师
2008年至今　亚瑞建筑设计有限公司湖南设计院院长

主要设计作品
贺龙体育场
荣获：2005年建设部优秀工程设计二等奖
2005年湖南省优秀工程设计一等奖
2006年全国优秀工程设计铜奖
2009年中华人民共和国成立60周年“百项重大经典建设项目”
张家界山水国际大酒店
海口公路客运南站
峡山汽车客运中心
银川宁和城市广场
银川星光花园住宅小区
长沙天麓商业综合体及别墅区
宁夏高速公路管理中心
宁夏残疾人联合会整体搬迁工程
娄底市烟草局整体搬迁工程
永州市烟草局整体搬迁工程
郴州市烟草局整体搬迁工程
岳阳市烟草局整体搬迁工程
张家界市工人文化宫
张家界国际赛车馆
张家界市人民政府游客中心
中山大学达安基因娄底医养中心
百草堂浏阳工业园总部基地

学术研究成果
《古朴文化的新生命》
《芙蓉·白鹤·古琴——谈贺龙体育场的设计构思》

亚瑞建筑设计有限公司
Yarui Architectural Design Co., Ltd.

亚瑞建筑设计有限公司由瑞士富莱—莫泽尔建筑设计事务所、加拿大东亚信托投资公司、石家庄市建筑设计院合资成立，是具有建筑行业（建筑工程）甲级设计资质的中外合资企业。1995年经中国外经贸部（现商务部）批准，国家工商总局核准成立，1996年建设部核发建筑行业（建筑工程）甲级设计资质，同年通过国际ISO9001质量管理体系认证。公司总部注册地在北京，下辖3个设计院、9个分公司。

公司现有600多名国内外高端专业技术人才，其中瑞士A级注册建筑师3名，加拿大、美国、德国、日本注册建筑师6名，中国国家一级注册建筑师、一级注册结构工程师、注册设备工程师30多名，教授级高级工程师、高级工程师90多名，工程师400多名。形成涵盖城市规划、建筑设计、装饰工程设计、景观设计及工程咨询等五大领域的全程服务产业链。在全国数十个城市先后完成了数百项大中型项目的设计，取得了良好的经济效益和社会信誉。

公司以全新的理念和经营模式，依托国外先进的建筑技术和设计经验，充分发挥创作优势，结合国内设计市场的特点，贯彻“方案创作国际化，施工图设计本土化”的战略，在项目的开发理念、建筑形态设计、空间布局、业态组织等方面提出独特的创作理念和见解，并能为建设方提供优质的技术和细心周到的服务。

地址：北京市丰台区菜户营东街甲88号
电话：010-63331739
传真：010-63331279
网址：www.yaruiida.com
电子邮箱：848682975@qq.com

贺龙体育场

Helong Stadium

项目业主：长沙市体育产业开发公司
建设地点：湖南 长沙
建筑功能：体育建筑
用地面积：260 000平方米
建筑面积：130 000平方米
设计时间：2001年—2002年
项目状态：建成
设计单位：湖南省建筑设计院
主创设计：刘海明
设计团队：夏心红、胡建国、欧阳吉如、罗雅德、罗信群

贺龙体育场作为第五届全国城市运动会的主会场，承担着开幕式、闭幕式及田径、足球等比赛场地的任务。设计构思以“白沙古井”作为切入点，以“芙蓉花”作为体育场的意象表达（白沙古井—白沙水—清水出芙蓉—芙蓉国里尽朝晖），从而形成“芙蓉·白鹤·鼓琴”这一设计主题，贺龙体育场主体部分为8层，总建筑面积为13万平方米，可容纳观众6万人。

国家体育总局中国田径协会授予贺龙体育场为“一级一类体育场”。从空中鸟瞰，体育场就像一朵绽放的芙蓉花，这朵“世纪之花”经亚足联、国家体育总局足球管理中心多次考察后被认为是目前中国最好的体育场之一，是中国足球的福地。贺龙体育场从设计造型、功能布局到体育工艺等多次受到国家体育总局的高度赞扬，专家组评价它是长沙市最具有标志性的建筑。

峡山汽车客运中心

Xiashan Automobile Passenger Transport Center

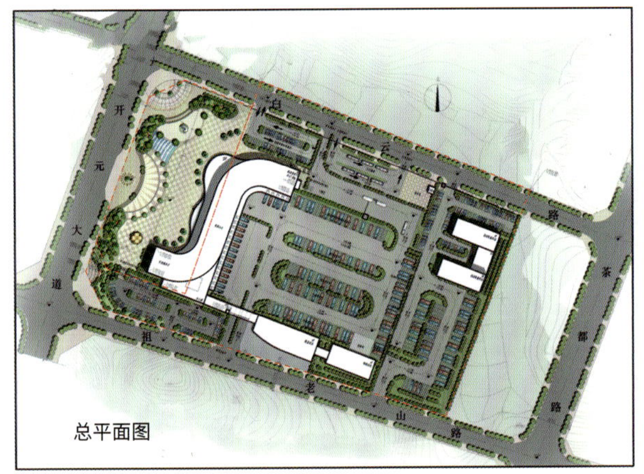
总平面图

项目业主：邵阳县东城新区综合开发有限公司
建设地点：湖南 邵阳
建筑功能：交通建筑
用地面积：76 009平方米
建筑面积：30 386平方米
设计时间：2018年
项目状态：在建
设计单位：亚瑞建筑设计有限公司
主创设计：刘海明
参与设计：蒋亚萍、涂平美、陈丹

本项目设计总平面构图符合中国传统的宇宙空间观——“天圆地方”，通过“方圆”重构，主站房呈现“S”形态。其立意为：“邵”字的第一个拼音字母“S”；邵阳县城母亲河“芙夷河”的形态；邵阳县号称中国“油茶之乡”，主站房与配套用房构筑成含苞待放的油茶花意象。

建筑风格颇具现代气息，融合浓厚的地域人文特质，营造细腻、精致、大气又不失活泼的交通客运站建筑形象。“S”形主站房的两端造型像两只巨大而深邃的眼睛，邵阳名人魏源“睁眼看世界”的格局激励新时代的邵阳县人要有前瞻性的思维和国际化的视野。建筑样式又似奔驰汽车，彰显功能属性，并具有很强的方向感，意喻邵阳将在新时代的号角中阔步前进。

张家界市工人文化宫

Zhangjiajie Workers' Cultural Palace

项目业主：张家界市总工会
建设地点：湖南 张家界
建筑功能：文化建筑
用地面积：24 241平方米
建筑面积：29 275平方米
设计时间：2017年
项目状态：主体完工
设计单位：亚瑞建筑设计有限公司
主创设计：刘海明
参与设计：朱学森、李执、罗宗祥

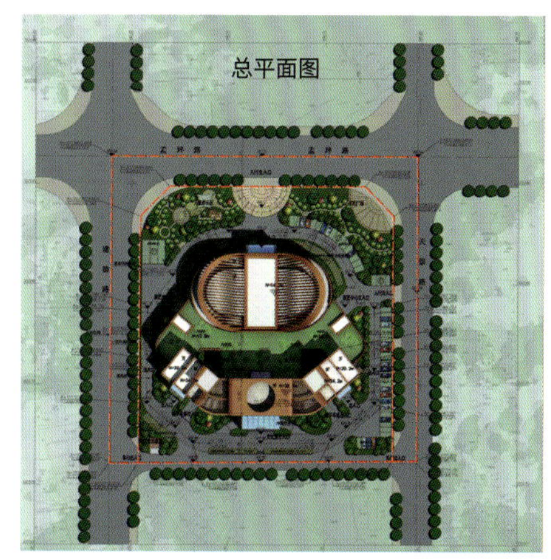

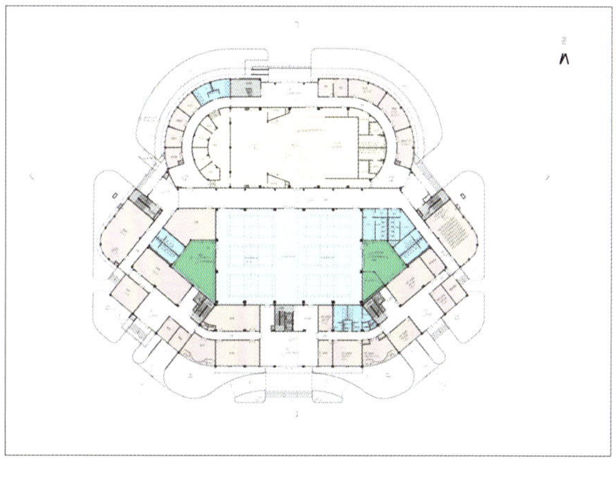

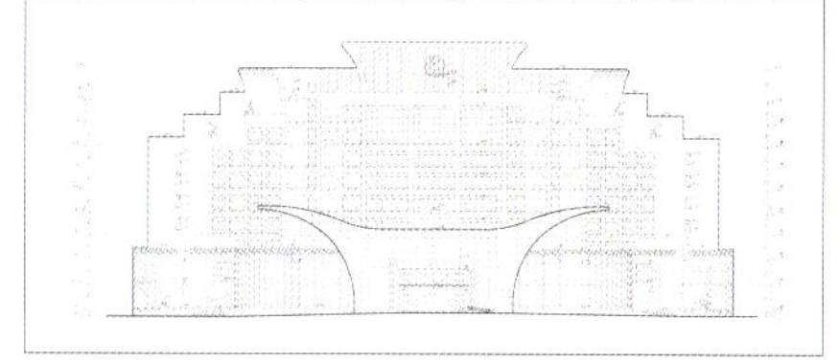

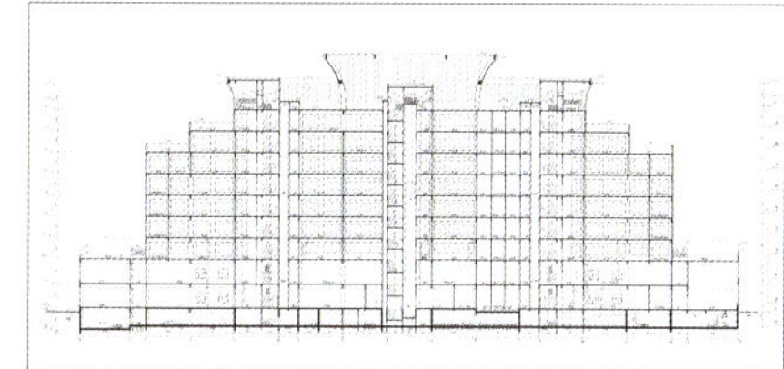

本项目由羽毛球馆、演艺中心及9层的主楼组成，以中轴对称的形式，采用院落式的布局，围合成内部庭院空间。建筑由一层地下室、二层裙房及9层的主楼组成。

设计构思：

1．主入口音乐厅立面意象为张家界的市花“鸽子花”，喻意美好、和谐、腾飞。

2．院落式的平面布局营造丰富的空间环境和景观意趣。

3．主楼退台格构的处理形成上升的态势和“步步高”的立意。

4．学院派的建筑风格和立面颜色体现了工人文化宫的性格特质。

5．立体绿化、生态建筑表达了“科学、人文、生态”观念。

娄底市烟草局整体搬迁工程

The Whole Relocation Project of Loudi Tobacco Bureau

项目业主：湖南省烟草公司娄底市公司
建设地点：湖南 娄底
建筑功能：居住、办公建筑
用地面积：90 887平方米
建筑面积：80 450平方米
设计时间：2010年
项目状态：建成
设计单位：亚瑞建筑设计有限公司
主创设计：刘海明
参与设计：肖三可、卢鹏
获奖情况：2014年湖南省住建厅绿色节能示范项目

本项目的设计构思由香烟的规整与烟云的缥缈抽象出来，其布局采用了规整与自由流畅相结合的形式。规划为4个功能区：办公区（经营业务用房）、卷烟物流配送区、职工住宅区、中心景观区。

经营业务用房由3个建筑体块穿插组合而成，结合基地环境特征，以高速路连接线和众园路相交的交通转盘为圆心进行辐射和延伸，构筑成中间弧形、两边矩形的建筑形态。物流区布置在经营业务用房的北面，与办公区联系紧密。住宅区则分布在西北靠山体主体公园一边，全部南北向布置。办公区、物流区与住宅区围合成中心共享景观区。

张家界国际赛车馆

Zhangjiajie International Racing Hall

项目业主：张家界华家班汽车文化传播有限公司
建设地点：湖南 张家界
建筑功能：体育建筑
用地面积：41 700平方米
建筑面积：35 980平方米
设计时间：2018年
项目状态：设计中
设计单位：亚瑞建筑设计有限公司
主创设计：刘海明

本项目位于张家界市区进入武陵源核心景区的必经之路武陵山大道的东侧，交通便利、环境优美、区位优势明显。总平面布局结合地形地貌及周边环境，因地制宜、因势利导，建筑平面呈椭圆形。一层由外围的商业配套围合成内部的赛车表演场及功能性用房，二层设有3 000个座位的看台，看台外设计汽车文化展示区、餐饮配套服务区，并在建筑外设9米宽的环形道以组织消防和人流疏散。建筑功能多样复杂，但功能分区明确，出入口设置合理，交通流线清晰。设计构思：以绿叶和花瓣为设计元素，以汽车形象为建筑形态，以汽车文化、赛车表演、国际会展和服务配套为内容，以展翅飞翔为意象表达。力图打造成国内顶尖、国际一流的赛车文化主题乐园。

刘岭

职务：同济大学建筑设计研究院（集团）有限公司
都境建筑设计院副总建筑师
职称：高级工程师
执业资格：国家一级注册建筑师
注册城市规划师

教育背景
1985年—1989年　河北工学院建筑学学士

工作经历
1989年—2002年　唐山市规划建筑设计研究院
2002年至今　同济大学建筑设计研究院（集团）有限公司

主要设计作品
唐山常各庄平改居住区规划
荣获：1995年河北省优秀城市规划设计三等奖
勤源里小区详细规划
荣获：1998年河北省优秀城市规划设计三等奖
《因地制宜、建设城市、美化街道》
荣获：2000年河北省建设系统优秀科技论文奖
《2001年村镇建设工程系列标准图集》
荣获：2001年河北省民居建筑方案征集佳作奖
广平县西部新区城市设计
湖南胖哥食品有限公司新园区
广东湛江高铁新城城市设计

黄建明

职务：同济大学建筑设计研究院（集团）有限公司
都境建筑设计院建筑一所副所长、建筑一室主任
职称：工程师

教育背景
2004年—2009年　上海大学建筑学学士
2009年—2012年　同济大学建筑学硕士

工作经历
2012年至今　同济大学建筑设计研究院（集团）有限公司

主要设计作品
海烟草（集团）公司营销中心技术改造项目
荣获：2017年上海市优秀工程设计三等奖
华兴新城
红枫岭 · 国际健康城
宁波镇海新城E3地块
抚州市东乡区图书馆及档案馆
抚州市东乡区城东幼儿园
虎头角医疗健康城公共服务中心

曲宠

职务：同济大学建筑设计研究院（集团）有限公司
都境建筑设计院建筑一所创作室主任
职称：工程师

教育背景
2007年—2012年　大连大学工学学士
2013年—2015年　大连理工大学建筑学硕士

工作经历
2015年至今　同济大学建筑设计研究院（集团）有限公司

主要设计作品
宁波保利镇海城市综合体
腾冲市城乡规划建设展览馆
常德市柳叶湖龙舟博物馆
上海新九星国际建材城
上海华兴新城城市综合体
郑州1510基地
郑州市二七区国际学校

同济大学建筑设计研究院（集团）有限公司
TONGJI ARCHITECTURAL DESIGN (GROUP) CO.,LTD.

地址：上海四平路 1230 号
邮编：200092
电话：021-35355718
传真：021-35378788
网站：www.tjadri.com
邮箱：tj_tongyuan@163.com

同济大学建筑设计研究院成立于1958年，是全国知名的集团化管理的特大型甲级设计单位。持有国家建设部颁发的建筑、市政、桥梁、公路、岩土、地质、风景园林、环境污染防治、人防、文物保护等多项设计资质及国家计委颁发的工程咨询证书，是目前国内设计资质涵盖面最广的设计单位之一。经过50多年的积累和进取，该院拥有了雄厚的设计实力、丰富的人力资源、先进的设计手段。全院现有职工3 355人，其中一级注册建筑师342名、一级注册结构工程师304名。1986年以来共有近200项设计作品获奖。

都境建筑设计院是同济大学建筑设计研究院（集团）有限公司直属的设计机构，目前共有员工153名，其中，

闫旭光

职务：同济大学建筑设计研究院（集团）有限公司
都境建筑设计院建筑二所所长助理、建筑二室主任
职称：工程师

教育背景
2004年—2009年　河北工业大学建筑学学士

工作经历
2009年—2010年　上海建筑设计研究院天津分院
2010年—2011年　上海筑邦建筑设计有限公司
2011年至今　同济大学建筑设计研究院（集团）有限公司

主要设计作品
石家庄高康医院规划及单体设计
邯郸客运中心二期交通换乘广场
邯郸客运中心三期城市设计
淄博沂源县行政中心
肥乡中心医院
南华大学新校区教学楼、学院楼、宿舍楼
宣城档案馆
中建国际基础设施总部基地
淄博文昌湖市民中心

胡宇

职务：同济大学建筑设计研究院（集团）有限公司
都镜建筑设计院建筑二所四室主任
执业资格：国家一级注册建筑师

教育背景
2004年—2009年　青岛理工大学建筑学学士

工作经历
2011年至今　同济大学建筑设计研究院（集团）有限公司

主要设计作品
上海烟草（集团）公司营销中心技术改造工程
荣获：2017年上海市优秀工程设计三等奖
康桥东路一号 10#厂房改建
九星城（九宫格）
红河州妇女儿童医院
永兴县城南新区文教新城概念规划设计
永兴中南校区修建性详细规划及工程设计

李亚琪

职务：同济大学建筑设计研究院（集团）有限公司
都境建筑设计院建筑室主任
职称：工程师

教育背景
2013年—2015年　东南大学建筑学硕士

工作经历
2015年至今　同济大学建筑设计研究院（集团）有限公司

主要设计作品
青岛西海岸新区（黄岛区）市民中心
滨州中建 · 智立方项目
琼海市文化体育中心
淄博市文昌湖市民中心、游客服务中心
邯郸广平莫恩公学
中建产业基地商业地块
东莞先进光纤应用技术研究院
上海静安市北高新环普I-PARK

中、高级技术职称人员76人、国家一级注册建筑师18人、一级结构工程师16人、其他注册工程师24人。业务领域涵盖居住、文化教育、医疗卫生、办公园区、商业地产、超高层、城市综合体等建筑类型的建筑设计及城市设计，以先进的设计理念、专业的设计团队提供全过程、全方位的服务。人才是企业的支柱，人才是企业的未来，同济大学建筑设计研究院把重视人才和营造留住人才机制作为企业的立身之本，把培育员工的市场服务意识和社会责任感作为企业文化的灵魂，为人才提供丰富的创作沃土，铺开辉煌的职业生涯，致力于让每一个员工与同济大学建筑设计研究院一同成长壮大。

海南乐东莺歌海城市设计

Hainan Ledong Yinggehai City Design

项目业主：海南华阳营洲实业有限公司
建设地点：海南 乐东
建筑功能：城市规划设计
用地面积：5 520 000平方米
设计时间：2017年
项目状态：在建
设计单位：同济大学建筑设计研究院(集团)有限公司
主创设计：董嘉伟、刘岭、陶幸蔚、张应力

莺歌海镇位于海南岛西南端的突出部位，海南省乐东县西南部。有深厚的人文底蕴和纯朴的风土人情。自然景观与特色风情的绝佳匹配，给创建莺歌海风情旅游小镇提供了物质层面和精神层面的良好基础条件。

规划设计理念：世界眼光、中国特色、七星拱月、珠联璧合、北渔南游——北“渔港”、南“游港”。依托在建的渔港码头，完善岸上配套设施，包括加工厂房、冷藏仓房、修配厂房、渔具仓房等。新建农贸市场、渔具渔资市场、渔业企业总部基地、渔业研发总部基地、海鲜批零市场、海鲜特色餐饮街区等。南岸旅游片区，融合夕阳文化广场、海滨度假酒店、地域民俗风情街、海钓主题餐饮、休闲娱乐集聚区，拉动莺歌海镇业态提升。田林交织——“田”“林”“海”“镇”将“田林交织”的意向引入环境设计之中，打造“生态宜居的渔阳名镇”。

邯郸市曲周县凤凰新区城市设计

Urban Design of Phoenix New District, Quzhou County, Handan

项目业主：曲周县城乡规划局
建设地点：河北 邯郸
建筑功能：城市规划设计
规划用地：3 620 000平方米
设计时间：2016年
项目状态：在建
设计单位：同济大学建筑设计研究院(集团)有限公司
主创设计：董嘉伟、刘岭、丁燕

凤凰新区位于曲周县城规划区西南部，支漳河与滏阳河从中部穿过，并流经整个城市。

项目设计依托滏阳河、支漳河生态框架，以凤鸣湖湿地公园为核心，以市民活动中心为载体，服务配套设施合理有效地集中，形成空间布局合理、功能配套完善、交通组织科学、建筑形态新颖的现代服务产业集聚区，并与生态环境协调，充分体现以人为本。项目集地域文化与当代美学于一体，突出水绿空间轴、产业发展面、生态片区点，点、面、轴相结合，形成核心引领，产生城市明信片效应。

金海湖新区商业步行街

Jinhai Lake New District Commercial Pedestrian Street

项目业主：贵州毕节高新建设投资有限公司
建筑地点：贵州 毕节
建筑功能：商业、酒店建筑
用地面积：51 564平方米
建筑面积：157 241平方米
设计时间：2015年
项目状态：设计中
设计单位：同济大学建筑设计研究院（集团）有限公司
主创设计：金晓东、黄建明、胡宇

本项目位于贵州省毕节市金海湖新区六号路以西，三号路以北，十号路以南，八号路以东。主入口设置在基地南侧三号路侧，正对西北——东南空间轴，轴线中央为地下一层至地上商业的观光电梯。基地东西两侧各设置一个商业次入口广场，并由内街形成东西向的商业空间轴，沿至地块西侧的商业用地。各建筑单体呈不规则菱形，通过空中连廊围合成大小不一、形状各异的内院，空间层次丰富，商业空间充满趣味性。

南京总医院肾病临床医学研究中心综合楼

Nanjing General Hospital Clinical Medical Research Center Comprehensive Building

项目业主：南京总医院
建设地点：江苏 南京
建筑功能：医疗建筑
床位数量：394张
用地面积：6 700平方米
建筑面积：53 228平方米
设计时间：2014年
项目状态：建成
设计单位：同济大学建筑设计研究院（集团）有限公司
主创设计：胡仁茂、黄建明、刘昕宇

本项目位于南京总医院东侧，分两期进行，一期为场地南侧新建肾脏病中心，二期于北侧新建干部楼，并通过共享大厅将两期建筑连通，能满足日均2 000人的门诊需求。

项目在Art-Deco风格的基础上结合民国建筑风格进行简化处理。整体风格稳重大方、简约精致、色彩明快。建筑整体上采用“三段式”：裙房部分强调柱式效果，结合裙房顶部线脚处理，使建筑的基础部分达到稳重厚实、敦厚大气的效果；主体部分强调竖向感，精致简约；屋顶部分采用虚化收分手法，加入“璀璨明珠”的主题，使之达到晶莹剔透的效果，尤其是结合夜景灯光的处理，竖向的杆件与高挺的玻璃交相呼应，再以如同“博士帽”装饰顶进行收尾，简洁大气。

宁波保利镇海城市综合体

Ningbo Poly Zhenhai City Complex

项目业主：宁波保利置业
建设地点：浙江 宁波
建筑功能：商业建筑
用地面积：130 000平方米
建筑面积：320 000平方米
设计时间：2018年
项目状态：在建
设计单位：同济大学建筑设计研究院（集团）有限公司
主创设计：吴美芳、曲宠、黄建明、赵云、周舜

本项目位于宁波市镇海新区，北侧毗邻箭港湖，与对岸的镇海区政府隔湖相望。设计团队从项目概念规划阶段便开始介入，将三个地块统一设计，形成最终协调统一的建筑形态。建筑纵向界面考虑与箭港湖水面的关系，设计为北低南高的形式，将北侧建筑设计为低矮亲水形态，南侧则搭接城市界面，形成东西较高、中间较低的横向天际线，这样的天际线，也与对岸的镇海区政府形成了对景关系。

常德市柳叶湖龙舟博物馆

Changde Liuye Lake Dragon Boat Museum

项目业主：常德市经济建设投资集团有限公司
建筑地点：湖南 常德
建筑功能：博物馆
用地面积：35 253平方米
建筑面积：15 900平方米
设计时间：2017年
项目状态：设计中
设计单位：同济大学建筑设计研究院（集团）有限公司
主创设计：胡仁茂、曲宠、黄建明、李程、杨锦春

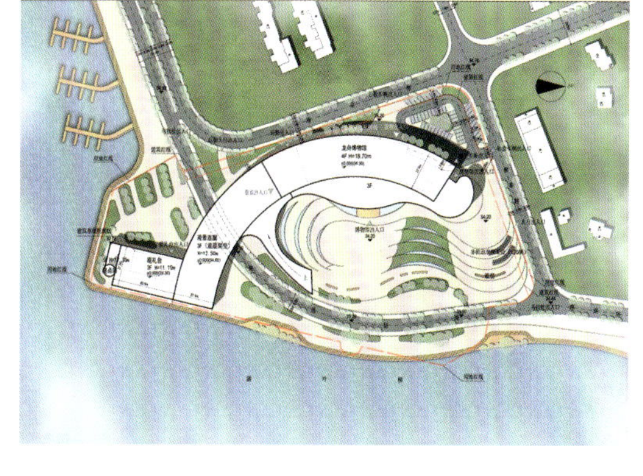

本项目又称“龙行天下”，旨在弘扬和发展常德龙舟文化、屈原文化和湘楚文化，为改扩建项目。设计师希望通过对现有场地和建筑的改造优化，打造成举办龙舟赛事和龙舟文化节的龙舟主题文化公园。设计先对场地进行统筹规划，将赛道、观众席、主体建筑组织在一起，再将旧有建筑以水波形表皮进行改建，以形成符合现代功能需求的全新形式，同时，在场地中增加连廊，将观众席与主体建筑相连。改造后的方案，整体性强，功能完备，是符合当代体育运动特别是龙舟运动的最佳载体。

肥乡中心医院

Feixiang Central Hospital

项目业主：邯郸市肥乡区中心医院
建设地点：河北 邯郸
建筑功能：医疗建筑
床位数量：500床
用地面积：98 980平方米
建筑面积：50 000平方米
设计时间：2017年
项目状态：在建
设计单位：同济大学建筑设计研究院(集团)有限公司
主创设计：董嘉伟、闫旭光、万娅君、张应力

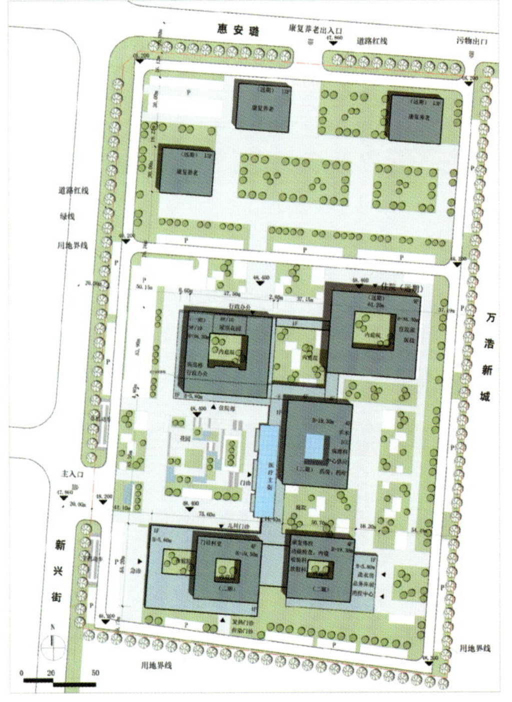

本项目位于邯郸市肥乡区，规划的病房楼为地上9层，地下1层，建筑高度为38.3米，建成后将成为华北首例现代化的花园式医院。

在医院流程设计、医疗手段和设备选用方面做到技术先进、经济合理，体现现代中医院设计的特点。独具特色的花园式布局，空间开合有序，建筑就像从山中自然生长出来，形象简洁大气。医院建筑与自然环境融合，为患者提供一个安全的治疗环境，为医生提供一个舒适的工作环境。在景观设计上通过植物、水体等要素的巧妙组织，达到帮助病人康复的目的。

合肥华盛大运城五星级酒店

Hefei Huasheng Grand Canal City Five-Star Hotel

项目业主：合肥华盛集团
建设地点：安徽 合肥
建筑功能：酒店、办公、商业建筑
用地面积：47 088平方米
建筑面积：113 540平方米
设计时间：2012年
项目状态：建成
设计单位：同济大学建筑设计研究院（集团）有限公司
主创设计：董嘉伟、陈新、闫旭光、瞿辛

本项目由五星级酒店、办公及商业三部分组成。是集合住宿、居住、餐饮娱乐、商业及办公等为一体的综合性建筑组团。周围环境优美如画，地理条件得天独厚，自然生态成熟优越，建筑设计从多方面考虑，展现其卓越的自身特色。

建筑造型结合使用功能，汲取装饰艺术风格Art-Deco的精髓，凸显建筑物自身特征。建筑创作追求“兼容古典与现代”的设计理念，取二者之精华，在两种不同风格的融合中产生令人过目不忘的建筑精品。方案设计在立面手法上，充分体现装饰艺术风格的精髓，灵活运用现代装饰材料与广场景观，将其渗透至装饰艺术的的每一处细节，使建筑陈而不旧，历久而弥新，奢华而不张扬。在阳光中熠熠生辉，在夜幕下璀璨夺目。

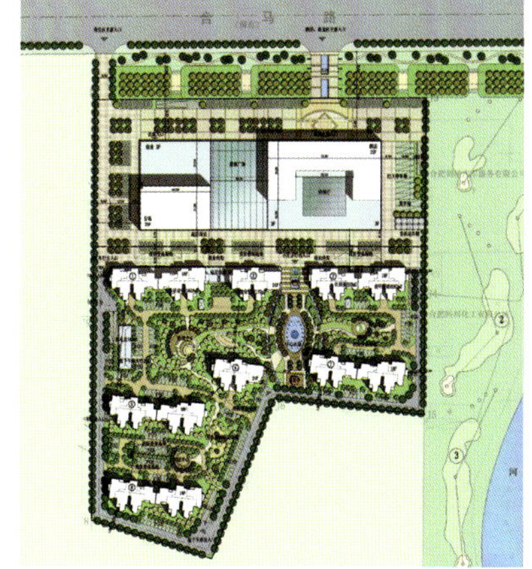

太原动物园改造工程（区域景观改造）设计

Design of Taiyuan Animal Reconstruction Project (Regional Landscape Reconstruction)

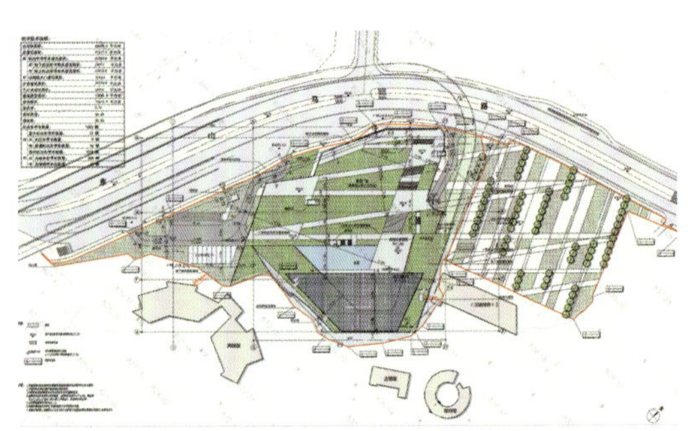

项目业主：太原动物园
建设地点：山西 太原
建筑功能：景观设计
用地面积：36 045平方米
建筑面积：45 227平方米
设计时间：2016年
设计单位：同济大学建筑设计研究院（集团）有限公司
主创设计：刘闽敏、胡宇、张晨

动物园的特点通过设计中的不同元素得到展现。当游客通过蜿蜒曲折的通道慢慢接近入口时，他们的视角会不断改变。广场之上被宽广的屋顶所覆盖，这个屋顶即使在很远的地方也能被看见，使得入口更加明显。设计屋顶的灵感来自于创造不同密度的区域，与屋顶挂件一起创造出森林的感觉。最终的方案不仅仅是一个单纯的过渡区域，同时也扮演着舞台的角色，为各种各样的活动提供场地。

新泰仓库改建

Xintai Warehouse Reconstruction

项目业主：上海市昌盛投资有限公司
建设地点：上海
建筑功能：商业建筑
用地面积：7 159平方米
建筑面积：6 100平方米
设计时间：2013年
项目状态：建成
设计单位：同济大学建筑设计研究院（集团）有限公司
主创设计：刘闽敏、胡宇、黄熙源、张晨

本项目始建于1920年，大楼最初的使用功能为上海北区第307号地块的一幢仓库，由瑞祥仓库、鼎合堆栈、怡丰铁栈、合记源仓库四家合用，是上海开埠早期的金融仓库。

设计的核心以“保护”为总体原则。在初期的调查中尽可能全面翔实地记录相关历史、现状信息，在后续的修复过程中尊重原有的结构形式、构件和材料，对于缺失、破损的细部和构件根据历史图纸或相似的构件以同样的材料和技术修复。妥善保存修缮过程中被替换下来的原有构件，同时做好记录。

建筑外立面清水砖墙、砖和混凝土装饰、铁艺的构件等立面精美的细节充分体现了老上海产业建筑的风貌。室内木结构和砖结构混合模式，屋顶木桁架则体现了那个时代的建造工艺。在充分的论证基础上，室内外的保护要素均应予以尽可能完整的修复和加固，以保留建筑的历史价值。

邯郸广平莫恩公学

Handan Guangping Moen Public School

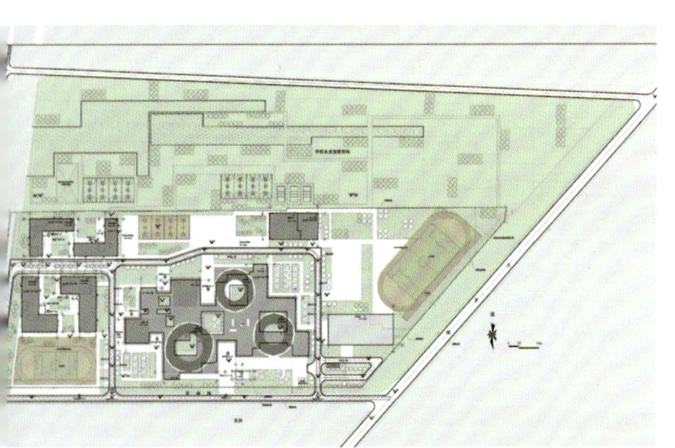

项目业主：邯郸莱克教育集团
建设地点：河北 邯郸
建筑功能：教育建筑
用地面积：105 000 平方米
建筑面积：58 000 平方米
设计时间：2018年
项目状态：在建
设计单位：同济大学建筑设计研究院（集团）有限公司
主创设计：董嘉伟、李亚琪、周怡雯、闫旭光、王志群

本项目位于田林交织的乡间环境，建筑形象富有特色，空间富有趣味，设计现代简洁，环境绿色生态，校园环境历久弥新。方案不是对城市传统学校模式的照搬复制，而是立足于尊重环境、融入环境的原则，旨在追求更高的艺术审美，打造极具特色的国际化校园名片，建百年名校，树精品工程。

根据教学空间的使用性质及频率，划分为日常教学与共享教学两类，采用上下布局。日常教学按照小学、初中、高中阶段划分，教学活动相对独立，便于高效管理；共享教学可为各阶段错峰使用，大大提高课外活动室的使用效率。建筑中插入生态自然的庭院和屋顶花园，营造更多非正式的活动场所，激发师生教学及学生社交活动的更多可能。

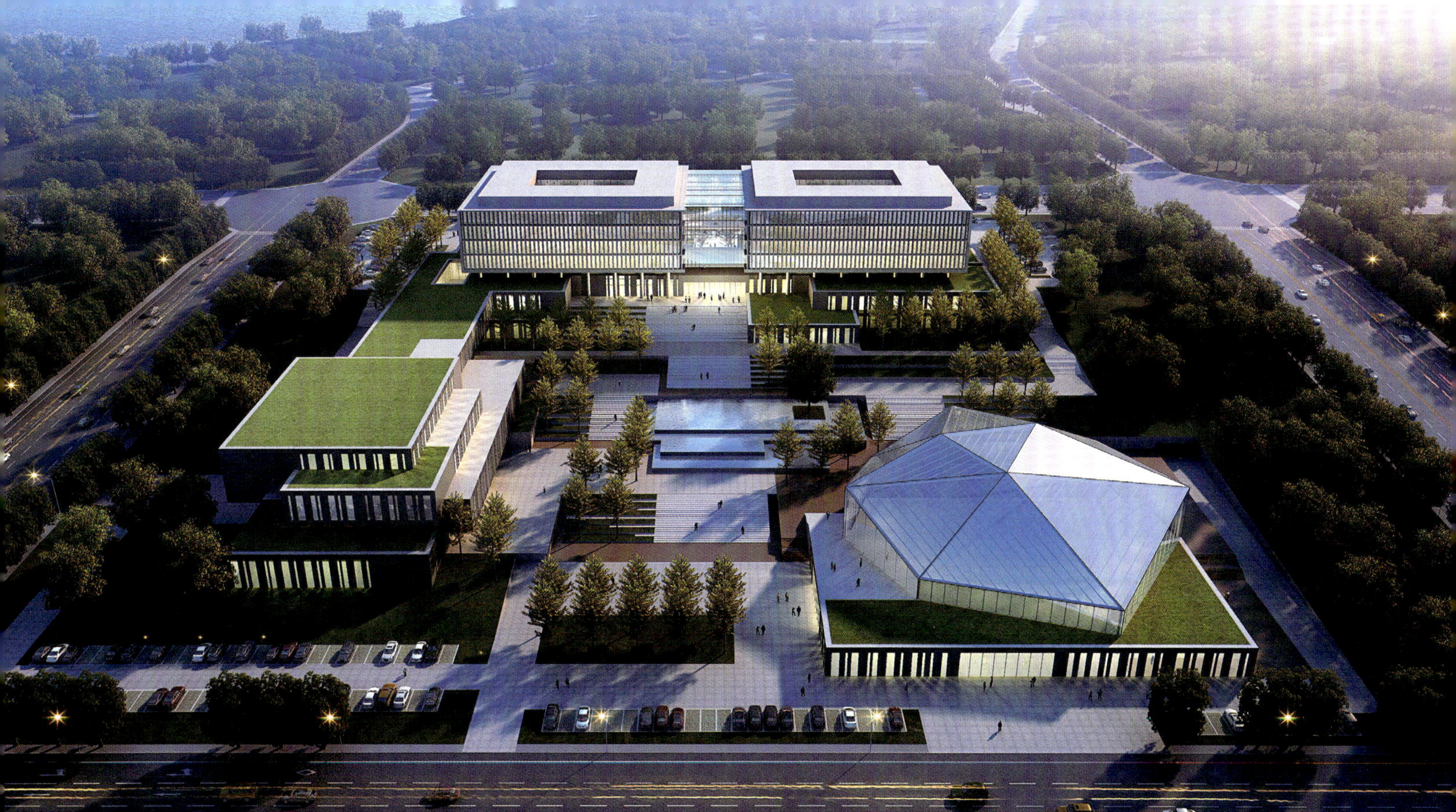

淄博市文昌湖市民中心、游客服务中心

Zibo City Wenchang Lake Citizen Center and Tourist Service Center

项目业主：淄博市文昌湖旅游度假区管理委员会
建设地点：山东 淄博
建筑功能：文旅建筑
设计时间：2017年
项目状态：在建
建筑面积：80 000平方米
用地面积：58 000平方米
设计单位：同济大学建筑设计研究院（集团）有限公司
主创设计：董嘉伟、李亚琪、闫旭光、张应力

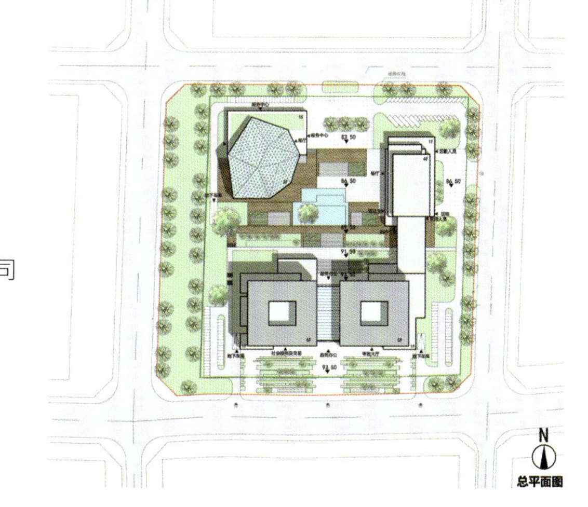

市民中心的设计从文昌湖地理空间特征入手，融入城市环境，展现城市特色及风采，同时，塑造与文昌湖对景互动的共享空间，充分展示“城市展示之窗口”的含义，赋予城市空间特有的气质和魅力。

游客服务中心作为文昌湖游客的集散中心，以其独特的建筑造型，给游客塑造深刻印象。同时体现文昌湖生态自然的城市环境在整个城市发展中的重要地位。设计立足于尊重城市、融入城市的原则，旨在追求更高的艺术审美，建筑造型大气、简洁、有力、庄重、生态，建成后将成为文昌湖区标志性建筑。

刘峰

职务：成都思纳誉联建筑设计有限公司总经理、副总建筑师
职称：高级工程师

教育背景

1999年—2004年　四川大学建筑学学士

工作经历

2004年—2005年　信息产业部电子十一设计院
2005年—2006年　四川省建筑设计院
2006年至今　成都思纳誉联建筑设计有限公司

主要设计作品

蜀都中心
龙湖时代天街
丰德国际中心
花都财富中心
贵阳联合广场
置信青羊工业园区M6
新华印刷厂南片区旧城改造

杨琪

职务：成都思纳誉联建筑设计有限公司副总建筑师
职称：中级工程师

教育背景

2004年—2009年　西南交通大学建筑学学士

工作经历

2009年至今　成都思纳誉联建筑设计有限公司

主要设计作品

蜀都中心
龙湖时代天街
金科桃李郡
贵阳联合广场
金以德中心
新华印刷厂南片区旧城改造

成都思纳誉联建筑设计有限公司成立于2006年，是上海思纳集团的成都区域公司。集团还拥有上海和北京2个区域公司、8个专业公司和5个平台公司，至今已在建筑、规划、景观、室内、艺术等领域拥有各专业的技术人员约800人。

成都思纳誉联建筑设计有限公司具有建筑甲级资质和规划乙级资质，公司在商业地产建筑、城市和旅游产业策划规划、居住区级产业园规划、室内装饰设计和景观工程、特色酒店跨界组合运营规划等领域都有卓越的人才及成功的案例。

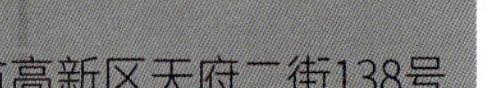

地址：成都市高新区天府二街138号
蜀都中心2#楼8层
电话：028-85266868
传真：028-85266868
电子邮箱：497159146@qq.com

蜀都中心

Shudu Center

项目业主：蜀都银泰置业有限公司
建设地点：四川 成都
建筑功能：商业建筑
建筑面积：580 000平方米
项目状态：建成
设计单位：成都思纳誉联建筑设计有限公司
设计团队：刘峰、杨琪

本项目以甲级写字楼、商务写字楼为主，同时配置高端住宅、商务公寓、行政公寓和高档商业等多种业态的大型综合物业集群。其建筑外立面采用干挂陶板，是超高层建筑节能设计和新材料运用的领先者，同时，项目也是CBD区域中实现营销利润的领跑者。

建筑几何形体设计上统一完整，简洁大气，外立面陶板线条像瀑布般流畅，与玻璃幕墙虚实相间，彰显建筑的商务品质。

花都财富中心

Huadu Wealth Center

项目业主：新承邦置业有限公司
建筑功能：商业建筑
项目状态：建成
设计团队：刘峰、杨琪
建设地点：四川 成都
建筑面积：80 000平方米
设计单位：成都思纳誉联建筑设计有限公司

本项目主要功能包括酒店、办公、商业和居住。对于建筑单体，在设计中注重原创，外形设计现代简约，建筑强调线条和体量美感，入口灰空间内推，墙面色彩的明暗对比等细部处理加强建筑的整体性及体积感，大气而不失精致。

建筑外立面以干挂石材与玻璃幕墙相结合，形成虚实对比。以现代经典设计手法，演绎出简练精致的色彩、层次分明的线条，打磨出经得起时间考验的美学经典。

龙湖时代天街

Longhu Time Celestial Street

项目业主：龙湖集团
建设地点：四川成都
建筑功能：商业建筑
建筑面积：550 000平方米
项目状态：建成
设计单位：成都思纳誉联建筑设计有限公司
设计团队：刘峰、杨琪

塔楼在设计中，更加考虑空间增值扩展，通过远近搭配、形体转折等，形成近大远小、明暗交错的关系，丰富城市天际线。

邦泰乐山国际社区项目

Bangtai Leshan International Community Project

项目业主：邦泰集团
建设地点：四川乐山
建筑功能：居住建筑
建筑面积：600 000平方米
项目状态：建成
设计单位：成都思纳誉联建筑设计有限公司
设计团队：刘峰、杨琪

本项目在设计中植入了森林式园林的理念，推行了智能化和WiFi全面覆盖的概念，紧随互联网时代，引领了当地人居生活，获得了良好的口碑。

在规划上设计了8万平方米的皇家园林景观，包括有2 000平方米的游泳池、5 000平方米的超大水景，最大楼间距超过200米，户户均享超大景观。

景观布置以营造生态氛围为核心，社区绿化率（含原生林地）高达30%。根据不同区域划分，融合了法式、英式、东南亚等风格精髓，通过自然式的草地，整株移植的名贵树种、蜿蜒曲折的湖泊、原生态的森林景观等，以丰富的植被和层次，多重立体造景，让建筑与自然天然契合。

滨江和城

Binjianghecheng

项目业主：成都滨江集团
建设地点：四川成都
建筑功能：居住、商业建筑
建筑面积：800 000平方米
项目状态：建成
设计单位：成都思纳誉联建筑设计有限公司
设计团队：刘峰、杨琪

本项目是成都麓山片区大型居住楼盘，采用大社区、小街区的设计手法，实现商住价值最大化，同时打造麓山片区情景商业的标杆。

和乐广场是滨江和城位于基地西南角临街的商业部分，是该片区范围内率先呈现的大型商业综合体，秉持打造慢生活艺术街区的理念，优化升级空中连廊设计，创城南双首层PLUS，预留大面积外摆空间，完善多项硬件配置，全业态打造城南的休闲娱乐生活，辐射麓山、新川、秦皇寺、华阳等多个板块，其中风情商业街在整体规划设计上，打破传统的商业模式，对天街式商业做出了优化升级，通过廊桥设计，有效地连接了购物及商业街区。

刘顺校

职务：天津普瑞思建筑规划设计咨询有限公司总设计师
职称：副教授

教育背景
1984年—1988年　天津大学建筑学学士
1988年—1991年　天津大学城市规划硕士

工作经历
1991年—2001年　天津大学建筑学院讲师、副教授
2003年至今　天津普瑞思建筑规划设计咨询有限公司总设计师
2017年至今　上海融者建筑规划设计中心主设计师

个人荣誉
《华中建筑》编委会成员
天津城市规划协会成员
法国APD建筑学会会员

主要设计作品及获奖荣誉
德式风貌区规划国际咨询专家评选一等奖
赛顿中心规划及建筑设计
荣获：2005年—2006年住宅产业现代化示范小区特别范例奖
空港经济区融合广场办公及五星级酒店综合体规划及建筑设计
荣获："海河杯"优秀勘察建筑设计二等奖
滨海新区CBD响螺湾自贸区中国五矿旷世国际大厦规划及建筑设计
荣获："海河杯"优秀勘察建筑设计三等奖
中国五矿榕园锦程嘉苑规划及建筑设计
荣获：全国优秀工程勘察设计优秀住宅与优秀小区二等奖
万顺国际经济贸易中心双塔建筑设计
万兆慧谷大厦写字楼
梅江南社区中心大岛办公楼、五星级酒店及商业街区规划和建筑设计
富力津门湖公寓、办公及商业街区规划及建筑设计
渤海创智中心办公及公寓综合体
丽晶大厦
滨海新区CBD响螺湾自贸区浙商大厦规划及建筑设计
滨海新区CBD响螺湾自贸区天齐国际广场规划及建筑设计

周湘津

职务：天津普瑞思建筑规划设计咨询有限公司主设计师
职称：副教授
执业资格：注册城市规划师

教育背景
1987年—1991年　天津大学建筑学学士
1991年—1994年　天津大学城市规划硕士
1994年—2000年　天津大学建筑学博士

工作经历
1998年—1999年　国家公派赴法PARIS-BELLEVILLE访问学者、巴黎ARTE-CHARPENTIER规划建筑公司工作
2003年至今　普瑞思建筑规划设计公司主设计师

个人荣誉
《华中建筑》编委会成员
天津城市规划协会成员
法国APD建筑学会会员

主要设计作品及获奖荣誉
台湾洪四川建筑优秀人才奖首奖
台湾高雄城市设计
上海南汇新城设计
天津梅江南居住区社区中心规划
天星广场概念规划
静海高尔夫小镇详细规划及建筑设计
天津荣华里二期规划
港湾中心
团泊湖规划及中心区高层综合体
海泰产业园区办公楼规划及建筑设计
水岸江南高层住宅

ZPLUS
普瑞思

普瑞思（ZPLUS）于2003年在法国巴黎和中国天津两地注册，主设计师拥有留学背景和国外大公司的工作经验，具有国际视野，能结合本土实际，为客户与社会奉献经典优雅之作。公司经营的目标是寻求商业与艺术精神的完美结合，力图使建筑满足社会和经济效益，并具有文化品位和长久的建筑艺术价值。对于地产项目有丰富经验，使ZPLUS在引进国外先进理念、把握国际时尚潮流方面拥有较大优势。同时设计作品具有极高完成度,设计作品经得起时间的考验。

自创立至今，ZPLUS在商业综合体与住宅设计方面颇有建树，竣工面积达数百万平方米，建成作品在国内外屡获殊荣。天津万科时代中心、天津融合广场、天齐国际广场、天津梅江大岛皇冠假日酒店都是近几年获得极高评价的商业综合体。滨海新区CBD响螺湾自贸区中国五矿旷世国际大厦，在国际投标中中标并实施，更荣获"海河杯"优秀勘察建筑设计三等奖；天津融合广场荣获"海河杯"优秀勘察建筑设计二等奖。住宅方面，中国五矿榕园锦程嘉苑规划及建筑设计荣获全国优秀工程勘察设计优秀住宅与优秀小区二等奖。众多优秀设计成果展示了主创设计师对于复杂项目的驾驭能力和想象力，丰富的设计经验使ZPLUS的建成作品气质典雅、成熟稳健，又立足现实、蕴含时尚。

地址：天津市和平区西康路赛顿中心C座6F
电话：022-28133933
传真：022-28133933
电子邮箱：puruisi@163.com

河北石家庄四方通信办公楼改造项目

Reconstruction Project of Sifang Communication Office Building in Shijiazhuang, Hebei Province

项目业主：河北靖暄豪庭置业有限公司
建设地点：河北 石家庄
建筑功能：商业综合体
用地面积：26 190平方米
建筑面积：193 750平方米
设计时间：2019年
项目状态：方案
设计单位：上海融者建筑规划设计中心
主创设计：刘顺校、周湘津

改造工程项目位于石家庄市丰产路与阿甲山大街，占据开发区重要位置，建成后能够给周边环境带来很大便利，成为新的商务中心。项目包括一个购物中心、一座甲级写字楼、一座酒店及两座服务性公寓，是中地建设开发有限公司最新项目。为了更好地设计该项目，总设计师及其设计团队深入项目实地考察规划，根据项目实地情况，结合地形、环境等现实条件合理做出建筑设计规划。

设计理念秉承“悠闲的居住环境”和“快节奏的社会环境”。底部购物中心集购物和娱乐为一体，为写字楼酒店及公寓提供高品质生活空间。四座主体建筑中间更设有空中花园作为休闲娱乐场所，使整体设计规划显得更加完善。宽敞的空间设计，也为居住者提供了高水准的生活设施和愉悦的居住氛围。

津海商城

Jinhai Mall

项目业主：天津市荣馨泰置业投资有限公司
建设地点：天津
建筑功能：商业综合体
用地面积：27 295平方米
建筑面积：141 323平方米
设计时间：2018年
项目状态：项目实施阶段
设计单位：天津普瑞思建筑规划设计咨询有限公司
主创设计：刘顺校、周湘津

本项目位于天津市静海区东方红路与联盟大街交口，毗邻静海火车站，商业氛围浓郁，地理位置优越，建筑功能为酒店、商业及住宅，计划打造形象突出、环境优美、使用方便并具有吸引力的城市商业综合体。

建筑设计风格简约、庄重、富有现代气息，与地块周边整体的商业氛围协调一致，体现当代建筑高效、环保的特色。设计考虑灵活性和未来发展，符合可持续发展的原则并具有一定的超前性。

规划设计从整体出发，强调与城市空间的关系，力求将其规划为新世纪与现代建筑设计相结合的高品质城市地标性建筑，突出项目个性化，创造最大的经济潜能，让建筑功能满足社会的需求。同时在城市用地紧张的情况下，节约用地，提高土地利用率。

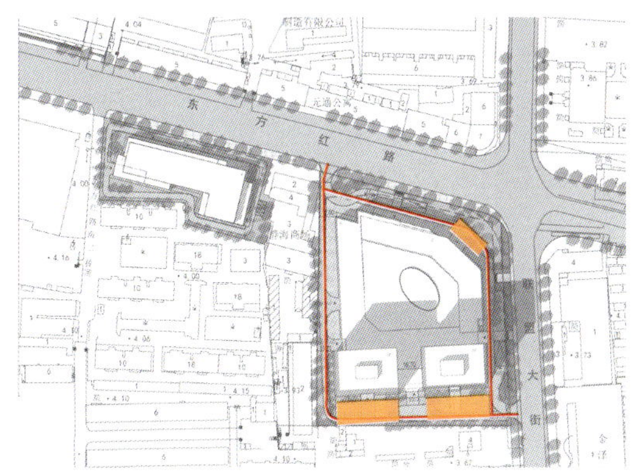
消防分析图

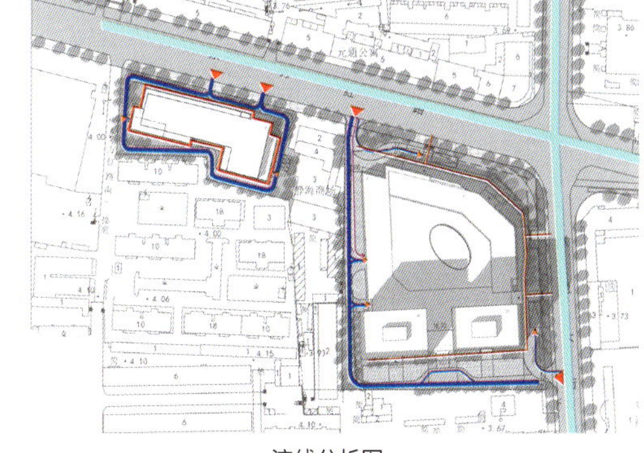
流线分析图

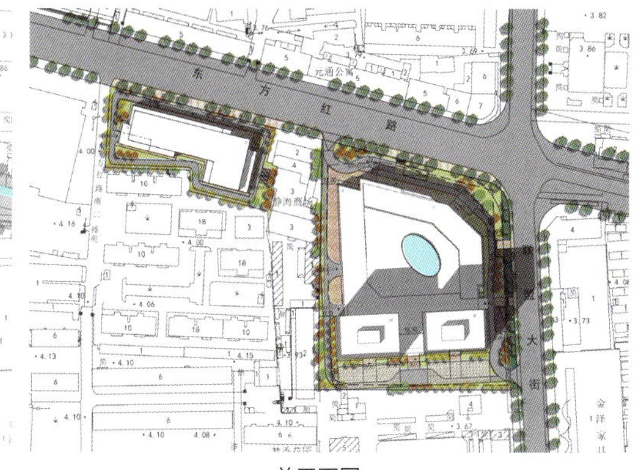
总平面图

静海社区文化中心

Jinghai Community Cultural Center

项目业主：静海土地整理中心　　建设地点：天津
建筑功能：文化建筑　　用地面积：24 485平方米
建筑面积：39 000平方米
设计时间：2019年
项目状态：方案
设计单位：天津普瑞思建筑规划设计咨询有限公司
主创设计：刘顺校、周湘津

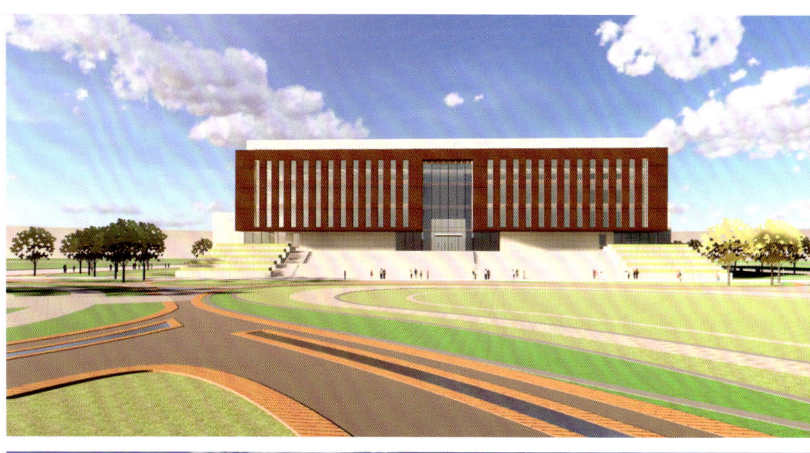

本项目位于天津市静海区，建筑由图书馆、工人俱乐部、青少年宫和妇联四个部分组成。整体规划建筑围合而建，最大限度利用了规划土地，人性化的用地分配便捷了人们的使用。各个场馆根据其功能性合理设计规划了室内场所的分配。

整个社区文化中心错落有致，各场馆间绿地设计更是让整个文化中心的使用率达到极致。图书馆的设计难度远高于其他场馆，为了实现图书馆功能全面化，在中央部分设立了共享交流中心，更设有从一层直达四层的直梯，建筑规划合理简洁的同时也便捷了读者的使用。

整个设计团队在规划设计过程中，充分考虑建筑的实用性及人性化，做到社区文化中心作用的最大化，利民便民。

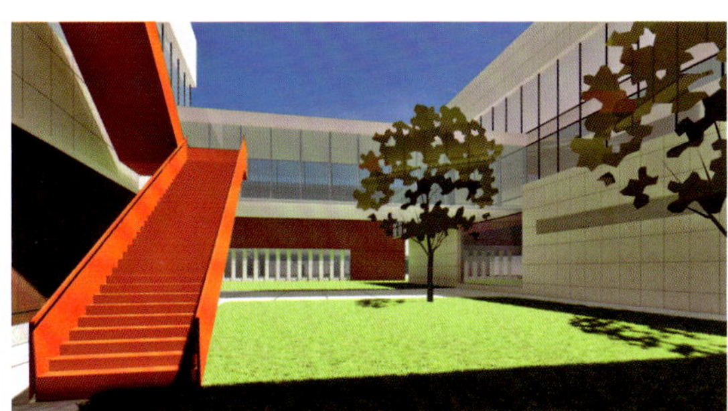

刘勇夫

职务：山东意匠建筑设计有限公司总建筑师
职称：研究员

教育背景
1986年—1991年　山东建筑大学建筑学学士

工作经历
1991年—1998年　山东省能源建筑设计院
1998年至今　山东意匠建筑设计有限公司

个人荣誉
2009年济南市优秀政协委员
济南市第十届、第十一届政协委员

主要设计作品
青岛琅琊台景区历史文化陈列馆
荣获：1999年山东省优秀工程勘察设计二等奖
淄博市临淄管仲纪念馆
荣获：2005年山东省优秀工程勘察设计一等奖
　　　2012年全国民营设计企业优秀工程设计华彩奖银奖
山东省昌乐蓝宝湾景区
荣获：2009年山东省优秀建筑方案设计一等奖
济南市百花洲片区城市保护与片区改造
荣获：2013年中国威海国际建筑设计大奖赛铜奖
　　　2015年全国民营设计企业优秀工程设计华彩奖金奖
山东济南养老服务中心
荣获：2013年山东省优秀建筑方案设计一等奖
　　　2015年全国民营设计企业优秀工程设计华彩奖银奖
　　　2017年山东省优秀工程勘察设计二等奖
济南市五岳庙片区工程设计
荣获：2015年山东省优秀工程勘察设计二等奖
　　　2017年全国优秀工程勘察设计三等奖
山东博山磁窑艺术工坊
荣获：2018年山东省优秀建筑方案一等奖
山东博山淋漓湖老年康复医院
荣获：2018年山东省优秀建筑方案一等奖
济南市第九职业中专
济南市天山国际学校
山东省莱芜市会展中心
山东水发集团济南植物园康养小镇
海南省保亭山东水发集团度假酒店
西藏天路集团拉萨市夺底路商业综合体

济南市百花洲片区城市保护与片区改造

Urban Protection and Area Renovation of Baihuazhou District in Jinan City

项目业主：济南城投
建设地点：山东 济南
建筑功能：商业建筑
用地面积：133 200 平方米
建筑面积：48 000 平方米
设计时间：2009年
项目状态：方案
设计单位：山东意匠建筑设计有限公司
主创设计：刘勇夫

百花洲片区位于著名景区大明湖南岸，地处济南“历史文化名城”保护地段核心区域。场地内散落5处保留古民居片段，改造建设目的是在保护片区历史风貌基础上，赋予其新的都市商业及文创等产业内容，从而达到片区城市功能的提升。

设计遵循两个原则：①重塑泉城济南历史所固有的“街柳巷渠”的市井空间格局及聚落式民居风貌；②用空间嫁接及植入的方式进行空间重塑，达到保留城市记忆与城市功能提升的融合统一。建筑设计在保护原有街巷肌理的前提下，采用“片段增补”“空间植入”及“功能嫁接”等多种手段，实现反映当代都市风貌的同时，又能体现老济南固有的历史文化印痕，从而探索济南历史文化保护区的城市复兴之路。

山东博山淋漓湖老年康复医院

Shandong Boshan Linli Lake Elderly Rehabilitation Hospital

项目业主：淄博凯富瑞置业有限公司
建设地点：山东 博山
建筑功能：养老、医疗建筑
用地面积：12 000平方米
建筑面积：21 000平方米
设计时间：2015年
项目状态：在建
设计单位：山东意匠建筑设计有限公司
主创设计：刘勇夫

总平面图

本案现状

烂尾楼现状

工程主体已经竣工，后经区政府组织专家对本项目进行论证，认为此项目建设体量过大，风格与景区不协调，结论，原设计与景区不能相容。因此叫停，成为“烂尾楼”。

本项目处于山东博山淋漓湖风景区（国家3A级景区）。青山秀美，绿树葱茏，湖水波光粼粼，是淄博市著名休闲颐养之地。建筑原为度假酒店，将在此基础上重构设计，改造成老年康养设施。设计将整个楼体分成两个小体量建筑，以达到消减体量的目的。绿植由山体引入退台的楼梯，形成山与楼水乳交融的楼体景观。上部楼体采用钻石般的转折玻璃面，使其在山林中璀璨闪烁，轻巧而靓丽。

山东水发集团济南植物园康养小镇

Shandong Shuifa Group Jinan Botanical Garden Health Town

项目业主：山东水发集团
建设地点：山东 济南
建筑功能：文旅建筑
用地面积：46 620平方米
建筑面积：65 268平方米
设计时间：2017年
项目状态：在建
设计单位：山东意匠建筑设计有限公司
主创设计：刘勇夫

本项目设计是在鲁中民居聚落文化的基础上，以山东中部历史小镇的空间构成逻辑为母题对原建筑的现代演绎。以市、街、里、坊、巷为空间结构体系，力图构建和谐的邻里关系，建设具有原始生态的养老、养生小镇。

总平面图

李定

职务：上海建筑设计研究院有限公司副总建筑师
建筑一院总建筑师
职称：教授级高级工程师
执业资格：国家一级注册建筑师

教育背景

1981年—1985年　天津大学建筑学学士
1985年—1988年　天津大学建筑学硕士

工作经历

1988年—2000年　上海建筑设计研究院有限公司任助理建筑师、建筑师、高级建筑师、第一综合所任主任建筑师、院总建筑师助理
2000年—2008年　与院总师张绍华创办上海添成建筑设计事务所任副总经理、总建筑师
2008年至今　上海建筑设计研究院有限公司副总建筑师、建筑一院总建筑师

个人荣誉

1994年上海建筑设计研究院青年科技进步奖
1999年现代设计集团青年建筑师创作奖入围奖
2012年上海世博建设立功竞赛优秀建设者称号
华建集团优秀导师

主要设计作品

徐汇滨江西岸传媒港
世博B02、B03地块央企总部基地
上海世博会餐饮中心
卢湾区65号地块城市综合体
前滩45-01地块纽约大学
华信中心
上海市徐汇区黄浦江南延伸段项目（梦中心）
上海市徐汇区黄浦江南延伸段项目（湘芒果）
徐汇滨江西岸传媒港188S-G-1地块游族大厦
上海徐汇188S-C-4,D-1地块发展项目
中国联通移动互联网产业南方运营基地
长宁区71街坊83丘A1-10地块红坊项目
华泰金融大厦
徐汇区枫林街道125a-23A地块商办楼
浦发银行合肥综合中心
中国宝武（福州）商务研发中心
福州农商银行总部办公楼
杭州高新区网络与通信设备基地
新华传媒改扩建

建筑师在天津大学建筑系学习期间，师从冯建逵、彭一刚、黄为隽教授，对中国古典园林及中国古典建筑有一定的研究。研究生论文《中国古典园林美学思想分析》汇集当时的学习成果。在长期的工作实践中，对项目全过程的把控能力逐渐加强，前期策划、方案创作、各工种协调、扩初文件编制、施工图设计、政府主管部门报批报建、施工配合等各环节均能熟练掌控。凭专业技能和真诚的服务赢得市场和业主的尊重，进而树立上海院的品牌与口碑，在增加院经济利益的同时带教一批设计人员，四位一体的设计工作理念在实践中得到较成功实施。

杨晨

职务：上海建筑设计研究院有限公司副主任建筑师

建筑一院创意副总监

职称：高级工程师

执业资格：国家一级注册建筑师

教育背景

2003年—2008年 天津大学建筑学学士

2008年—2011年 东南大学建筑学硕士

工作经历

2011年—2017年 上海建筑设计研究院有限公司建筑师

2018年至今 上海建筑设计研究院有限公司副主任建筑师、建筑一院创意副总监

个人荣誉

2013 年上海市优秀青年突击队集体称号

2013 年世博会后续发展立功优秀集体称号

主要设计作品

苏州市会议中心综合改造

荣获：2018年上海建筑设计研究院优秀方案佳作奖

中国宝武（福州）商务研发中心

荣获：2018年上海建筑设计研究院优秀方案鼓励奖

张江银行卡产业园二期

荣获：2018年上海建筑设计研究院优秀方案鼓励奖

徐汇滨江西岸传媒港

世博B02、B03地块央企总部基地

荣获：绿色建筑LEED金奖

世博宝钢总部

荣获：上海市优秀设计工程奖

福州农商银行总部办公楼

荣获：2013年现代集团创作之星奖

三峡水电博物馆

荣获：2011年上海建筑设计研究院优秀方案设计奖

中国信达（合肥）灾备及后援基地建设项目

荣获：2011年上海建筑设计研究院优秀方案（规划）设计奖

三亚崖州湾地下空间设计

三亚东岸启动区精细化城市设计

中信泰富大厦

中建材大厦

碧云国际社区商业中心

中原总部经济研发中心

学术研究成果

编制《建筑设计资料集》（第三版）电信建筑部分

科研项目：

2013年现代集团科研项目《超大型集群开发公共建筑的总控设计》

发表论文：

《空间超薄的平面诠释》，东南大学研究生校庆学术报告会，2010年

《形态设计的生态策略》，建筑学前沿，2012年

《低碳城市与后世博总控设计》，绿色建筑，2014年

《小街坊、高密度集群建筑项目设计开发模式的探索》，建筑工程技术与设计，2017年12月

上海建筑设计研究院有限公司（原名上海市民用建筑设计院）成立于1953年，是一家具有工程咨询、建筑工程设计、城市规划、建筑智能化及系统工程设计资质的综合性建筑设计院，也是中国乃至世界最具规模的设计公司之一，被评为建筑设计行业“高新技术企业”，通过国际ISO9001质量保证体系认证，在国内外享有较高的知名度。累计完成2万多项工程的设计和咨询，作品遍及全国各地及全球20余个国家和地区，其中700多项工程设计、科研项目、规范标准获国家、住建部以及上海市优秀设计和科技进步奖。60多年的积淀与发展将上海院的历史与国家、城市发展的各个时期紧紧联系在一起，在中华人民共和国建设史上留下了骄人篇章。

上海院拥有包括工程院院士、全国工程勘察设计大师、国务院批准享受政府特殊津贴专家、国家有突出贡献中青年专家、教授级高级工程师及国家一级注册建筑师、工程师、规划师、咨询师等一大批资深专家和技术人才。多年来累计主编、参编各类规范110余项，各类国家、上海市标准设计20余项，拥有授权发明专利3项、实用新型专利10项，拥有著作权的各专业软件20项，出版大量专业学术专著，有力地促进了上海及全国建筑设计行业的技术水平提高。上海院作为一家与城市同名、与国家的城市建设发展共同成长的设计院，在未来的岁月里将一如既往地以上海为原点，为全国乃至世界创作优秀的建筑作品。

地址：上海市石门二路258号

电话：021-62464308

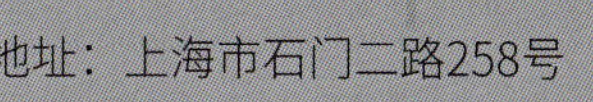

传真：021-62464208

网址：www.isaarchitecture.com

电子邮箱：isa@isaarchitecture.com

徐汇滨江西岸传媒港

Xuhui Binjiang West Coast Media Port

项目业主：上海西岸传媒港开发建设有限公司

建筑功能：办公、商业、文化建筑

建筑面积：970 000平方米

项目状态：在建（2020年竣工）

合作设计：株式会社日建设计

设计总负责：李定

设计总控：李定、杨晨

建筑专业：姚昕怡、焦阳、徐其态、车雷、郭云鹏、张路西、宋颖、王晨、王舒啸、唐伟

获奖情况：上海市智能建筑示范工程
上海市建设工程“白玉兰”奖
国家绿色园区示范工程
可持续绿色社区LEED-ND金奖
地产设计大奖——上海梦中心
上海建筑设计研究院方案创作佳作奖

建设地点：上海

用地面积：190 000平方米

设计时间：2013年至今

设计单位：上海建筑设计研究院有限公司

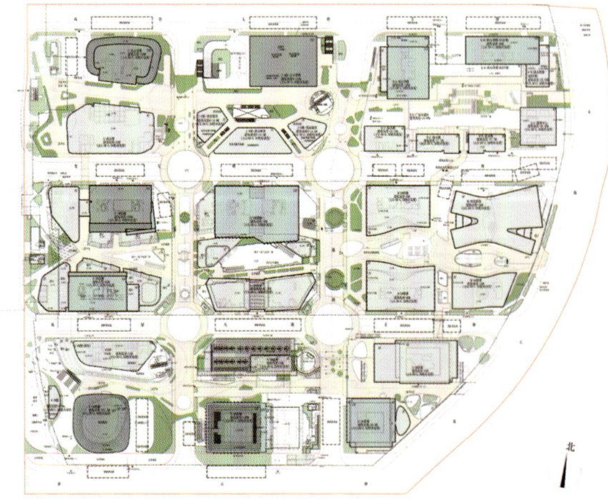

区域总平面图

鸟瞰图

西岸传媒港作为徐汇滨江的重要先导项目，积极招引海内外优质影视娱乐媒体项目，吸引全球影视文化机构、音乐文化机构、时尚文化机构在此聚集，并带动一批高端商业、商务的发展。城市设计中提取以下设计亮点，并在设计导则及总控中落实。

1．二层平台，第二地面。总体设计设置9个街坊整体二层平台，提供更多的公共活动空间及更好的空间品质。二层平台以人行为主，设置具有一定规模的公共活动广场。

2．地下公共环形通道。为了疏解来往车辆对区域内路网的交通压力，在地下二层设置车行环形通道。

3．Urban Core 。Urban Core 具有汇集采光、通风、信息发布、立体交通的功能，可以连通平台、地面、B1、B2、B3 各楼层。

4．立体化开敞式商业空间。平台商业、一层商业、地下商业通过 Urban Core 相贯通，最大限度地保证了商业的均好性；Urban Core 将人流直接引入二层平台和地下一层，从而提升二层与地下一层的商业价值。

5．绿色建筑。综合自然环境特点、绿色建筑示范园区及LEED-ND 目标，整合水系、绿带和路网，创建绿色生态街区。鼓励采用技术领先的节能环保型新材料、新方法、新技术、新工艺，有效降低运营成本。前瞻性地解决未来可能遇到的交通问题。

6．整体BIM应用。利用BIM 技术协调设计问题、展示设计效果、综合实现市政管线、辅助施工管理、辅助运维。

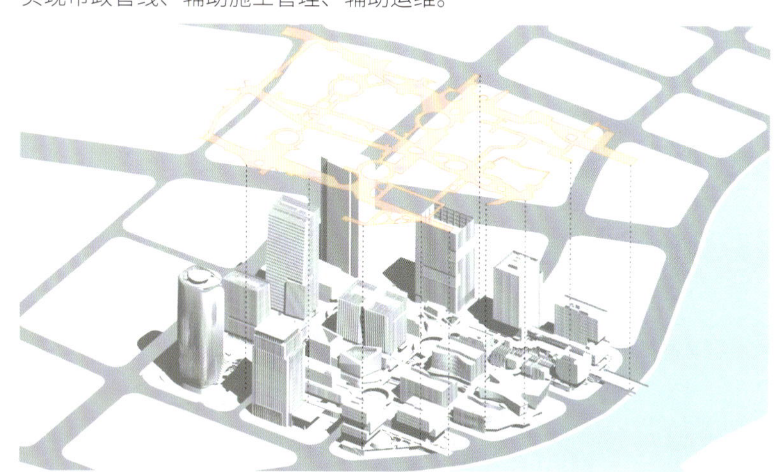
二层平台，第二地面

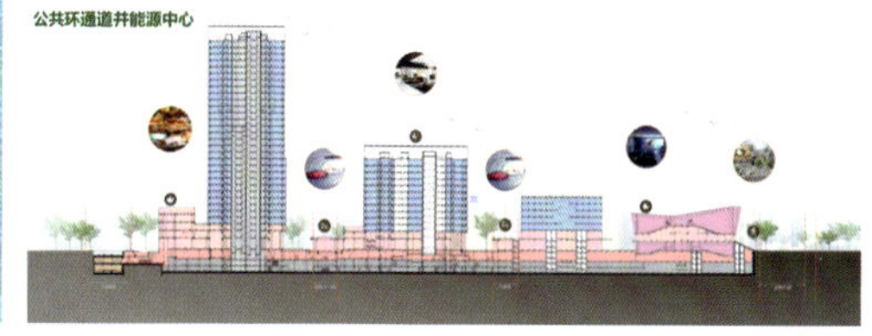

一体化地下空间

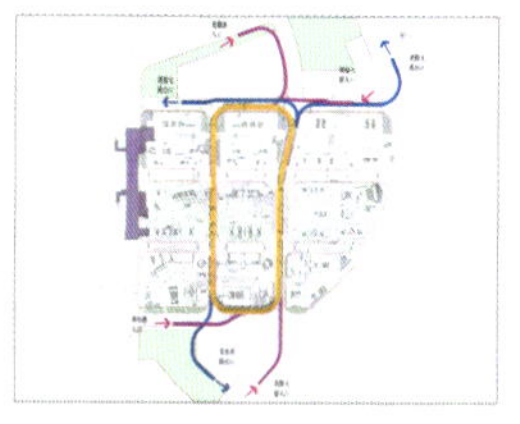
地下公共环形通道

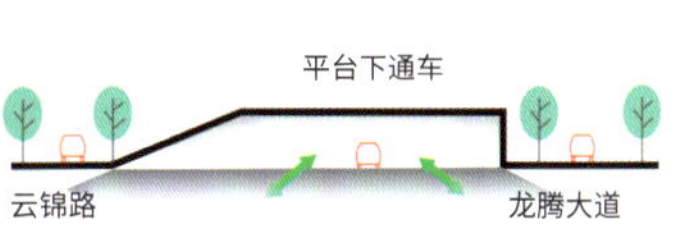

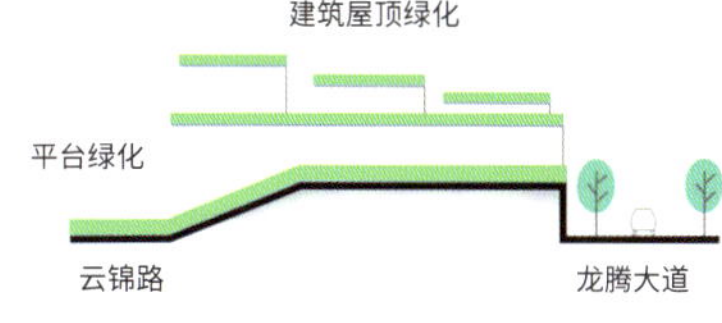

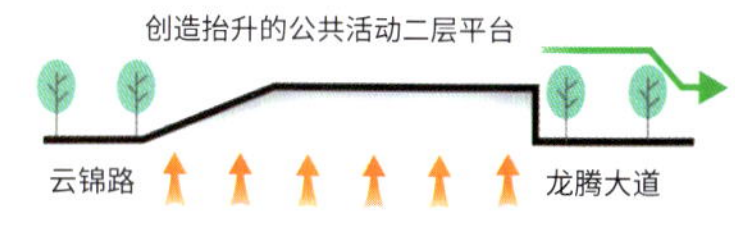

二层平台功能示意图

梦中心

湘芒果

华信大厦

世博B02、B03地块央企总部基地

Expo B02, B03 Site Central Enterprise Headquarters Base

项目业主：上海世博发展（集团）有限公司　建设地点：上海
建筑功能：办公建筑　用地面积：136 800平方米
建筑面积：1 000 000平方米　设计时间：2011年
项目状态：建成
设计单位：上海建筑设计研究院有限公司
设计总负责：李定
设计总控：李定、姚昕怡、杨晨
建筑专业：徐其态、车雷、张路西、宋颖 、王晨、唐伟

总体设计策略

绿化景观资源渗透入园

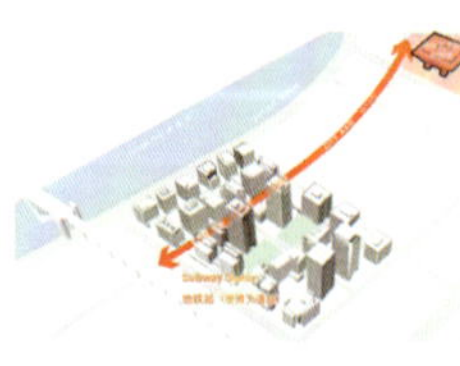
强化城市轴线，对话中国馆

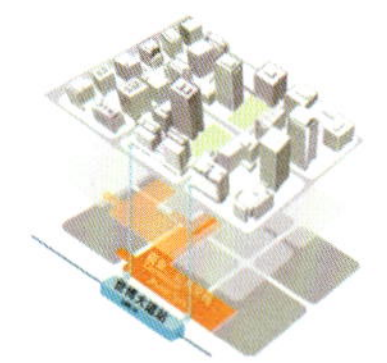
轨道站点立体空间组织

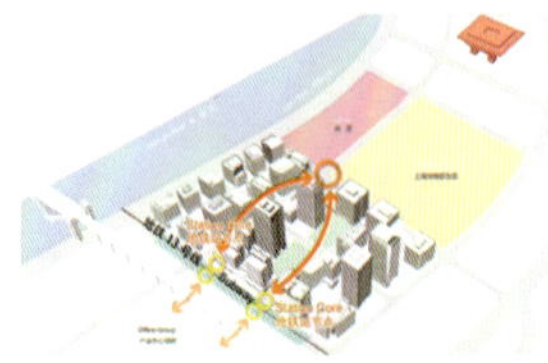
公共路径联动周边资源

东南角鸟瞰图

西侧鸟瞰图

东南角鸟瞰图

世博B02、B03地块央企总部基地位于原上海世博园区B片区，卢浦大桥与世博主题馆之间。世博B片区城市设计将基地所涉及的6个街坊、29个地块、14家企业，进行开放整合、塑造“生态、科技、人文、整体”的总部街区。

6大设计特色如下。

1．以“小街区、高密度”的空间形态，融入功能混合，打造24小时活力街区。

2．以两条界面连续、尺度宜人的城市街道，呼应周边资源，形成“引滨江水绿”的南北生态街和“与中国馆对话”的东西生活街。

3．整合轨道交通站点，建设“地上、地下一体化”的Urban-Core都市立体节点和商业配套服务系统。

4．综合利用地下空间，优化交通组织，整体联通片区地下空间。

5．各个单体依据总体而设计，共同塑造丰富多样的开放空间和方正稳重的整体形象。

6．绿色建筑、智慧系统及绿色能源管理实现园区全覆盖，还给城市绿色的第五立面。

西南角鸟瞰图

福州农商银行总部办公楼

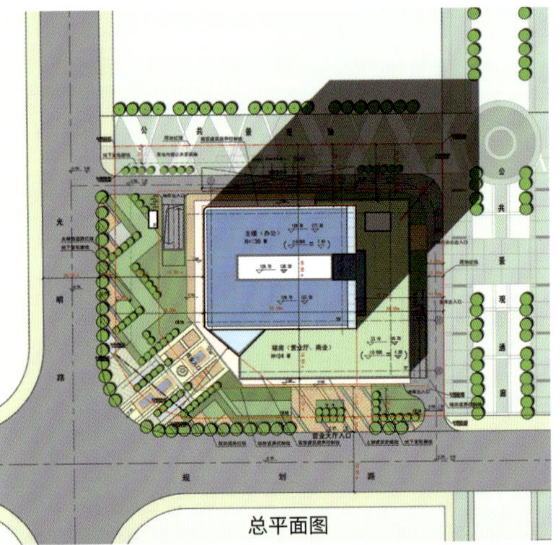
总平面图

Fuzhou Agricultural and Commercial Bank Headquarters Office Building

项目业主：福建福州农村商业银行股份有限公司、福州建工（集团）总公司
建设地点：福建 福州
建筑功能：办公建筑
用地面积：10 082平方米
建筑面积：84 179平方米
设计时间：2011年
项目状态：建成
设计单位：上海建筑设计研究院有限公司
合作设计：福建省建筑设计研究院
设计总负责人：李定
主创设计：杨晨
建筑专业：孙大鹏、徐其态、姚昕怡、车雷、边波

本项目位于福州市台江区江滨大道北侧，万达城市广场以西金融街D3地块。基地倚靠两条城市绿轴，面向闽江，是滨江金融街的核心地带。

设计理念：

1．城市灯塔。通过对塔楼顶部的造型设计和夜晚照明设计，试图将建筑塑造成为闽江畔一座璀璨的灯塔，彰显建筑的典雅气质。

2．环境融入。通过底层架空和转角退让以及东立面的活跃处理，使方案在减小对城市行人压迫感的同时更好地与周边环境相融合。

3．文化隐喻。强调文化立意与形态空间的全面融合。通过形体的推敲实现与企业形象的完美契合。力求将办公楼塑造成既满足功能需求又具有一定文化象征意义的城市新地标。

4．绿色生态。利用生态技术演算，分析不同形体操作手法对内部空间生态环境的影响，从中选择生成舒适内部环境空间的方案。

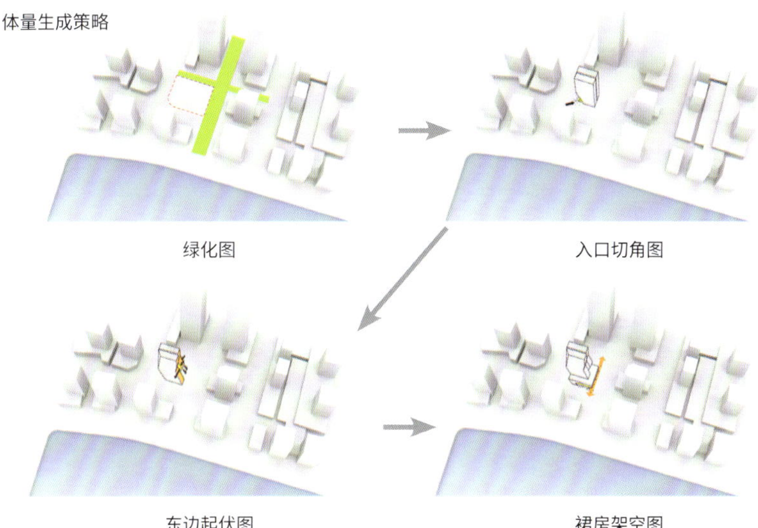

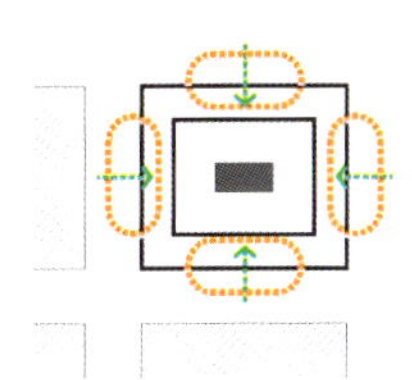

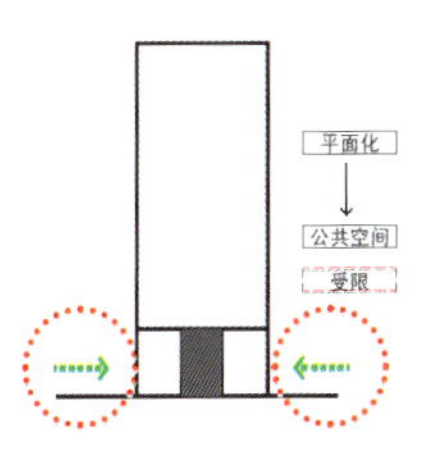

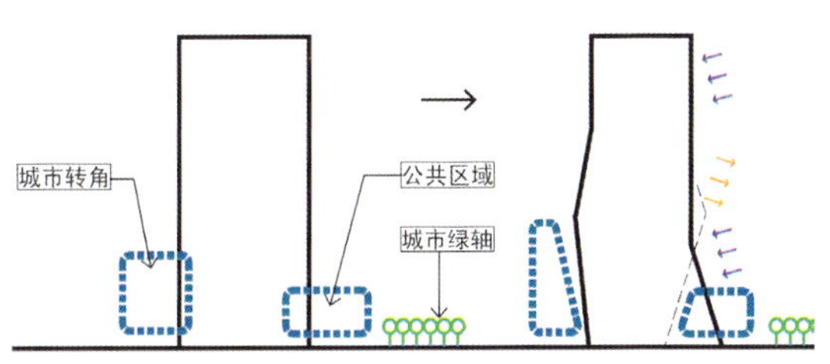

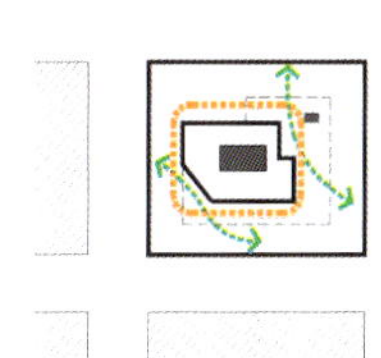

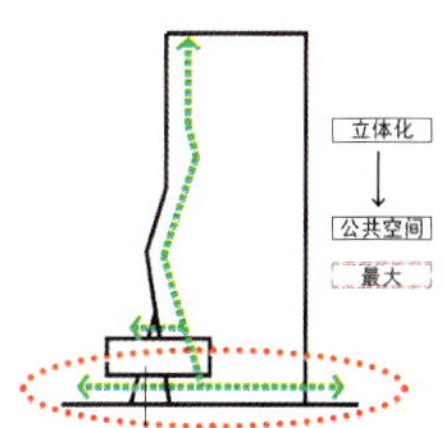

环境优化策略

西南角闽江沿岸鸟瞰图

中国宝武(福州)商务研发中心

China Baowu (Fuzhou) Business Research and Development Center

项目业主：福建宝钢置业有限公司
建设地点：福建 福州
建筑功能：商业、办公建筑
用地面积：18 254平方米
建筑面积：85 998平方米
设计时间：2018年
项目状态：在建
设计单位：上海建筑设计研究院有限公司
合作设计：福建省建筑设计研究院
设计总负责：李定、杨晨
主创设计：杨晨
建筑专业：车雷、刘晓迅、张路西

建筑面江，被闽江水环绕，立面设计强调竖向线条，突出建筑的挺拔与线条，叶片竖向错动，体现建筑的虚实关系。

设计策略：

1．韵律。水平方向以设计等分的幕墙垂直构件，强调横向韵律感；垂直方向构件自下而上模数逐渐放大，强调竖向韵律感和挺拔感。立面幕墙标准化、模数化，简单的手法打造丰富而富有韵律的立面效果。

2．虚实。虚实结合，通过上下层相同幕墙构件方向的变化，在人视角上造成虚实交替变化的效果，步移景异，呼应“闽江之波”概念。

3．比例。沿江竖向线条，强调竖向高耸；沿街横向开阔，强调韵律与气势。

4．共享边庭。低区、中区、高区三个景观维度，分别从江景、城景、全景三个方面，通过框景的手法打造多层次的视觉体验。

5．夜景。通过夜景灯光打造融入环境又独具特色的建筑夜景，体现精致、丰富、小而美的夜景效果。

6．内庭院。由于项目进深较大，利用内庭院加大配套商业界面。

东南角鸟瞰图

浦发银行合肥综合中心

Pudong Development Bank Hefei Comprehensive Center

项目业主：上海浦东发展银行合肥综合中心项目建设指挥部
建设地点：安徽 合肥
建筑功能：办公建筑
用地面积：60 713 平方米
建筑面积：141 000平方米
设计时间：2009年
项目状态：建成
设计单位：上海建筑设计研究院有限公司
主创设计：李定
建筑专业：姚昕怡、何文湘、车雷
获奖情况：2010年上海建筑设计研究院优秀工程一等奖

浦发银行合肥综合中心集机房、集中作业区、配套服务用房、合肥分行等四个功能区。建筑造型特点如下。

1．利用石材、玻璃、金属等现代建材，塑造出稳重大气、简洁明快、冷峻有序、坚实有力的金融类建筑风格。

2．综合中心建筑采用统一色质的石材饰面、Low-E玻璃、深灰色的铝合金材料。

3．立面饰材的高度统一，为建筑群风格的稳重大气奠定了基础。

4．不同的建筑朝向采取不同的立面处理手段。南向立面以双层可呼吸玻璃幕墙为主，东、西、北立面虚实相间，以实为主。

5．综合中心机房以大尺度实体墙面为主，表现出综合中心机房坚固、安全的特质。

6．引入二进制计算语言进行建筑外立面设计。

李骏

职务：重庆悦集建筑设计事务所合伙人、设计总监
重庆大学建筑城规学院建筑系教师
职称：讲师

教育背景

1989年—1993年　重庆建筑大学建筑学学士
1993年—2008年　重庆大学建筑学硕士

工作经历

1993年至今　重庆大学建筑城规学院
2017年至今　重庆悦集建筑设计事务所

主要设计作品

大理拾山房精品酒店
荣获：2018年中国第九届最佳酒店设计——“最佳小而美大奖”
2018年美国Hospitality Design (HD) Awards
2018年“最佳高端酒店设计奖”
阆中古城游客服务中心
贵州仁怀会展中心
重庆奉节体育馆、图书馆
重庆陈家桥人民医院
贵州习水政务中心
西安市灞桥区姚家沟村乡村复兴及旅游发展规划

何飙

职务：重庆悦集建筑设计事务所合伙人、总经理
职称：高级工程师

教育背景

1988年—1992年　重庆建筑大学建筑学学士

工作经历

1992年—1995年　上海泸湾区建筑设计院海南分院
1996年—2010年　重庆建工集团设计研究院
2011年至今　重庆何方城市规划设计有限公司
2017年至今　重庆悦集建筑设计事务所

主要设计作品

大理拾山房精品酒店
荣获：2018年中国第九届最佳酒店设计——“最佳小而美大奖”
2018年美国Hospitality Design (HD) Awards
2018 年“最佳高端酒店设计奖”
贵州土城黄金湾考古研究中心
阆中古城游客服务中心
贵州习水游客接待中心
贵州习水政务中心
西安市灞桥区姚家沟村乡村复兴及旅游发展规划

田琦

职务：重庆悦集建筑设计事务所合伙人、设计总监
重庆大学建筑城规学院建筑系副系主任
职称：副教授

教育背景

1992年—1997年　重庆大学建筑学学士
1997年—2000年　重庆大学建筑学硕士

工作经历

2000年至今　重庆大学建筑城规学院
2017年至今　重庆悦集建筑设计事务所

主要设计作品

远山有窑——虎溪土陶厂的活化与转型
荣获：2017年第九届中国威海国际建筑设计大奖赛优秀奖
虎峰山——寺下山隐人文民宿
重庆市沙坪坝区三河村风貌改造规划与建筑设计
广州幼儿师范学院校园整体规划及单体设计
西安市灞桥区姚家沟村乡村复兴及旅游发展规划
贵州省遵义市习水县官店镇核心片区修建性详细规划设计

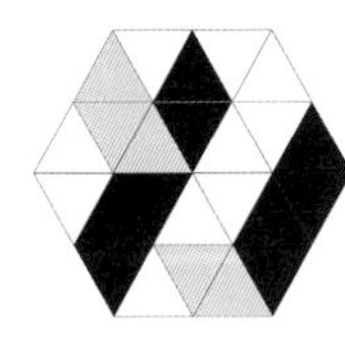

重庆悦集建筑设计事务所是一家近年活跃于国内建筑设计领域，基于探索“空间精神”与地域性研究的建筑设计事务所。丰富的设计实践使悦集具有国际化的视野和敏锐的设计感知力，以精致的设计风格和充满人文关怀的设计思想，用心服务于具有前瞻性思维的客户群体，参与并成功打造出众多创意纷呈的项目，成为西部地区在建筑设计领域较有影响力的设计及研究机构。

设计团队致力于公共文化类建筑、城市更新及乡创文旅领域的设计与研究。项目涵盖大型公共文化建筑、酒店民宿、城市既有建筑改造、乡建文旅、商业、文化教育等多个领域，尤其在民宿及乡建文旅设计方面有突出成就，多个项目获得国内外奖项。“以设计改变生活”是悦集建筑的创作目标；“睿智创新”是悦集建筑面对一切项目设计创作的核心；从“设计”出发超越“设计”，不局限于建筑学本体，跨维度多重思考是悦集建筑介入每个设计的研究态度。

地址：重庆市渝中区嘉金路5号
（LOFT）7-11
电话：023-62311090
13594165167
电子邮箱：64669660@qq.com
597866776@qq.com

中古城游客服务中心

Langzhong Ancient City Tourist Service Center

项目业主：阆中旅游发展有限公司
建设地点：四川 阆中
建筑功能：游客中心
用地面积：27 688平方米
建筑面积：26 385平方米
设计时间：2014年—2016年
项目状态：建成
设计单位：重庆悦集建筑设计事务所
主创设计：李骏、何飙
设计团队：黄真、李涛、胥向东、袁文光

阆中的人文思想，决定了建筑的“自然之道”，在自然的地形中选择一种谦卑的姿态，随自然而演变。方案设计正是迎合周边的山体，在平面布局以及空间关系，乃至形态走势都围绕自然。

建筑整体形成向南上升的趋势，“L”形再度转折又使建筑呈内聚且向上生长的姿态。前广场为一片水域，建筑因而具有“刚从水中上岸的意向”。而在建筑内部，形成了流动的夹层空间，层层错落，形成不同尺度的空间。

选择当地自然材料，尽可能少地破坏自然。外墙采用当地石材，赋予建筑一种沉静的姿态，局部施以削减开洞等手法，活跃整体节奏感。屋面采用灰色木材，结合玻璃采光天窗，材质对比中找到独特的艺术韵味。

大理拾山房精品酒店

Dali Shishanfang Boutique Hotel

项目业主：私人
建设地点：云南 大理
建筑功能：度假酒店
用地面积：820平方米
建筑面积：1 500平方米
设计时间：2015年—2016年
项目状态：建成
设计单位：重庆悦集建筑设计事务所
主创设计：李骏、何飙
设计团队：胥向东、王源盛、吴猛、王月东

本项目位于云南大理苍海高尔夫球场区域内，毗邻崇圣寺三塔景区。建筑设计抓住旅游民宿“旅”和“宿”两个重心，以“旅”为核心，“宿”为依托，在大理的山水人文背景下，突出建筑的休闲度假功能和人文空间体验。

建筑依山就势，手法单纯简洁，空间体验丰富多变，内外空间流畅贯通。因为设计师同时也是业主方和经营者，项目从选址策划到建筑设计、施工建设、装修摆场整个过程都由设计师把控、专业团队配合，排除了常规设计项目中“甲方”因素的干扰，使得设计理念较为完整地呈现出来。

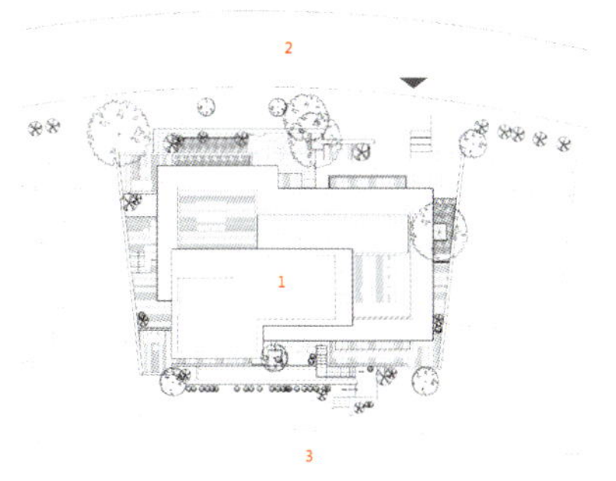

总平面图

负一层平面图

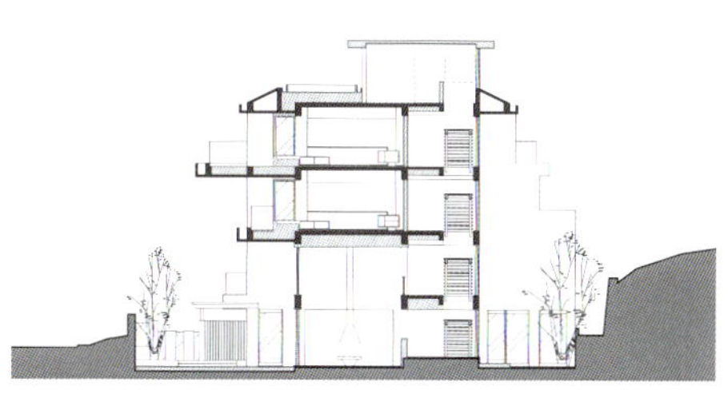

剖面图

远山有窑——虎溪土陶厂的活化与转型

Yuanshan Youyao——Activation and Transformation of Huxi Earthenware Factory

项目业主：虎溪土陶厂
建筑功能：土陶厂改造复合公共空间
建筑面积：670平方米
项目状态：建成
合作设计：重庆大学建筑城规学院
主创设计：田琦
设计团队：薛凯、何广、孙启详、张涵、魏鑫月、于思

建设地点：重庆
用地面积：2 000平方米
设计时间：2015年—2017年
设计单位：重庆悦集建筑设计事务所

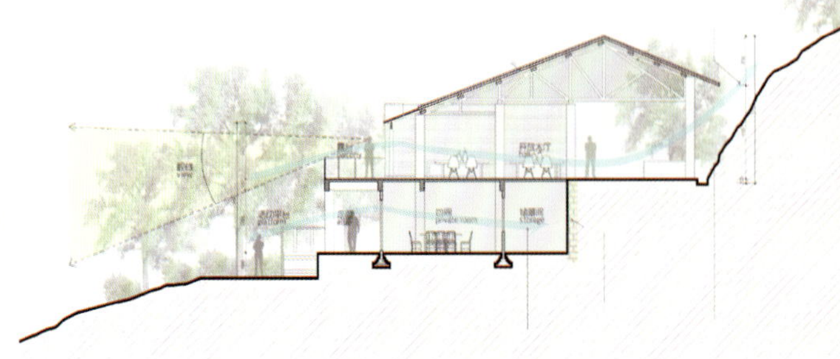

本项目位于重庆市沙坪坝区丰文街道三河村，当建筑师了解到该土陶厂濒临倒闭的现状和窑主试图转型农家乐的想法后，提出通过无偿帮扶设计来挽救制陶技艺和增加业主收入的想法，并付诸实施。在改造过程中，建筑师的工作不仅限于建筑设计（包括室内、景观、照明等相关专业内容）自身层面，对业态定位、产业融合、经营方式及后期宣传等问题也进行了同步思考。

项目同时探讨了在典型的乡土环境中，建筑师如何使用设计语言，结合场地环境，组织新旧材料来创造空间。也着重在低成本、低造价、低技术的建造背景下，建筑师在吸收当地建筑工人的传统建造经验的同时，运用废旧材料，融入当地景观，去除新旧排异性，完成人文气息浓郁的产业转型空间的建造。

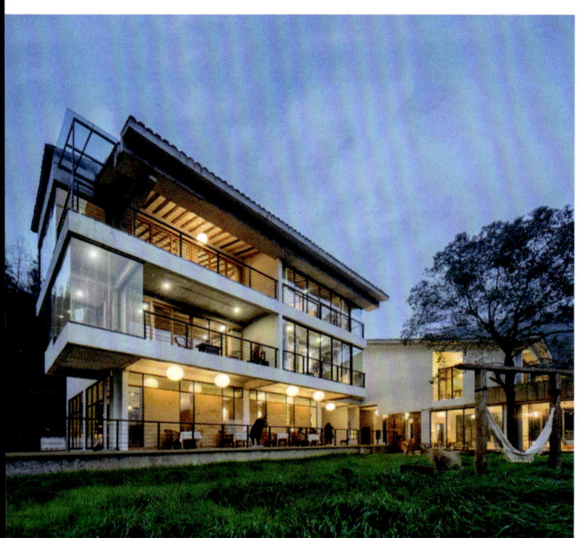

虎峰山——寺下山隐人文民宿

Hufeng Mountain - Temple Down Mountain Hidden People Homestay

项目业主：重庆下心文化创意有限公司
建设地点：重庆
建筑功能：度假民宿
用地面积：1 000平方米
建筑面积：800平方米
设计时间：2017年
项目状态：建成
设计单位：重庆悦集建筑设计事务所
主创设计：田琦、李骏
设计团队：胥向东、钟祁序、袁文光、王月冬、陈卫

本项目位于重庆市沙坪坝区曾家镇虎峰山，原址为一处废弃多年的残破夯土三合院。设计师在尊重场地山形与自然肌理、保留原有院落空间格局的前提下，提取传统乡土元素用当代设计语言进行转移与拓扑，并且充分尊重自然，保留场地原有生态植被，利用无边界水池、大面积草坪、天台及可上人坡屋面作为外部公共空间，使活动亲近自然，与自然对话。

在改造中，探讨了在典型的乡土环境下，建筑师如何使用当代设计手法，结合场地环境，组织“新旧语言”来创造空间。粗糙质感的土墙与现代的钢架结构之间的冲突隐喻着“新生”，底层新建夯土墙体作为场地肌理的一种延续，再加上陈设家具中大量旧木、竹和老家具的使用，有效地解决了新生物体和当地传统之间的平衡。地域文脉在传统工艺与当代设计手法的碰撞中得到活化与更新，打造出充满乡土韵味的现代民宿休闲空间，寄托着小隐隐于野的隐士情怀。

重庆·椒园

Chongqing·Jiaoyuan

项目业主：私人
建设地点：重庆
建筑功能：居住建筑
用地面积：18 000平方米
建筑面积：650平方米
设计时间：2018年—2019年
项目状态：在建
设计单位：重庆悦集建筑设计事务所
主创设计：李骏、何飙
设计团队：李涛、张茜、谢成平

本项目地处重庆近郊乡村，周边自然资源丰富，是典型的西南山地田园风光，景观视野开阔。设计采用传统合院的布局方式，外圆内方的空间格局，体现传统"天圆地方"的空间意境，既能很好地融入周边开阔的田园风貌，又能营造相对私密的多重内院空间。

土墙是西南地区传统民居常采用的建造方式，有质朴的外观和很强的气候适应性，但由于传统工艺的缺陷使得其结构强度和防雨防潮性能较差。设计中建筑外围采用了现代夯土的工艺来实现外围土墙的质朴造型，并以尽量通透的形式来加强室内外空间的衔接，增强使用者与景观的互动和感受。同时，设计延续了对景观的高度关注与融合的原则。不同标高的室外平台作为人员活动区域向外延伸，使更加亲近自然成为可能。

院落内部的建筑体量采用规整的矩形布局，保证了内部空间良好的使用效果。建筑与圆弧形土墙相互交错，形成灵动且富有韵律的院落空间。设计充分利用了原始地貌和植被，原生的大树都被保留下来，同时恢复了建筑周围大面积的稻田和果园，还原了"水满田畴稻叶齐，日光穿树晓烟低"田园意境。

李蕾

职务：陕西省建筑设计研究院有限责任公司主创建筑师
职称：工程师

教育背景

2002年—2006年　西安建筑科技大学工业设计学士

工作经历

2006年—2009年　陕西华瑞勘察设计有限责任公司
2009年—2013年　西安市长安区住房和城乡建设局设计室
2014年至今　陕西省建筑设计研究院有限责任公司

主要设计作品

西沣路街景综合提升整治工程
西汤路长安段街景提升工程
宝鸡市蔡家坡人民路改造项目
西安市灞桥区沿街建筑物立面整治项目
西安市长安区美丽村镇改造项目
韩国光复军纪念园设计
长安区兴国小学改造设计
临洮凤凰山景区整体规划及景观设计
环山路、长安大道、子午大道道路两侧建筑物外立面提升工程

建筑思想

建筑师基于关中本土文化影响下的特色建筑风貌的重塑与城市更新方面的研究和发掘，主要从事街景重塑、城市更新及老旧小区改造方面的设计，立足于民生工程，实现用设计提升广大群众生活质量、改善城市面貌、提升城市品位的理念。

陕西省建筑设计研究院有限责任公司成立于1953年4月，是陕西省省属规模最大的建筑设计单位，现有职工636人，整体技术力量雄厚，生产管理严格，设备配套齐全，实践经验丰富。公司在公共建筑、医疗建 筑、学校建筑、体育建筑、博物馆建筑、传统仿古建筑、超高层建筑、大型商业综合体、大型高档住宅小区规划及 设计、环境景观和古建园林设计等方面具有显著优势，工程设计项目遍布全国。公司先后被评为“诚信单位”“5A 级信用企业”“当代中国建筑设计百家名院”等，进入了全国建筑设计领先行列。

设计院将继续坚持“创新设计、确保质量、诚信服务、顾客满意”的质量方针，为顾客提供符合国家、地方法规要求的优秀设计产品和服务。

地址：西安经济技术开发区
文景路58号
电话：029-87271682（办公室）
网址：www.sadria.com
电子邮箱：sadria@163.com

西安市长安区美丽村镇改造项目

Renovation Project of Beautiful Villages and Towns in Chang'an District of Xi'an City

项目业主：西安市长安区住房和城乡建设局
建设地点：陕西 西安
建筑功能：惠民工程
设计时间：2010年—2018年
项目状态：部分建成
主创设计：李蕾

改造前

改造后

改造后

西安市长安区的环山路作为西安后花园的纽带，一直以来都是西安市民短途踏青首选之地，此次设计主要是针对环山路两侧小城镇和特色乡村进行提升改造，从而打造关中本土特色的乡村生态居所及特色农家院，从而提升环山路整体旅游形象，增加游客的参与性和体验感，提升西安的旅游影响力。

项目设计施工周期跨度较大，从2010年至今，设计施工对象主要是环山路长安段所涉及的小城镇和特色村庄，有子午古镇、滦镇、五台古镇二期提升部分、杨庄街办等特色古镇改造提升；乔良寨、台沟村、星火村、小新村等特色乡村提升以及连接西安主城区与子午路、长安大道、环山路等街景提升，是一项周期较长的惠民工程，期间有的建设完成，有的还在进一步深化设计、尚未实施。

其中子午古镇：设计主要是针对子午古镇的老街道进行改造，从而达到整体环境的提升，为子午古镇的居民和游客创造舒适的环境，进入推动整个环山路生态旅游更上一个台阶。

杨庄街办：属于西安生态旅游发展总体规划中终南山山崩奇观与佛教文化生态旅游区范围内的一个街办。本次提升改造为西安市经济快速发展、当地旅游品质的提高及当地居民幸福指数的提升起到了很好的推动作用。

西安市灞桥区沿街建筑物立面整治工程

Facade Renovation of Buildings along the Street in Baqiao District, Xi'an

项目业主：西安市灞桥区住房和城乡建设局
建设地点：陕西 西安
建筑功能：惠民工程
设计时间：2018年
项目状态：建成
主创设计：李蕾

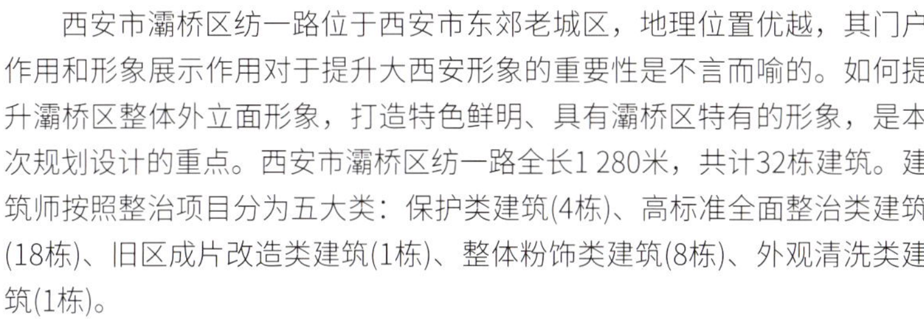

西安市灞桥区纺一路位于西安市东郊老城区，地理位置优越，其门户作用和形象展示作用对于提升大西安形象的重要性是不言而喻的。如何提升灞桥区整体外立面形象，打造特色鲜明、具有灞桥区特有的形象，是本次规划设计的重点。西安市灞桥区纺一路全长1 280米，共计32栋建筑。建筑师按照整治项目分为五大类：保护类建筑(4栋)、高标准全面整治类建筑(18栋)、旧区成片改造类建筑(1栋)、整体粉饰类建筑(8栋)、外观清洗类建筑(1栋)。

在改造设计时，结合建筑本身形象及是否需要采光、是否需要空调机位及建筑物的本身用途等提出相应的技术措施，使建筑既美观、又好用。通过一些必要的整治改造手段，使沿街建筑物立面在视觉上协调、美观。

西沣路街景综合提升整治工程

Street View Comprehensive Improvement and Renovation Project of Xifeng Road

项目业主：西安市长安区市容园林局

建设地点：陕西 西安

建筑功能：惠民工程

设计时间：2009年

项目状态：建成

主创设计：李蕾

滦镇十字街道内景效果图

郭杜十字立面效果图二

随着西安市长安区的快速发展，西沣路已成为贯穿西安至秦岭的城市主轴线，改造提升对于城市整体面貌的改善越来越重要。

这次规划设计位于西安市长安区，从高新出口至沣峪口山脚下，全长15千米左右。地段内用地性质以居住用地、村庄用地为主，穿插商业、建设用地等。规划设计区内建筑以低层建筑居多，其中郭杜中心、高桥中心、滦镇中心多为二层至三层商业建筑。根据西沣路所在区位及其现状发展分析，西沣路的整体定位为：集休闲、观景为一体的城市交通主干道，代表长安区形象的现代生态绿色示范大道。

沣峪口院落式民居效果图

滦镇十字西北角广场效果图

李犁

职务：中国建筑上海设计研究院有限公司
创作中心总监、第九设计院副院长
职称：高级建筑师

教育背景
1983年—1987年　东南大学建筑学学士

工作经历
2008年至今 中国建筑上海设计研究院有限公司

主要设计作品
上海南汇体育中心
上海车市（大跨钢构）
荣获：中国当代杰出青年建筑师奖
安徽宣城体育中心
荣获：2009年上海国际青年建筑师奖方案类三等奖
宁夏国宾馆
上海805所太空对接实验室
大连甘井子区行政中心
荣获：2007上海国际青年建筑师奖建成类三等奖
安徽宿州中央大厦
长春凯悦酒店
中国（苏州）工艺文化城
景德镇瓷都新天地

杜凯

职务：中国建筑上海设计研究院有限公司
农文旅产业研究院副院长、设计总监

教育背景
1996年—2001年　武汉大学建筑学学士
2001年—2004年　华中科技大学建筑学硕士

工作经历
2004年—2005年　华东建设发展设计有限公司
2005年—2017年　澳大利亚佰韬建筑设计事务所
2017年至今　中国建筑上海设计研究院有限公司

主要设计作品
"绿筒"
荣获：中国建筑学会2002年"首届中国生态住宅设计大赛"优秀奖
上海工程技术大学现代工业训练中心5号楼
荣获：2007年上海市勘察设计协会上海市优秀工程设计二等奖
烟台滨海喜来登度假酒店
荣获：2012年全国工程建设项目优秀设计成果二等奖
苏州太湖柳汀别墅区
荣获：2013年布隆伯格亚太地产设计大奖

王晓昌

职务：中国建筑上海设计研究院有限公司
第九设计院创作部设计总监

教育背景
2005年—2009年　同济大学建筑学学士

工作经历
2009年—2012年　美国葛乔治建筑设计事务所
2012年—2016年　上海东方建筑设计研究院
2016年至今　中国建筑上海设计研究院有限公司

主要设计作品
安徽黄山绮里影视城度假民宿
苏州西山太湖度假区民宿聚集区
莫干山金天地地产公司度假民宿区
中太行山景区规划设计
南阳远山的呼唤田园综合体
苏州吴江旗袍小镇规划设计
苏州青蛙村规划设计

中国建筑上海设计研究院有限公司
CHINA SHANGHAI ARCHITECTURAL DESIGN & RESEARCH INSTITUTE CO.,LTD

地址：上海市普陀区云岭东路245号2号楼5楼
电话：021-52559739
传真：021-62860909
网址：www.shin.cscec.com
电子邮箱：289230865@qq.com

中国建筑上海设计研究院有限公司是具有城市规划甲级、建筑设计甲级、园林景观甲级、市政行业乙级和施工图审查(含超限) 资质的国家大型综合建筑设计院，是中国建筑工程总公司的核心成员企业。在"2017年度全球150强工程设计企业"排名中，中建设计集团工程设计总营业收入名列第37位，居于中国建筑设计类企业之首。

上海设计研究院现有员工2 000余人，其中教授级高级建筑师、教授级高级工程师80余人，高级建筑师、高级工程师300余人，国家一级注册建筑师、国家一级注册结构师、注册设备工程师、注册电气工程师300余人。

杨帆

职务：中国建筑上海设计研究院有限公司
第九设计院副院长
职称：工程师
执业资格：国家一级注册建筑师

教育背景
2004年—2009年 哈尔滨工业大学建筑学学士
2010年—2013年 同济大学建筑学硕士

工作经历
2013年至今 中国建筑上海设计研究院有限公司

主要设计作品
景德镇洲际皇冠假日酒店
安徽蚌埠延安路地块商业街区及住宅
淮北南翔云集
雪松花巷里
乳山体育中心
乳山新建小学
沈阳鼎上产业园
淄博自贸免税商城
沈阳安吉产业园
恒生未来城

汪洋

职务：中国建筑上海设计研究院有限公司
第九设计院设计总监、第四设计所所长
职称：高级工程师
执业资格：国家一级注册建筑师

教育背景
2002年—2007年 扬州大学建筑学学士

工作经历
2007年至今 中国建筑上海设计研究院有限公司

主要设计作品
上海世博会志愿者服务站
苏州吴江旗袍小镇
苏州工艺品城
张家港骏马大厦
张家港骏马锦绣江南住宅系列
上海松江启迪科创园
徐州凤凰山小学
驻马店银座广场
徐州高铁新城邻里中心
浙江台州吉利汽车生活广场

尚志荣

职务：中国建筑上海设计研究院有限公司
方案所所长、资深主创设计师
职称：工程师

教育背景
2005年—2010年 中国矿业大学建筑学学士

工作经历
2010年—2014年 上海博骜建筑工程设计有限公司
2014年—2015年 江苏省苏中建设集团上海建筑设计分公司
2015年—2016年 上海筑略创想建筑设计有限公司
2016年—2018年 上海现代集团
2018年至今 中国建筑上海设计研究院有限公司

主要设计作品
沧州东方世纪家园
兴隆咖啡公园
巴盟体育馆
太原华润中心二三期、四期
山东华润济南B2地块
长春云计算中心

林笑

职务：中国建筑上海设计研究院有限公司
第九设计院第四设计所主创设计师
职称：初级工程师

教育背景
2011年—2016年 辽宁工程技术大学建筑学学士

工作经历
2016年—2017年 江苏神龙海洋工程集团有限公司
2017年至今 中国建筑上海设计研究院有限公司

主要设计作品
驻马店银座广场
徐州高铁新城邻里中心
浙江台州吉利汽车生活广场
无锡车联网小镇

景德镇洲际皇冠假日酒店

Jingdezhen Intercontinental Crown Holiday Inn

项目业主：景德镇黑猫集团
建设地点：江西 景德镇
建筑功能：酒店建筑
用地面积：28 946平方米
建筑面积：55 420平方米
设计时间：2019年
项目状态：方案
设计单位：中国建筑上海设计研究院有限公司
主创设计：李犁、杨帆、尚志荣、杜凯

酒店设计重点在于表现出酒店的庄重感、舒适感以及体现城市文化价值感。把酒店以及酒店配套建设成一个具有高起点、高标准、高品位及表现景德镇风格化的酒店住宿，是设计的最终目标。

在对任务书认真分析和对基地现状多次踏勘之后，建筑师发现在该项目中最核心的问题是功能与环境之间如何有机融合。一方面，该项目的功能是酒店，要求高效率地使用土地，在有限的土地使用和投资情况下营造更多的有用空间；另一方面，高端的定位、优越的环境、项目的特点以及基地内丰富的现状地形却在提醒设计团队，生硬地抹平环境肌理是绝不可取的，应努力营造特色鲜明、高质量、高水平的与当地文化有密切联系的建筑。该项目极大程度地提升了整个城市的接待能力，提升区域的影响力，立足于莲花塘风景区，服务于整个城市。

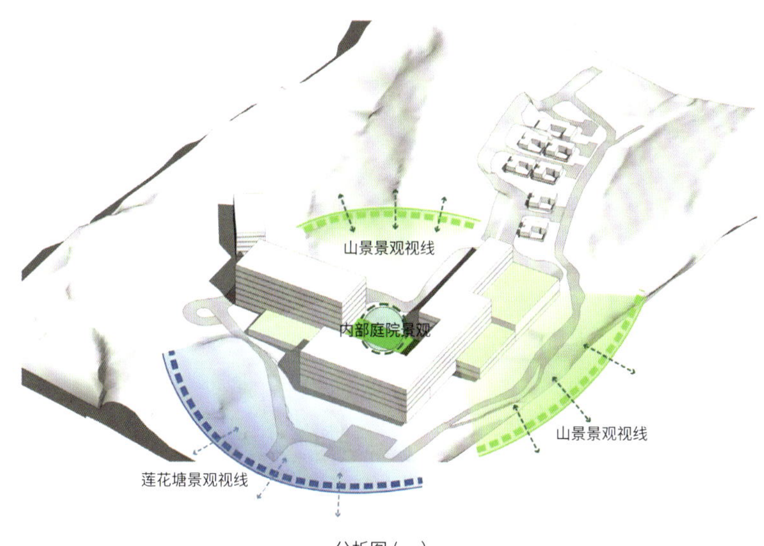

分析图(一)

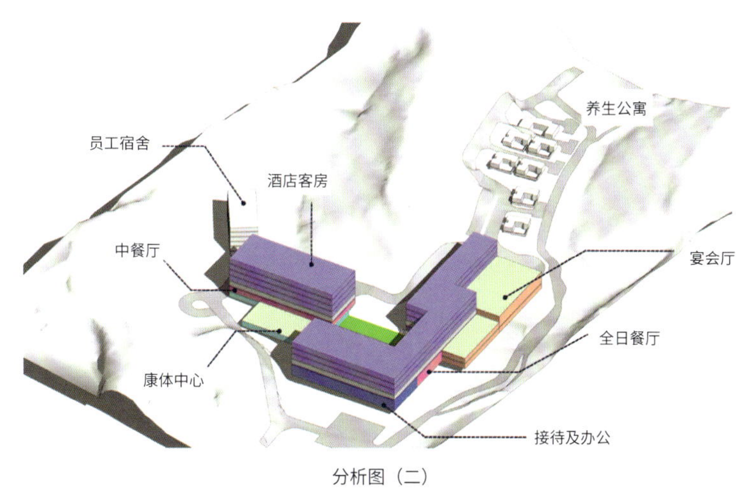

分析图(二)

西塘花巷二期规划设计

The Second Phase Planning and Design of Xitang Huaxiang

项目业主：嘉善康辉创世旅游开发有限责任公司
建设地点：浙江 嘉兴
建筑功能：文化、旅游建筑
用地面积：58 783平方米
建筑面积：81 346平方米
设计时间：2018年
项目状态：方案
设计单位：中国建筑上海设计研究院有限公司
主创设计：李犁、杨帆、尚志荣、王晓昌

本项目位于浙江省东北部嘉善县西塘镇，是由酒店、剧院、商业组成的建筑群，为1至3层的单体建筑，建筑高度均控制在11.60米以下。建筑借助“人”字形坡屋顶来表现自然与环境的高度融合，继承了传统的古建筑风格，在工艺和布局上又有新的突破。烟雨长廊沿河流水系延伸，营造舒适协调的氛围，特色步行街结合牌坊、长廊、古建，打造西塘文化。

对环境意向、场所文脉的尊重：有意义的建筑是对特定区域和地段各种物质因素和生态因素直接而持续的回答。经过分析，形成以水景（水脉）、林景（绿脉）的景观系统为主题，营造一个与主题紧密相连、流畅完整、有高品位美学特征的场所。

六盘水冰雪城

Liupanshui Ice and Snow City

项目业主：贵州省跃峰体育产业有限公司
建设地点：贵州 六盘水
建筑功能：体育、教育、旅游建筑
用地面积：1 144 048平方米
建筑面积：1 240 500平方米
设计时间：2019年
项目状态：方案
设计单位：中国建筑上海设计研究院有限公司
主创设计：汪洋、林笑

本项目分为三个圈层。核心圈层：内核为体育中心；第二圈层：体育与教育、孵化、旅游休闲等相关产业相互促进；第三圈层：完善配套设施建设，提升地块居住服务体验。

设计构思：凤凰，古代传说中的百鸟之王。地块轮廓极似一只凤凰，北为凤首，东西为其翼，南为凤足，古时称其为“凤凰地”。方案的整体布局采用“天圆地方”及“凤凰抱珠”的意向布局，在地块中央也是地块最高处设置圆形的体育中心，东西两侧为平地，人才公寓则为较为方正的形式。地块南侧的凤凰之足为地块发展之轴所在，是项目立足之本。

方案的设计理念结合了中国传统文化，又将现代建筑布局融合其中，不仅保证了整个设计基于教育的庄重，也不失旅游建筑及体育建筑的活力。

林东海

职务：浙江新创规划建筑设计有限公司创始人兼院长
职称：高级建筑师
执业资格：国家一级注册建筑师

教育背景
2000年—2003年　浙江工业大学工民建专业
2016年—2019年　华侨大学建筑学院硕士

工作经历
1998年—2000年　温州大学建筑设计研究所
2000年—2007年　温州市联合建筑设计院
2007年至今　浙江新创规划建筑设计有限公司

社会职务
政协温州市瓯海区第九届委员
民建温州市调研委委员
中国建筑学会资深会员

主要设计作品
灵霓发展大厦
海港城度假酒店
天圣逸境养生山庄
海西太阳人国际幼儿园
平阳县闹村第一幼儿园
茗阳汤泉健康养老中心
泰顺县福利院西南片区敬老院
邓州青少年科技体验园1标段体验馆
邓州楚河文化公园
汇珍会玉石工坊

李海波

职务：浙江新创规划建筑设计有限公司常务副总经理兼副院长
职称：高级建筑师
执业资格：国家一级注册建筑师

教育背景
1993年—1997年　武汉大学建筑学学士

工作经历
1997年—2009年　温州市联合建筑设计院
2009年至今　浙江新创规划建筑设计有限公司

主要设计作品
温州新城57号地块世纪锦绣园别墅区
森马集团高层办公楼
温州市第三中学迁建工程
洞头区霓屿义务教育学校
丽水上尚广场
温州经济技术开发区丁山社区卫生中心
平阳回生堂中医院
文成县名流家园
文成县百丈漈景区旅游接待中心出让地块
乐清市城中村改造安置房（中心区E-a42-1二期地块）
温州长江汽车电子有限公司滨海厂区

浙江新创规划建筑设计有限公司

SUN CREATION PLANNING & ARCHTECTECTURE DESIGN CO.LTD

浙江新创规划建筑设计有限公司总部位于浙江温州，成立于2007年，注册资金1 000万元，通过质量管理、环境管理、健康安全三个体系认证。公司具备建筑工程、风景园林双甲级设计资质，同时具备城市规划编制、房屋安全鉴定资质。

公司现有近150名工程技术人员，具备国家执业资格及中高级职称人员占50%以上。对内采用平台化合伙人制和公司主导创作制相结合的特色经营管理制度，对外以创新的设计和求实的作风，赢得了社会认同和业主好评。

公司秉承“新创意、同发展”的经营理念，主营业务为建筑工程设计、风景园林设计、室内装饰设计，兼营项目前期策划、城市规划编制、工程技术咨询、房屋安全鉴定等。公司定位深耕公共建筑和文化旅游项目，累计完成设计上千余项，其中多个项目荣获国家、省市级相关设计奖项。

公司业务范围正逐步开始向外拓展，在全国布局多家区域分支办公机构。欢迎全国各地优秀设计团队加盟合作，共创美好人居环境。

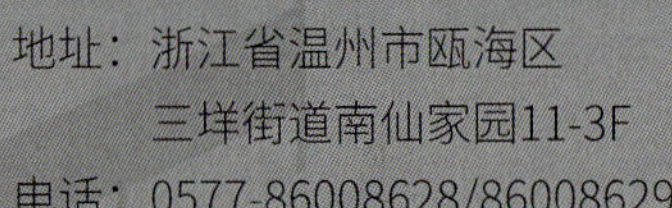

地址：浙江省温州市瓯海区
三垟街道南仙家园11-3F
电话：0577-86008628/86008629
电子邮箱：88064650@qq.com

灵霓发展大厦

Lingni Development Building

项目业主：温州市灵霓建设发展有限公司
建筑功能：商业综合体
建筑面积：32 400平方米
项目状态：在建
主创设计：林东海、王国峰

建设地点：浙江 温州
用地面积：12 300平方米
设计时间：2018年
设计单位：浙江新创规划建筑设计有限公司

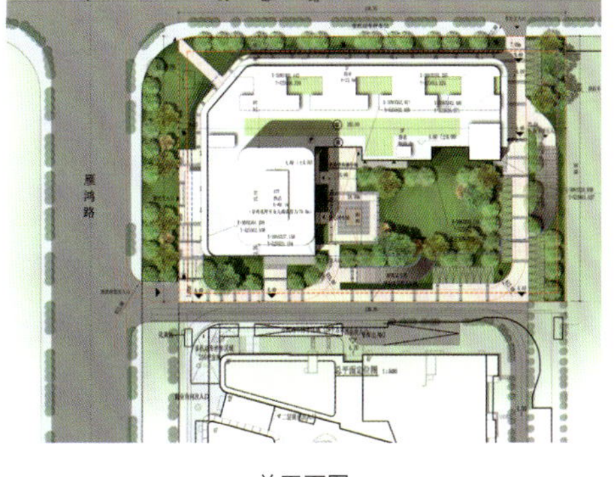

总平面图

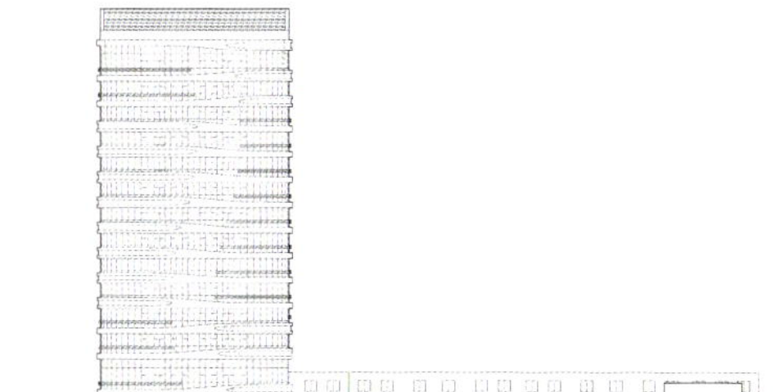

立面图

立意：瓯江口新区位于温州入海口，相传南宋王十朋赶考夜宿江心屿，留下千古名联：“云朝朝朝朝朝朝朝散，潮长长长长长长长消”。远观东海之浪潮，意接江心之名联，设计高层主体如浪潮变化，气韵层层叠叠。

表达：新现代主义，展现海洋特征建筑，体块简洁，横向切割，通过最基本窗墙做出弧线变化，形成浪潮意向。裙楼采用航空母舰造型，楼顶设计飞机造型，金属漆仿铝板表面，体现新时代科技感。

邓州青少年科技体验园1标段·体验馆

Dengzhou Youth Science and Technology Experience Park, Bid 1, Experience Museum

项目业主：邓州市城乡统筹实验区管委会
建设地点：河南 邓州
建筑功能：文化建筑
用地面积：26 565平方米
建筑面积：21 600平方米
设计时间：2018年
项目状态：在建
设计单位：浙江新创规划建筑设计有限公司
主创设计：林东海、陈芝曦

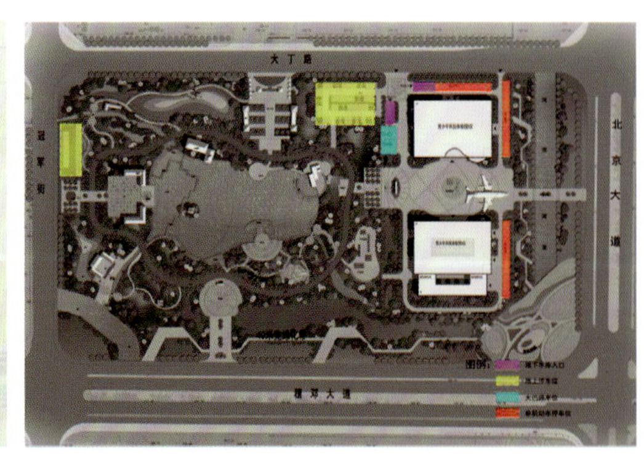

本项目在规划上沿楚河公园东西向贯通，形成一条完整的景观中轴，在中轴线东侧上下分别布置两个馆，形成了“一轴两星”的格局。

体验馆建筑设计采用现代主义风格，内天井居中布局，光在空间中部柔和照亮。体验馆方正组合，展示馆圆弧柔美，整体和谐统一。体验馆外墙采用铝板表皮，应用数字技术，外墙自由度高，积木拼接的造型隐含主题，强调雕塑感和城市形象。

邓州楚河文化公园

Chuhe Cultural Park, Dengzhou

项目业主：邓州市城乡统筹实验区管委会
建设地点：河南 邓州
建设功能：城市公园
用地面积：61 000平方米
设计时间：2017年
项目状态：在建
设计单位：浙江新创规划建筑设计有限公司
主创设计：林东海、孔祥云

设计理念：突出文化性、注重生态性、承载功能性。

规划以中心湖开挖堆坡造景，进行地形优化，满足景观塑造、空间组织、雨水控制利用等，合理确定场地的起伏变化、水系的功能和形态，并在园区内平衡土方。

通过点线串联，将公园分为几大功能区块：中心湖、礼乐广场、楚汉对弈、书屋探幽、诗情画意、临湖问茶、下沉音乐喷泉广场、儿童游玩中心、人工沙滩等。

平阳县闹村乡第一幼儿园

First Kindergarten in Naocun Township, Pingyang

项目业主：平阳县闹村乡第一幼儿园
建设地点：浙江 温州
建筑功能：教育建筑
用地面积：7 431平方米
建筑面积：5 000平方米
设计时间：2018年
项目状态：在建
设计单位：浙江新创规划建筑设计有限公司
主创设计：林东海、董显观

一、注重地域文化、融合自然环境

在建筑立面上采用中式白墙灰瓦，同时结合现代风格坡屋顶设计，使建筑风格协调。注意乡村和幼儿尺度，采用控制小体量组合。

根据周边环境多山的自然特色，建筑群体造型借鉴山体形态，营造此起彼伏的天际线，使整体融于自然环境。

二、营造空间安全感、趣味性

平面采用的四合院设计，四面围合形成中庭，营造出孩子活动安全的心理体验感。多功能活动室设计为大树叶，下部灰空间便于活动，将娱乐设施同建筑结合，增加趣味性。

三、规划流线科学、功能分区合理

设计采用人车分流，内外有别。建筑以入口门厅为主要交流中心，主要设置入口交流区及校园文化展示廊。内部流线通过连廊使得各个教学区域都可到达，避免了风雨的干扰，出入便捷又不互相干扰，体现了人性化设计。

教学区、办公区、后勤区、室外活动区分区合理，后勤区分离于其他区，室外活动区位于南侧，便于管理和幼儿达到。

洞头区霓屿义务教育学校

Niyu Compulsory Education School, Dongtou District

项目业主：温州市洞头区工务局
建设地点：浙江 温州
建筑功能：教育建筑
用地面积：32 477平方米
建筑面积：19 011平方米
设计时间：2015年
项目状态：建成
设计单位：浙江新创规划建筑设计有限公司
主创设计：李海波、章俊

分区合理：校前区、教学区、后勤区、运动区。以中间走廊为中轴线，教学区、运动区分列两侧，动静功能分区，行列式建筑布局井然有序。教学区根据学生特点，依次为小学教学楼、专用教学楼、初中教学楼，使用便捷，减少干扰。

建筑延续海岛民居的味道，采用折中主义手法，辅以装饰线条；同时研究地域性特征，考虑台风较大，建筑设计减少出挑，体现形体朴实方正的特点。

林孟彬

职务：福建省南方建筑设计有限公司副院长
执业资格：国家一级注册建筑师

教育背景
2001年—2006年　福州大学建筑学学士

工作经历
2006年—2012年　福州大学土木建筑设计研究院
2012年—2014年　福建西海岸建筑设计院
2014年至今　福建省南方建筑设计有限公司

个人荣誉
福州大学至诚学院建筑系外聘教师
2017年海峡两岸青年设计大赛主评委

主要设计作品
久策大厦
建榕大厦
宁德树德学校
福安金瑞商业广场
武汉福晟滨江国际
琅岐互联网生态金融新城
武夷山桐木海丝茶文化产业园
政和石圳白茶小镇廊桥
白樟避灾中心项目
政和石圳正在此间民宿
宁德天行金都大厦
福安廉村书院
闽清樟洋村乡建项目
永泰嵩口乡建项目
永泰长庆镇乡建项目
建宁县中山北路沿线立面整治
东平镇苏区纪念馆
武夷水庄（一水间）民宿

福建省南方建筑设计有限公司
FUJIAN NANFANG ARCHITECTURAL DESIGN CO., LTD.

福建省南方建筑设计有限公司成立于2000年，由多名福建省知名建筑设计师联合创立。公司具建筑工程设计甲级资质。公司成立至今发展迅速，集中了一批优秀的建筑师、结构工程师及机电设备师团队，为建筑领域提供高品质的设计服务。公司秉承实干精确、诚信严谨的作风，在与各大房地产开发企业及公共事业企业的合作中积累了丰富的设计经验。

公司方案创作及施工图设计与服务并重。在街区型商业、时尚办公街区、商品住宅、工业建筑等领域的规划、建筑、景观设计中都显现了强大的创造力和丰富的经验，深获各界好评与信任。公司有完备的组织架构、质量管理及薪酬体系，在大中型居住小区的施工图设计及服务中，一直保持良好的质量和时效管控能力，具备良好的服务意识。

公司是极富个性的新智力机构，拥有自成体系的设计理念、充满创新的工作方法、融洽的人际关系，最大限度地激发了设计人员的创作激情。公司和众多地产开发集团均保持良好关系，共同研发拓展，实现客户价值最大化和社会资产最优化。

地址：福州市仓山区金工路1号
海峡创意产业园七号二层
电话：0591-83502672
传真：0591-83502672
电子邮箱：171043797@qq.com

宁德树德学校

Ningde Shude School

项目业主：宁德树德学校
建设地点：福建 宁德
建筑功能：教育建筑
用地面积：59 380平方米
建筑面积：83 750平方米
设计时间：2019年
项目状态：方案
设计单位：福建省南方建筑设计有限公司
主创设计：林孟彬、薛书琛、陈龙海、陈宗旭

总平面图

伴随着社会发展，教育建筑迎来新的一个发展时期。宁德树德学校是一个综合性学校，包含幼儿园、小学、中学及相关配套。学校建筑最典型的特征是其浓厚的人文氛围。本设计注重文化元素的表现，给学生提供学习交流和情感交流的场所。同时，加入标语和有文化氛围的雕塑，利用学校建筑设施来体现学校的文化内涵。校园主入口的景点式设计，让家长学生与学校之间产生新的互动，避免学校内外产生隔离的效果。

建榕大厦

Jianrong Building

项目业主：福州市城乡建设发展总公司
建设地点：福建 宁德
建筑功能：办公建筑
用地面积：7 862平方米
建筑面积：37 624平方米
设计时间：2014年
项目状态：建成
设计单位：福建西海岸建筑设计院
主创设计：林孟彬、薛书琛、肖恒义

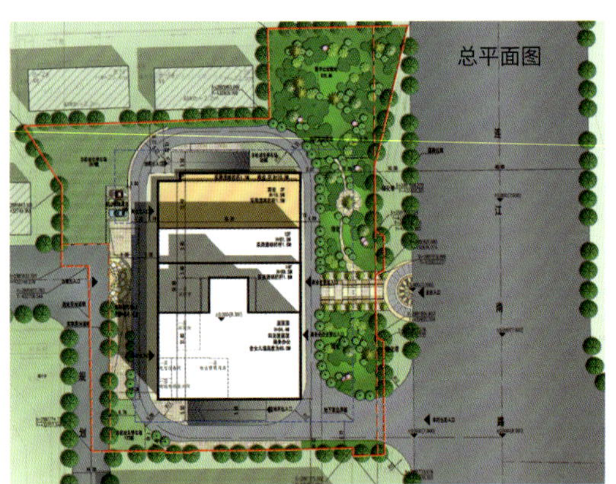

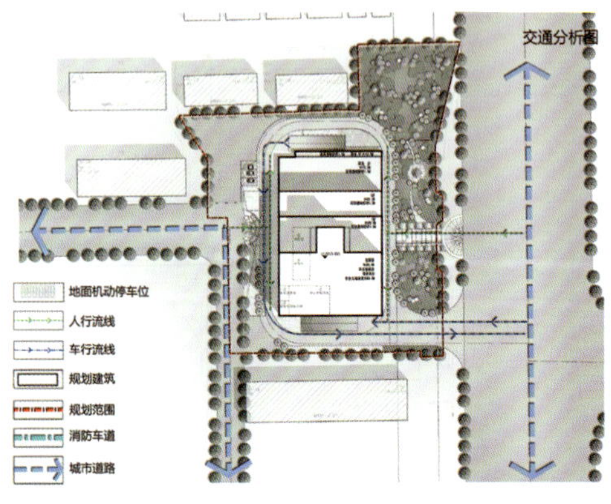

本项目位于福州市连江南路138号，北侧为闽江，东侧紧临连江南路市政大道。建榕大厦特定的建筑功能内涵和特殊的建造地段蕴含着建筑与城市外部空间环境的密切关系。城市外部空间及景观引入建筑内部，软化建筑的边缘，在建筑总体空间体系中形成内与外的空间构成。主体建筑整体造型简洁明快、庄重大方，表达了城市特定地理位置建筑的空间环境特色，通过植物与花卉配置建立了独特的办公楼建筑入口环境景观。

整个办公楼建筑高低变化、形体完整，同时突出主楼建筑的体量。主楼外墙面设计虚实结合，简洁的外立面反映建筑形象的庄重感，并通过设置屋顶构架使主楼顶部空间和体量产生变化，避免单调感，体现该建筑独特的形象与现代特征。

久策大厦

Jiuce Building

项目业主：福建久策集团有限公司
建设地点：福建 福州
建筑功能：办公建筑
用地面积：20 479平方米
建筑面积：81 472平方米
设计时间：2012年—2013年
项目状态：建成
设计单位：福州大学土木建筑设计研究院
主创设计：林孟彬、潘兴

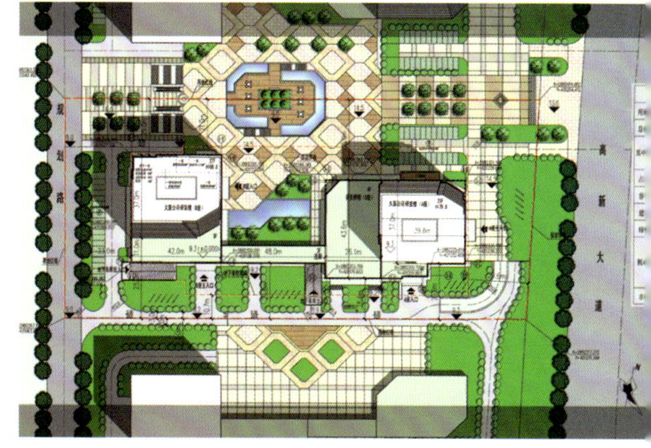

本项目位于闽侯县大学城。根据项目用地现状，利用东面高新大道比西面规划路高约4米的特点，将场地挑空抬高，形成空中公共交流平台，既缓解了东西道路高差大所造成的负面影响，模糊了建筑与环境之间的边界关系，又合理有效地解决停车及人车分流，与周边很好地相互渗透和对话，且节省了造价投资。

建筑规划为两栋主楼及一座多层，分别为东塔A座和西塔B座，中间通过研发附楼C座连接。建筑东低西高，利用形体的变化让出最佳的乌龙江景观视觉角度。主要人流分别从场地东北角及西北角通过地面架空层及空中公共交流平台便捷地进入一层门厅、二层大堂及研发配套空间。两个地下车库出入口分别设置在大楼的西南角，让出中央景观共享区，人车分流营造出便捷舒适的环境。

武夷山桐木海丝茶文化产业园

Wuyi Mountain Tongmu Haisi Tea Cultural Industrial Park

项目业主：武夷山海丝茶文化投资管理有限公司
建设地点：福建 武夷山
建筑功能：产业园
用地面积：22 250平方米
建筑面积：26 815平方米
设计时间：2016年
项目状态：方案
设计单位：福建省南方建筑设计有限公司
主创设计：林孟彬、柯达峰、薛书琛、陈龙海

本项目以武夷山厚重的人文自然资源为依托，以“茶”“禅”等地域文化为创意内涵，打造国内独具特色的茶文化产业园。

一、用地规划

以“二街三坊”为格局。二街贯通东西，是茶园内两条主要道路，路边设有商铺；三坊横贯南北，形成小巷庭院。道路流线简洁明了，横纵交错，形成中轴对称。主次路口位于主干道，交通便利。

二、建筑设计

以“九屋十进”为形制。对中国传统的形制加以传承，进一步变形创新。符合功能的形式下创造出体验式的空间序列，创造园林造景氛围中的购物环境。

三、庭院特色

以“一墙一院”为特色。庭院，是茶园最具有特色的地方。隔一墙，落一院，院内青竹葱郁，并缀以亭台楼阁、山石花草，融人文、自然景观于一体。取院内一物一景，渗透于禅心。茶味，隐而欲见。

四、建筑风格坊巷纵横

以“竹构白墙”为格调。在两个街区内，坊巷纵横，石板铺地，小巷宁静悠远，时而飘出阵阵茶香，有着引人入胜的神秘气质。灰石白墙，廊院竹构，一起一落，一近一远，映在眼眸，皆成美景。茶韵，由此而生。

东平镇苏区纪念馆

Dongping Town Su District Memorial Hall

项目业主：政和县东平镇人民政府
建设地点：福建 南平
建筑功能：纪念馆
用地面积：8 255平方米
建筑面积：5 463平方米
设计时间：2018年
项目状态：建成
设计单位：福建省南方建筑设计有限公司
主创设计：林孟彬、薛书琛、陈龙海、黄滨

总平面图

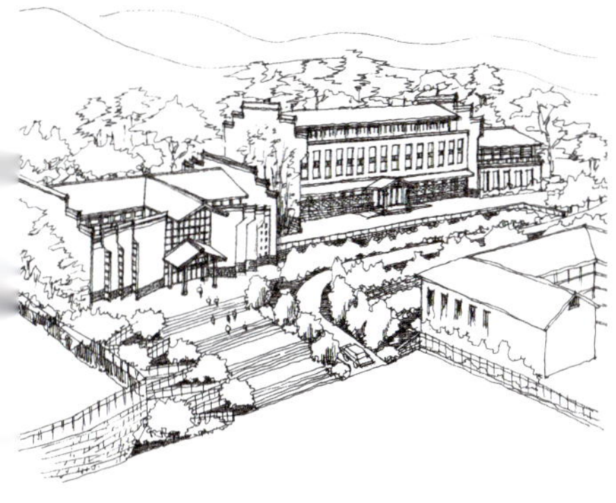

方案主楼纪念馆设置内部庭院，延续当地民居特色空间，使展馆内外呼应、与空间浑然一体。在纪念馆立面造型设计方面，采用当地山墙和特色斜屋顶，结合中共政和第一支部旧址纪念碑的形象，展现出特有的形态特征。

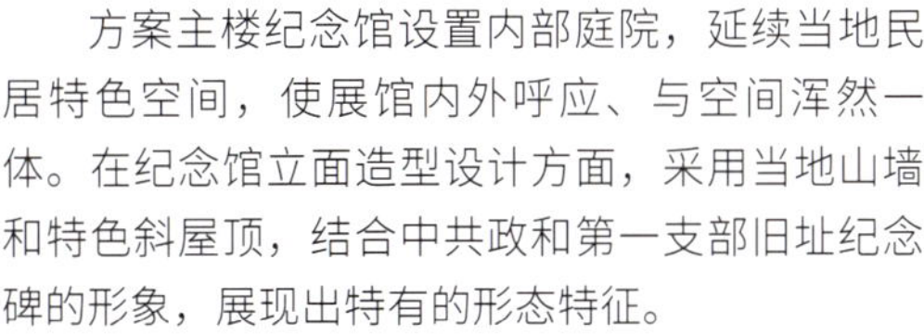

建筑主游览线由入口集散广场进入牌楼，通过两段台阶进入大广场，再由广场进入主楼纪念馆，由此体现传统建筑中轴对称的强烈秩序感。纪念馆与宿舍楼及食堂之间由廊道和休息亭连接，加强三栋建筑及景观点的联系。

梁海岫

职务：华南理工大学建筑设计研究院有限公司建筑设计六院院长
职称：高级建筑师
执业资格：国家一级注册建筑师

教育背景

1989年—1993年 华中理工大学建筑学学士
1993年—1996年 华南理工大学建筑学硕士
2005年—2009年 华南理工大学建筑学博士
2014年—2015年 美国加州大学伯克利分校访问学者

工作经历

1996年—2005年 广东省建筑设计研究院工程师、高级工程师
2011年—2013年 亚热带建筑科学国家重点实验室特聘研究人员
2010年至今 华南理工大学建筑设计研究院有限公司建筑设计六院院长
2012年至今 华南理工大学硕士生导师

主要设计作品

海口双岛教育文化中心
荣获：1999年海南省优秀设计三等奖
广州国际会展中心
荣获：2000年中国建筑学会优秀设计方案奖
广东移动通信枢纽楼
荣获：2001年中国建筑学会优秀设计方案奖
佛山丽日豪庭
荣获：2001年建设部詹天佑奖
广东省农村住宅竞赛
荣获：2005年广东省建设厅三等奖
广东外语外贸大学图书馆
荣获：2001年中国建筑学会优秀设计方案奖
广州中医药大学体育馆
荣获：2007年广东省优秀工程勘察设计三等奖
广州港湾广场（与加拿大B+H合作）
荣获：2009年广东省优秀工程勘察设计三等奖
东莞职业技术学院图书馆
荣获：2013年广东省优秀工程勘察设计一等奖
2013年全国优秀工程勘察设计二等奖
2013年岭南优秀设计铜奖
泰州民俗文化展示中心
荣获：2015年全国优秀工程勘察设计一等奖
成都大学东盟艺术学院
荣获：2019年广东省建筑设计奖公建类三等奖
大浪文化艺术中心与体育中心
荣获：2019年广东省建筑设计奖公建类一等奖
广州南沙国际贸易中心
荣获：2019年广东省建筑设计奖公建类二等奖
2018 AIA LA NEXT LA AWARDS CITATION AWARD
广州高技能人才公共实训基地
南海樵纺大厦
广州荔湾西郊泳场二期
南海桂城灯湖小学
富力广场配套中学
吉林大学图书信息综合楼
广东药科大学云浮校区
桂林理工大学博文学院南宁东盟校区
哈尔滨工程大学青岛校区
广西大学君武文化艺术教育中心
郑州工程技术大学新校区

华南理工大学建筑设计研究院有限公司

华南理工大学建筑设计研究院有限公司是全国著名的双甲级设计研究院，始建于1953年，是全国重点高校最早成立的甲级设计研究院之一。经过60余年的积淀和发展，已成为一个技术力量雄厚、人才结构合理、专业配套齐全、设计手段先进并在质量保证体系等方面都处于国内同行业先进水平的建筑设计院。具备建筑行业建筑工程、建筑智能化系统工程设计专项、城市规划资质、市政行业专业、风景园林工程设计专项、环境工程专项、工程咨询建筑和城市规划专业、文物保护工程勘察设计等多项资质，并通过ISO9001质量体系认证。

建筑设计六院是一支年轻而充满活力的设计团队，全专业职工50余人，硕士及以上学历占60%。建筑设计六院自成立以来参与了近200个重要的建筑和规划设计项目，已建成的包括校园规划、文化建筑、高层建筑、科研实验、政府办公、司法建筑、商业、居住、改造与更新数十项。经过多年沉淀，一批优秀项目已落成，团队从年轻到成熟，坚持“产学研”一体化设计，不断创造新的业绩。延续何镜堂院士“建筑设计要树立整体观和可持续发展观，要体现地域性、文化性、时代性的和谐统一”的理念，关注空间与形式的边界、文脉与场地精神的传承，使建筑不但提供物质空间，更创造富有魅力的人文空间。

地址：广州市天河区华南理工大学五山校区建筑设计研究院主楼三楼
网址：www.scutad.com.cn
电话：020-22238160
电子邮箱：lianghaixiu@scut.edu.cn
传真：020-22238004

东莞职业技术学院图书馆

Dongguan Vocational and Technical College Library

项目业主：东莞职业技术学院
建设地点：广东 东莞
建筑功能：教育建筑
建筑面积：21 530平方米
设计时间：2007年
项目状态：建成
设计单位：华南理工大学建筑设计研究院有限公司建筑设计六院
设计团队：梁海岫、刘宇波、陈勇、张春意

本项目位于东莞职业技术学院中心湖畔，用延续两个方向的轴线将教学中心区串联起来。图书馆的阅读空间紧邻无盖中庭，设置了半室外的阅览及交往空间。东莞地处岭南，考虑到气候特点，利用小进深院落来组织自然通风，并以架空层与中庭结合在一起加强通风效果。首层结合滨湖景观和跌落高差，形成丰富的平台和架空层，与湖面小桥连为一体，既是景观平台，又是湖边一景。

建筑造型强调细节的丰富、体块的组合与穿插以及建筑的力度感与雕塑感，大悬挑结构的水上阅览室已经成为东莞职业技术学院的标志，获得广大师生的认可。自投入使用以来获得使用方较好评价，后期结合实训中心资料室建设，将图书馆一部分功能与实训中心结合，设置项目团队研究用房以提高图书馆使用率。

广西大学君武文化艺术教育中心

Guangxi University Junwu Culture and Art Education Center

项目业主：广西大学
建设地点：广西 南宁
建筑功能：剧场
用地面积：22 582平方米
建筑面积：19 349平方米
设计时间：2017年
项目状态：建成
设计单位：华南理工大学建筑设计研究院有限公司建筑设计六院
设计团队：何镜堂、梁海岫、刘宇波、李久芳、张春意

君武文化艺术教育中心（汇学堂）是广西重点建设项目，选址位于广西大学西校区中心轴线端部，是西校区空间轴线的延续，同时场地东侧与图书馆相望，建筑将与图书馆共同形成校园文化中心，成为联系东校区和西校区的核心纽带。

广西大学汇学堂为原广西大学礼堂，由梁思成先生设计，为国内目前唯一可以使用的民国礼堂。该方案提取汇学堂典雅大方的形状轮廓，进行现代演绎，以传承和保留广西大学的校园文化记忆。新汇学堂为1 800座剧场及一个300座音乐厅，融合观演、教学、办公等多种功能。

建筑设计以“百年汇学，厚德朴诚”为设计立意，结合铭记校园历史记忆的建筑坡屋顶、柱廊等特征，演绎校园核心建筑的端庄大气，形成具有历史意义的场所空间。

佛山灯湖小学

Foshan Denghu Primary School

项目业主：广东省佛山市南海区教育局
建设地点：广东 佛山
建筑功能：教育建筑
用地面积：42 132平方米
建筑面积：49 744平方米
设计时间：2016年
项目状态：建成
设计单位：华南理工大学建筑设计研究院有限公司建筑设计六院
设计团队：梁海岫、邢懿、陈勇、梅英、王彦

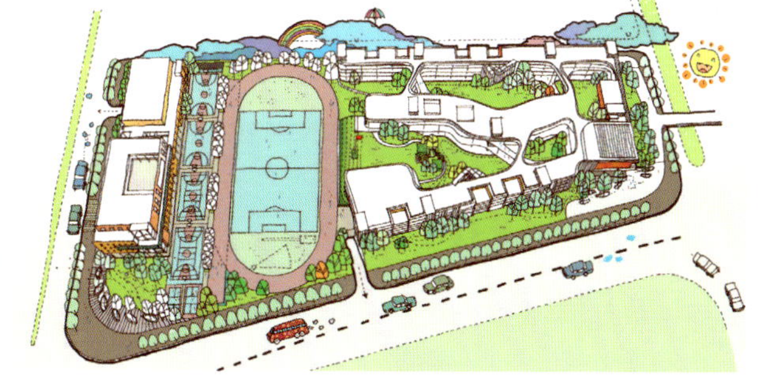

本项目从小学生的视角出发，为他们创造一个在每个角落都可以学习、活动的校园。

室外活动场地是小学设计中极为重要的部分，首层设置美术、劳技等第二课堂，与架空的庭院相互结合，小庭院空间提供了课余时间活动的可能性。根据低年级与高年级在身体、行为以及感觉上的差异，将低年级教学区与高年级教学区各自独立设置。泳池、风雨操场、社区青少年活动中心、球类运动场及地下停车库可以独立分时段管理，为学校和社区共同使用。建筑造型生动活泼、色泽明快，形成了丰富多彩的教学环境。

南京大学仙林国际化校区地学楼

Nanjing University Xianlin International Campus Geological Teaching Building

项目业主：南京大学
建设地点：江苏 南京
建筑功能：教育、科研建筑
用地面积：38 659平方米
建筑面积：46 482平方米
设计时间：2010年
项目状态：建成
设计单位：南京大学建筑规划设计研究院有限公司
主创设计：廖杰
参与设计：钱志嵩、王雯、张芽、胡晓明、王成
建筑摄影：姚力

南京大学仙林国际化校区地学楼由地质楼与地理海洋楼组成，通过两栋错位的回字形主楼自成体系，其间通过地质博物馆这一单独体量建筑形成联系。两栋楼通过错位咬合形成各自独立入口空间和后院，既联系便捷又相互独立。地质楼建筑造型为突出地质学院的特点及风格，设计上强调其体积感、雕塑感。主入口处采用敦实稳重的门头入口，建筑立面凹窗凸墙的建筑元素，产生了丰富的光影效果，同时解决了空调室外机的位置和外窗遮阳要求。整个建筑群高低错落有致，强调建筑的雕塑感、体积感，突出了地学院系敦厚、雄朴的科研风格。建成后与地理海洋楼前的下沉广场、绿化相互映衬，与南大诚朴雄伟、励学敦行的风格相共鸣。

南京大学仙林国际化校区体育馆

Nanjing University Xianlin International Campus Gymnasium

项目业主：南京大学
建设地点：江苏 南京
建筑功能：体育建筑
用地面积：76 500平方米
建筑面积：18 482平方米
设计时间：2007年
项目状态：建成
设计单位：南京大学建筑规划设计研究院有限公司
主创设计：廖杰
参与设计：陆春、王亮、刘俊、康信江、吴宏斌、蔡华明、陈火明

本项目的内部空间形态丰富而又实用。根据建筑功能划分成三个主要空间：比赛空间、训练空间及交通健身空间。这三个空间根据规模不同，巧妙地采用三个立方体块扭转、咬合而形成一个整体。主比赛场地体量最大，挑空要求最高，自然成为控制全局的主立方体。训练馆挑空要求较高，且为两层，通过下沉半层的空间处理，既解决了训练馆的层高要求，又极大丰富了其内部空间的趣味。第三个立方体则是主体育馆的交通集散平台，作为瞬间人流量很大的体育建筑，设置疏散平台是十分必要的。设计因势利导地在疏散平台下设置小空间的健身场所，充分利用不同类型的空间来组合、对位，形成既满足功能又具备体育建筑特有活力的空间趣味。

江苏钟山宾馆集团商务大楼改扩建

Jiangsu Zhongshan Hotel Group Business Building Reconstruction and Expansion

项目业主：江苏钟山宾馆集团
建设地点：江苏 南京
建筑功能：酒店建筑
用地面积：7 865平方米
建筑面积：53 517平方米
设计时间：2010年—2011年
项目状态：建成
设计单位：南京大学建筑规划设计研究院有限公司
主创设计：程超
参与设计：郝钢、韩明洁、王雯、肖玉全、蔡华明、方先节

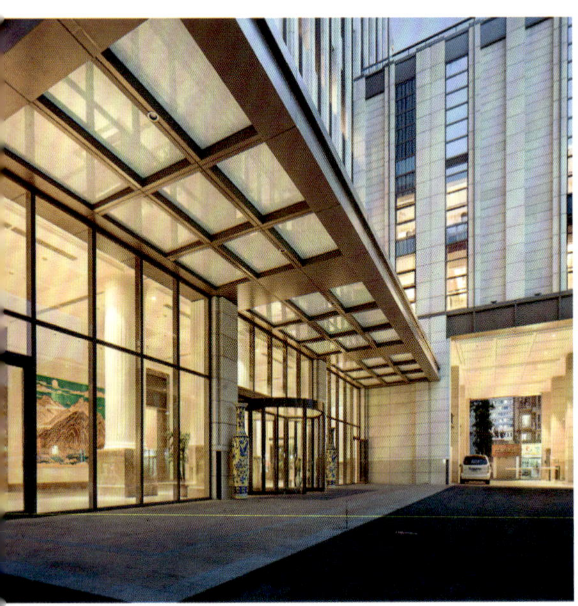

本项目位于南京市著名民国风情街太平南路，前身是1928年建成的“安乐酒店”，1949年后更名“江苏饭店”。作为老城区的旧址新建项目，场地局促，功能复杂，需解决各种车辆和人流的进出。安乐酒店首层西侧原为中央合作金库，设计对其入口牌楼门部分立面采取“迁移复建”的策略，在西侧朝向太平南路的主入口设置敞厅结合牌楼门的设计，既展现民国文化，也体现亲民特色。首层沿街面设置与敞厅衔接的外廊，为市民提供遮风避雨的交往空间。建筑立面与保留的历史片段呼应，采用竖线条立面构图，塔楼和裙楼逐层收进体量，以比例和细节再现民国建筑风格。

涟水县图书馆

Lianshui County Library

项目业主：涟水县政府
建设地点：江苏 淮安
建筑功能：文化建筑
用地面积：13 050平方米
建筑面积：16 762平方米
设计时间：2015年—2016年
项目状态：建成
设计单位：南京大学建筑规划设计研究院有限公司
主创设计：程超
参与设计：曾宇城、靳松、董贺勋、丁玉宝、赵越、王成

本项目位于江苏省淮安市涟水县滨河新城教育中心，基地南侧临机场路，西侧为党校，东侧为高中，北侧为初中。设计关注公共图书馆作为文化地景的标志性和城市客厅的开放性。

文化地景：建筑首层扩大形成基座，南向以台阶结合层层跌落的花坛向城市干道延伸，并与绿化带衔接，营造开放的主入口形象，东南侧插入报告厅体量形成观景平台。西侧朝向校园南北主轴线，与党校主入口相对而立，以优雅亲和的弧形界面围合日常进出的次入口广场。

城市客厅：自南侧入口广场拾级而上，穿过柱廊进入二层中庭，二至四层阅览功能围绕中庭形成基座之上的方形体量，冠以折板屋面，呼应地域传统“四水归堂”的造型，诠释当代“淮阳风格”。

南大科学园智慧园1-6号楼

Nanjing University Science Park Wisdom Garden Building 1-6

项目业主：南京仙林大学城科技园有限公司
建筑功能：办公建筑
建筑面积：28 000平方米
设计时间：2010年—2011年
项目状态：建成
设计单位：南京大学建筑规划设计研究院有限公司
主创设计：王新宇
参加设计：华晓宁、郝刚、肖伟平、周璟莉
建设地点：江苏 南京
用地面积：62 300平方米

南大科学园智慧园项目用地呈不规则形状，沿山体线性展开，场地坡度较大，周边有丰富茂密的植被覆盖，自然环境资源十分优越。根据场地特征，以“点缀于山”“环抱于水”为设计策略，寻找建筑与自然结合的最佳契合点。1-5号楼位于山体东北麓，建筑形体顺坡脚线性散布，建筑形体简洁清晰。智慧园6号楼简洁舒适地傍于水边，外立面装饰以变化的垂直线条形成醒目的视觉效果，在不同的角度，立面可以产生微妙的变化。沿水边漫步，建筑立面随着慢慢变化，产生了步移景异的效果，使得每个走近智慧园组团的人，都能享受到近距离与自然接触的无穷乐趣。

南京大学仙林国际化校区文科楼

Nanjing University Xianlin International Campus Liberal Arts Building

项目业主：南京大学
建设地点：江苏 南京
建筑功能：教育建筑
用地面积：41 200平方米
建筑面积：27 000平方米
设计时间：2009年
项目状态：建成
设计单位：南京大学建筑规划设计研究院有限公司
主创设计：王新宇
参与设计：吉国华、费小娟、陈晓云、肖伟平

本项目包含外文楼、中文楼和哲学楼三个院系教学楼，各院系楼都采用“L”形平面为基本原形，在符合建筑功能的前提下，根据地形特点将“L”形旋转一定角度进行组合，使每个院系都形成自己独立的内院，做到两部分之间在景观与流线方向的相对完整性与连续性。项目作为百年名校南京大学的新校区建筑群，设计在传承校园历史文化传统和与周围山体环境相协调两个方面做了一些有益的探索和尝试。文科楼组团东西两侧都是山体，采用坡屋面形式可以很好地与山体相协调。区别于传统坡屋面做法，该项目墙体砖直接贴到屋面，使建筑的坡屋面形式既有传统意味，又不失现代感。仿古实心砖斑驳的质感使整个建筑群再现了南京大学鼓楼老校区民国建筑的风采。

南大科学园创新创业学院

Nanjing University Science Park Innovation and Entrepreneurship Institute

项目业主：南京仙林大学城科技园有限公司
建设地点：江苏 南京
建筑功能：教育建筑
用地面积：25 107平方米
建筑面积：67 108平方米
设计时间：2011年
项目状态：建成
设计单位：南京大学建筑规划设计研究院有限公司
主创设计：施华
参与设计：王辉、韦庆军、王惠芳、郭超、肖玉全、范玉越、王成、孙建国、赵越

根据南大科学园的园区总体规划，创新创业学院的定位是一个包含培训、孵化、办公、会议、展示、餐饮、客房等服务的综合建筑群，并以南京大学和纽约理工大学联合办学为平台启动。项目包括孵化培训中心、接待中心和地下室人防工程三个子项，其中孵化培训中心位于基地南侧，为地上5层建筑；接待中心位于基地北侧，为地上6层建筑；地下室人防工程为地下1层。

规划层面强调“聚集、共享、互动、灵活”四大主题，致力于打造一个适宜交往的城市生态社区。

建筑层面则通过构建一系列宜人尺度的阳台、屋顶平台、庭院和广场等室外交流场所，使建筑与环境很好地融合在一起。孵化培训中心与接待中心之间设有一个东西向带形广场，加上与该广场相连的、隶属于孵化培训中心的两个三合院，形成了组织创新创业学院各种主要人流的重要“П”状外部公共空间。

郑州轻工业学院工程训练中心

Zhengzhou Institute of Light Industry Engineering Training Center

项目业主：郑州轻工业学院
建设地点：河南 郑州
建筑功能：教育建筑
用地面积：17 950平方米
建筑面积：27 709平方米
设计时间：2014年
项目状态：建成
设计单位：南京大学建筑规划设计研究院有限公司
主创设计：施华
参与设计：黄彦、马玲、扈小璇、徐冰、杨曼
陈伟、陶静、王成、梁辰博、王立明

设计通过将工程训练中心嵌入现状校园，布局整合校园城市界面，营造连续的外部公共空间体验感，同时引入景观视廊，使体育馆等公共建筑成为视觉焦点，增强师生对个人所处校园位置的识别性。建筑布局考虑满足电子类实验空间、研发空间、科创空间的需求及未来一定程度的可适应性，同时兼顾教师办公与实验、研发空间的合理配比。建筑整体形象简洁大气，沿校园内环道路分别设置了三个独立的主入口门厅，满足多个不同部门使用时均能拥有较为独立形象的诉求。立面采用统一的模数进行错落布局，模数的选择综合考虑了不同功能用房的采光通风需求，在造型处理上还兼顾了分体空调的位置和美化需求。首层为满足四个公共教室的通风采光，设置了南北两个庭院，均有良好的景观和休憩座椅，满足师生日常使用。景观大台阶将建筑东南主入口广场向上延展，在二层形成了既开敞又具归属感的景观交流共享平台。

卢鹏

职务： 中国建筑设计研究院有限公司
国住人居工程顾问有限公司副总经理
职称： 高级建筑师
执业资格： 国家一级注册建筑师

教育背景

2003年—2006年　西安交通大学建筑学硕士

工作经历

2006年—2012年　中国建筑设计研究院国家住宅工程中心
2012年—2013年　中国建筑设计研究院中旭建筑设计有限责任公司
2013年至今　中国建筑设计研究院有限公司国住人居工程顾问有限公司

个人荣誉

第十七届首都城市规划建筑设计汇报展优秀方案奖
第六届威海国际建筑设计大奖赛优秀奖
2011年荣获中国院“青年岗位能手”称号
2012年所率团队荣获中国院“青年文明号”称号
中国建筑学会“中国首届绿色生态住宅设计大赛”三等奖
中国建筑设计院有限公司优秀工程设计一等奖、二等奖

主要设计作品

体育建筑
“冰坛”——2022年北京冬奥会短道速滑训练馆
天津蓟州国家冬季运动专项训练基地
第十五届非洲运动会主体育场项目
烟台芝罘区全民健身中心

住宅及商业地产建筑
海南省府大院地块改造项目
北京泽信公馆
北京通州复地中心
西宁市北川河核心段半岛商业综合区项目
郑东新区中信国际金融中心
南京凯尚被动式超低能耗园区

文旅建筑
山西右玉城市会客厅
太极湖旅游集散中心
三间房国家动漫产业园展示中心

城市设计及特色园区规划
首体园区总体规划
西店中德国际健康特色小镇
河北正定县塔元庄更新与发展研究性概念规划
河北雄安新区启动区城市设计国际方案

中国建筑设计研究院有限公司
CHINA ARCHITECTURE DESIGN & RESEARCH GROUP

国住人居工程顾问有限公司
NERC CONSULTING FOR HUMAN SETTLEMENTS LTD.

国住人居工程顾问有限公司是中国建筑设计研究院有限公司（以下简称“中国院”）的全资子公司，是中国院在人居环境领域开展创新技术转化的设计实践部门以及科技创新模式的孵化器；同时还是国家住宅与居住环境工程技术研究中心的研发成果转化、实践与推广的市场化运作平台。

公司凭借自身多年的技术积累与院集团的大力支持，着眼于社会需求与未来发展趋势，在绿色建筑、装配式建筑、健康养老、地域文化四个方面形成技术引领，持续强化建筑工程、结构工程、机电工程、实验检测的技术支撑作用，逐渐形成了以高品质住宅及住区、特色园区规划、地标综合体、装配式内装修为主的设计业务领域。

地址：北京市西城区车公庄大街19号
电话：010-88983408
网址：www.cadri.cn
电子邮箱：6317004@cadg.cn

“冰坛”——2022年北京冬奥会短道速滑训练馆

“Temple of Ice”: Short Track Speed Skating Training Hall of 2022 Beijing Winter Olympics

项目业主：国家体育总局冬季运动管理中心
建设地点：北京
建筑功能：体育建筑
建筑面积：33 000平方米
设计时间：2010年—2018年
项目状态：在建
主持建筑师：刘燕辉、卢鹏
建筑师团队：刘迎坤、彭典勇（室内设计）、王朝霞、陈明、詹柏楠、
王艳秋、肖涌锋、章壮壮、邓超、黄琳、赵超
获奖情况：获选参加国家博物馆“伟大的变革——庆祝改革开放40周年”大型展览
第十七届首都城市规划建筑设计汇报展优秀方案奖
北京市优秀建筑
中国建筑设计院优秀工程设计二等奖

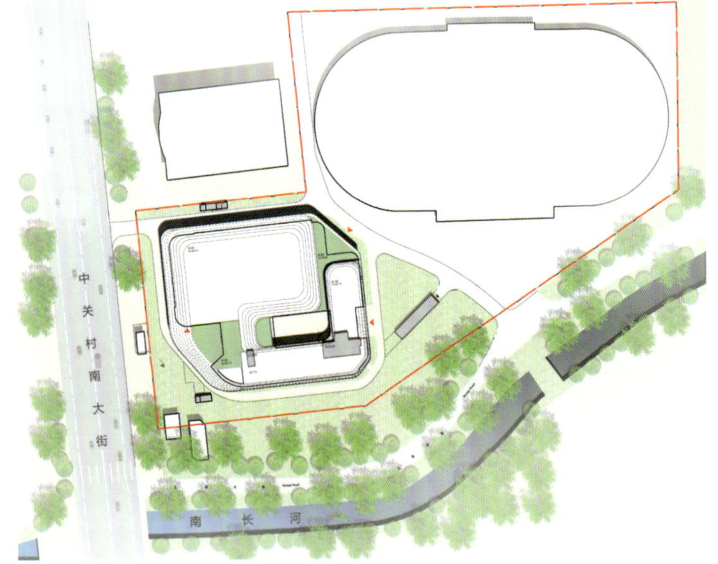

总平面图

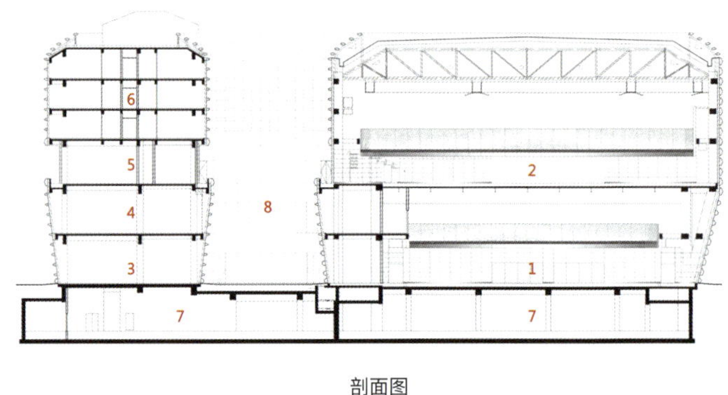

剖面图

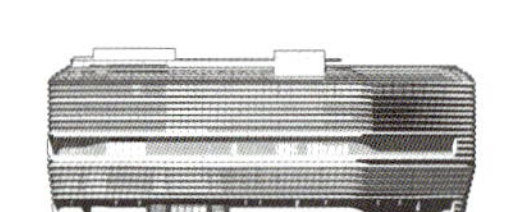
东立面图

南立面图

西立面图

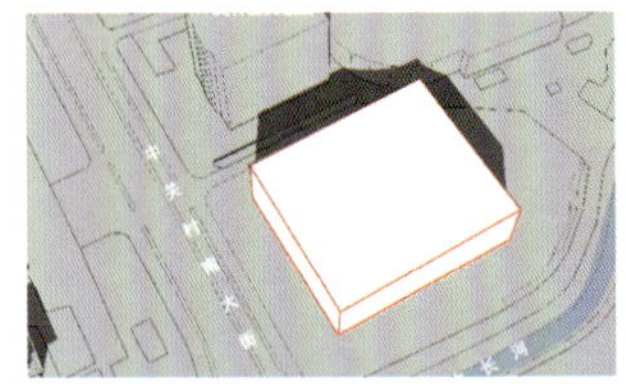
原始体量

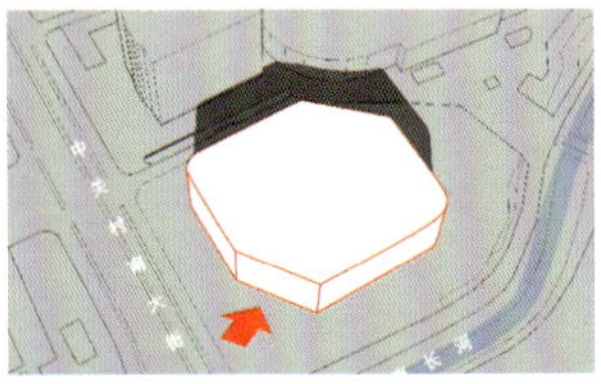

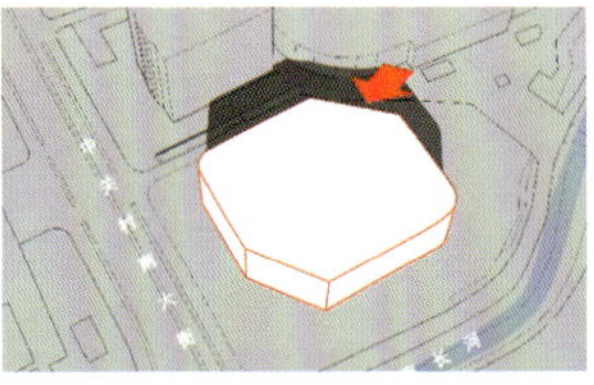
退让城市空间

退让现状建筑

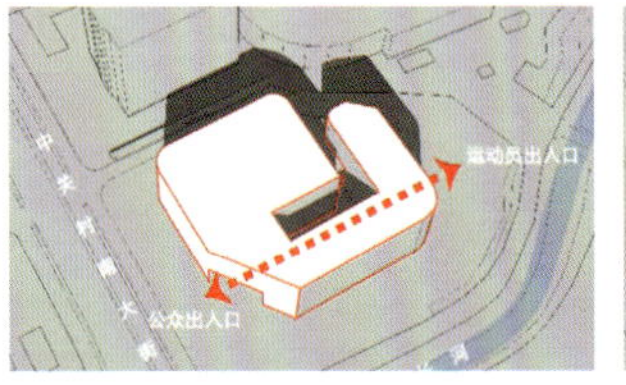
封闭与开放

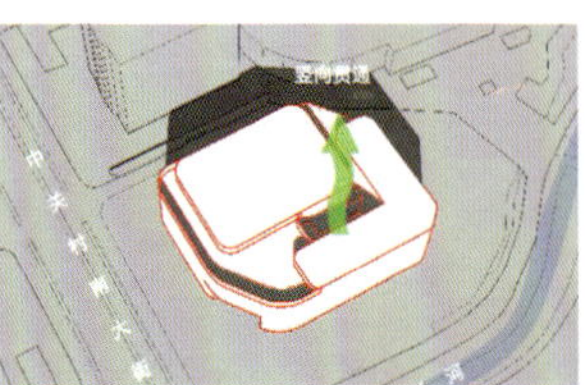
植入内院，完成形态塑造

本项目为2022年北京冬奥会短道速滑项目训练场馆，并因其历史使命而被赋予了“冰坛”的誉称，寓意一座推广普及冰雪运动、孕育最高竞技水平的“冰雪圣坛”。项目用地位于海淀区中关村南大街54号首体大院北院内，训练大厅为地上2层、局部6层，地下1层局部2层，主体高度约30米。

冰坛是除国家速滑馆“冰丝带”以外，本届冬奥会唯一的冰上项目新建场馆。于2017年夏季立项开工，2018年5月“冲”出地面，在2019年10月交付。

项目内部主要包括两块标准冰场、科研医疗康复用房、运动员宿舍和餐厅等。其中一层的冰场是我国第一块标准冰壶训练场地，三层冰场是短道速滑、花样滑冰训练场地，冬奥会后该馆将继续作为国家队的训练场馆，同时还将成为向青少年普及冰上运动的共享设施。

建筑造型采用了上大下小的形式，退让城市空间，形成用地内部的室外庭院空间。上下收分的形式也更好地体现了“冰坛”的寓意，同时整体造型简洁统一，突出了训练场馆的朴素感。立面采用横向展开的条形窗的形式，能够更好地契合不同功能类型房间对于采光的不同需求，同时通过整体造型体现“冰痕、滑行、对接”的理念。

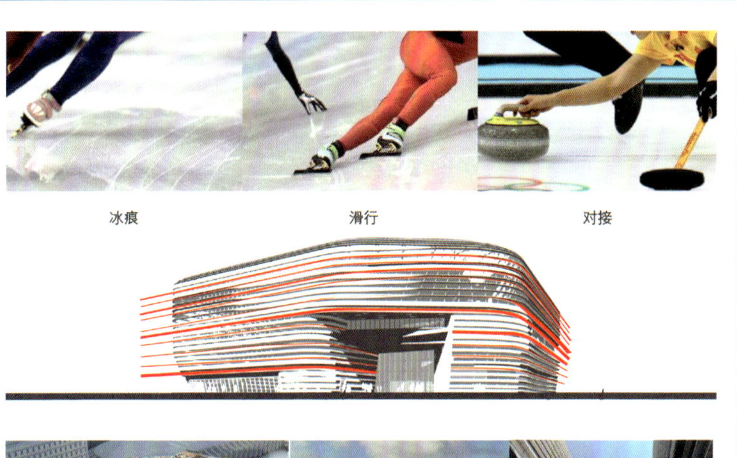

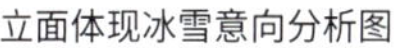

立面体现冰雪意向分析图

北京通州复地中心

Beijing Tongzhou Forte Center

项目业主：北京复地通盈置业有限公司
建设地点：北京
建筑功能：办公、公寓、商业综合体
建筑面积：180 700平方米
设计时间：2014年
项目状态：在建
主持建筑师：卢鹏、庄彤
方案设计：窦治昊、王朝霞、石拓、宗威、尹晓昕、刘一格
施工图设计：巩艳红、刘迎坤、朱宏利、梁文华、邓超、郭韬
获奖情况：中国建筑设计院优秀工程设计一等奖
建筑摄影：岳意贺

总平面图

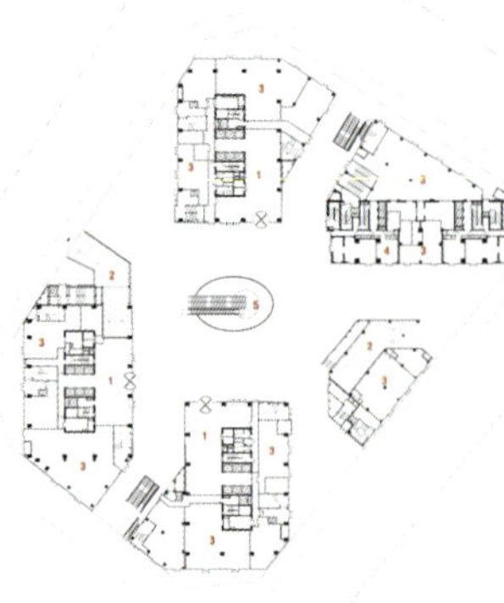

一层平面图

本项目着力于提供富有竞争力的高品质办公、公寓、商业空间及相关人居环境，以此吸引相对年轻的创业者、置业者，促进人才由主城区向本区域的流动，从而带动本区域的社会发展。

建筑的主要立面采用窗墙体系做法，部分山墙面及面向运河景观的立面采用玻璃幕墙做法，以较为成熟和经济的方式最大限度提升建筑主体的性能，协调绿色节能与形象要求。窗墙体系立面采用宽窄不一的四种窗洞单元进行排布，形成疏密有致的灵动的纹理效果，隐喻运河的粼粼波光，也抽象体现龙鳞、灯笼等具有类似肌理效果的文化意象。立面实体材质选取深色石材、陶板或瓷片，构成稳重、持久的建筑形象。

敦煌新建消防站

Dunhuang New Fire Station

建筑功能：消防建筑
建设地点：甘肃 敦煌
建筑规模：6 800平方米
设计时间：2016年
项目状态：建成
主持建筑师：卢鹏、韩亚非
建筑师团队：王凡、宗威
获奖情况：中国建筑设计院优秀工程设计二等奖
建筑摄影：卢鹏、张广源、张兰英、王凡

本项目是敦煌国际文化博览会主要场馆的配套设施，集消防人员生活、学习、训练、出勤为一体。设计时充分考虑了当地地域文化及人性化设计。整体布局，采用“院落式做法、围合式布局”，呼应当地气候；空间体系，采用“外部化零为整，内部错落有致”的设计手法，通过“院—廊—台”的空间结构形成错落有致的人性化空间体验，体现外刚内柔的设计理念。

本土化理念——从整体布局（院落式做法，围合式布局）到单体设计（立面小窗洞做法为了遮阳、入口空间类似凉棚的做法、沙黄色立面色彩、建筑体量敦实厚重等），呼应了敦煌的气候特征，体现了敦煌的地域特色。人性化理念——据调研，现在消防站空间都比较呆板，而消防员需要的是在规整严谨内活泼放松的空间。本项目突破了传统消防站的空间模式，设置了一系列人性化的空间，真正做到了以人为本的设计理念。

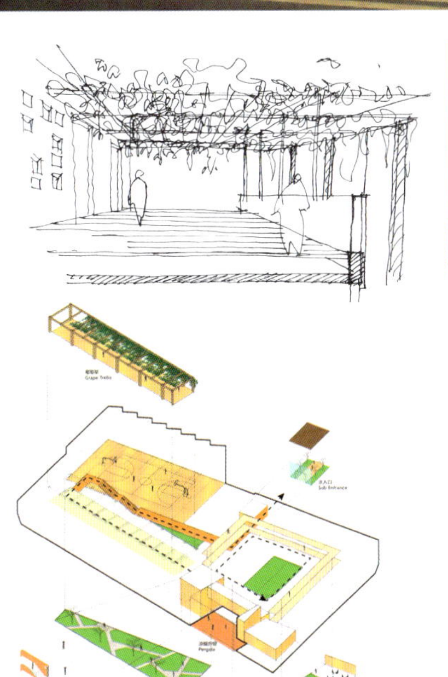

2F
1F
次入口
Sub Entrance
主入口
Entrance
3F
10M

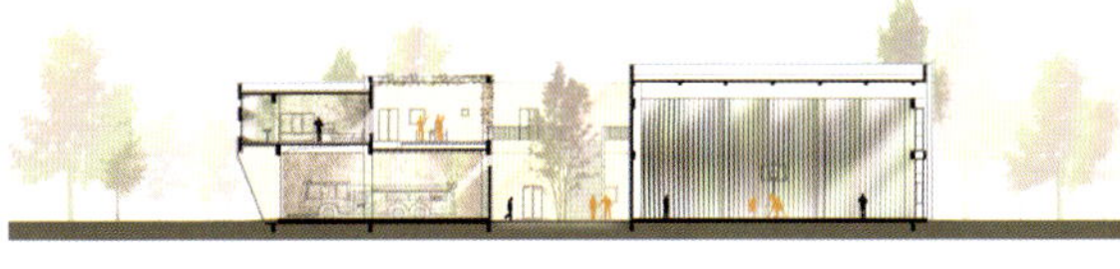

太极湖旅游集散中心

Taiji Lake Tourism Distribution Center

项目业主：武当山太极湖集团
建设地点：湖北 武当山
建筑功能：公共建筑
建筑面积：48 000平方米
设计时间：2012年—2013年
项目状态：待建
主持建筑师：卢鹏
建筑师团队：王凡、刘一鸣、李可溯
获奖情况：第六届威海国际建筑设计大奖赛优秀奖

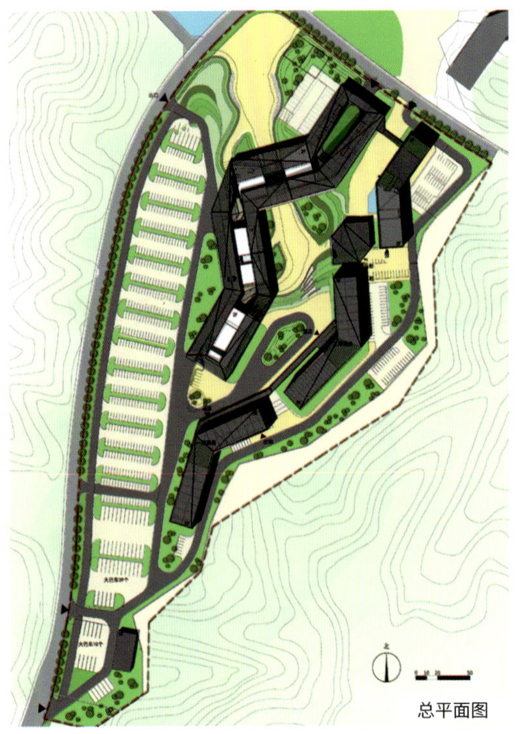
总平面图

立足环境，尊重自然，顺应山势，强调建筑与景观的有机结合。建筑总体布局，折线形建筑与曲线形跌落景观相互交融，达到了建筑与景观互相渗透。总体形态上反映武当山的景观风貌与特征，注重各个功能空间的渗透性和景观的自然性，使空间流畅，视线通透。

建筑形态上以“虚与实”划分体块；整体色彩上以“白与黑”为主色调，以少量木色为辅；材质选择上采用毛石、白色实墙、中式开窗肌理、木格栅、金属折板等呼应“灰与木”；装饰手法上运用中式的开窗方式形成细腻的肌理，体现“纹与骨”，立面造型充分诠释了新中式的思想精髓。

立面图

1-1 剖面图

2-2 剖面图

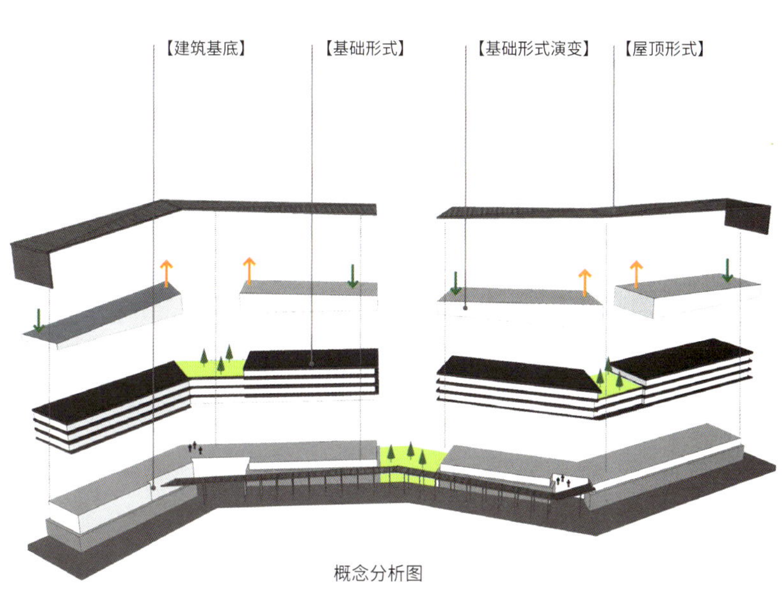

概念分析图

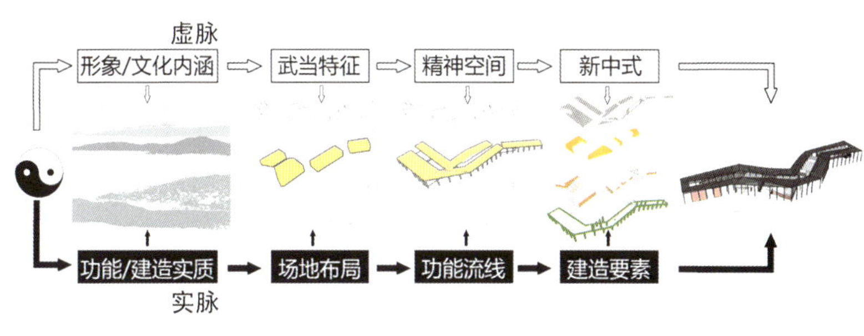

技术美学分析图

海南省机关幼儿园
Hainan Provincial Government Agencies Kindergarten

总平面图

项目业主：海南省机关事务管理局
建设地点：海南 海口
建筑功能：教育建筑
建筑面积：16 000平方米
设计时间：2017年—2018年
项目状态：方案阶段
主持建筑师：卢鹏
建筑师团队：陈明、刘迎坤、彭典勇（室内设计）、邹彦慧（室内设计）、王朝霞

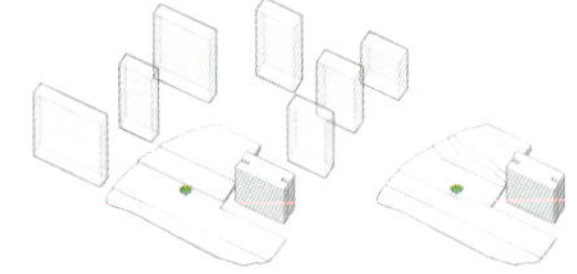
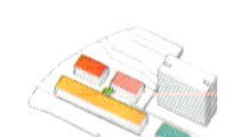
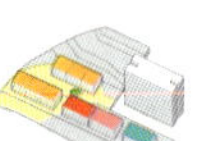
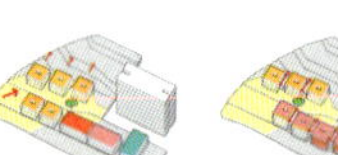
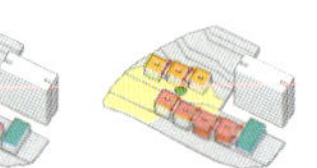

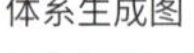

体系生成图

剖面图

本项目位于海口市旧城核心片区，为30个班的超大型公立幼儿园，按照海南省示范园标准设计，达到绿色三星建筑标准，建筑设计不仅体现了海南特色，还将成为全省示范幼儿园。

定位特色：以南海生态保育为主题，体现“海洋大省”特色。提出以“南海生态保育”的园所为建设主题，将三沙群岛、珊瑚礁盘等南海生态系统特征在形态及空间中着力体现。

因地制宜：地形、气候的适应性设计。建筑形体顺应主导风向，并以多处通风廊道，最大限度地引入自然通风。采用多项被动式绿色建筑手段，实现气候适应性设计。

环境育人：丰富多变的育童环境、人性化的看护环境。

秉承“环境育人”的园所建设观，结合先进幼教理念及“南海生态保育”的主题，塑造丰富的室内外育童环境。同时，针对超大型幼儿园的规模特征，建筑师积极塑造舒适、高效的建筑布局和班级单元的内部格局，以降低教工看护工作强度，体现人性化的看护环境。

三间房国家动漫产业园展示中心

Sanjianfang National Animation & Comics Industrial Park Exhibition Center

项目业主：武当山太极湖集团
建设地点：北京
建筑功能：公共建筑
建筑面积：6 900平方米
设计时间：2013年
项目状态：方案阶段
主持建筑师：卢鹏
建筑师团队：陈明、王凡
获奖情况：中国建筑设计院优秀工程设计一等奖

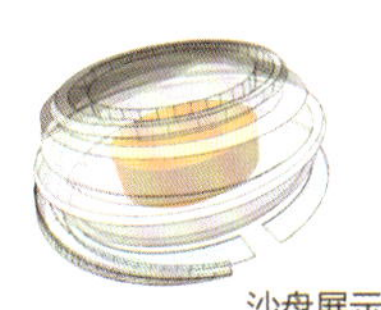

沙盘展示

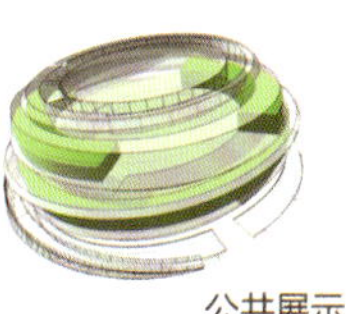

招商办公

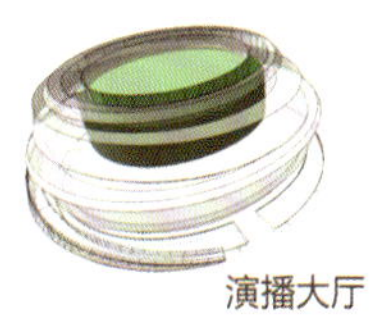

公共展示

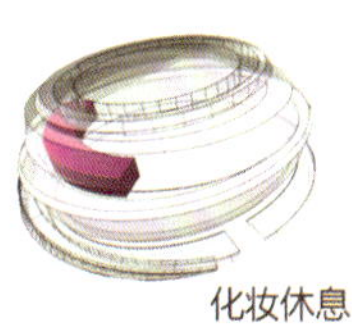

演播大厅

化妆休息

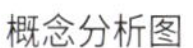

概念分析图

建筑形态为三条环带，相互交错、叠加，象征了动漫文化多元的意象，并且环带与室内环廊有所呼应。每条环带的宽度不同，沿一个方向渐变，表现出动漫作品中线条笔触感。采光部分采用透明的彩色玻璃，不断变化的颜色象征动漫作品中明快的审美意象。立面主体为表现光洁的表面，拟采用复合金属幕墙，光洁的外观无论在白天还是夜晚均能成为各个方向的视线焦点，充分体现动漫的主题。建筑入口做到含蓄而又突出，不破坏整体的造型，赋予建筑坚挺感。周边覆土建筑从广场前起坡，将展馆包裹一周，从远处看，整个建筑犹如从土地上生长起来，室外广场铺地也顺应这种趋势。

卢晓刚

职务：上海三益建筑设计有限公司设计副总裁
执业资格：国家一级注册建筑师

教育背景
华中科技大学建筑学硕士

卢晓刚的设计理念积极提倡建筑设计技术与工艺的统一，技术与艺术的结合，讲究功能、技术和经济效益。
硕士毕业至今，卢晓刚已拥有十多年的设计经验，在超高层建筑设计方面具有一定造诣，尤其擅长大型商业综合体及酒店项目的设计，善于把商业和酒店的功能性、实用性及艺术性相融合。
在卢晓刚看来，建筑设计是空间营造的艺术，也是多种技术的融合，在塑造空间时，大到城市空间，小到个人居室，都应给人们提供舒适愉悦的场所。科技在发展，建筑的形式随之变化，因此设计要关注新技术，使其为人们营造更好的空间。
在设计大型综合体项目时，他善于从项目与城市的关系处理出发，实现区域空间功能的改善目的。近年来他更在城市更新设计领域有诸多尝试，在他看来，城市更新的概念其实很大，需通过植入新的空间元素和功能元素来激发城市中已有但未释放的活力，同时达到城市记忆延续的目的。

个人荣誉
上海市杰出中青年建筑师

创邑SPACE · 愚园	荣获：2017年—2018年地产设计大奖 · 优秀奖
宁波江湾城	荣获：2017年上海建筑学会创作奖提名奖
上海博物馆东馆B0316004作品	荣获：2016年上海市重大文化设施国际青年建筑师设计竞赛“上海博物馆东馆”组别全国60强

著作及理论研究
《商业地产设计：策略、方法与案例》华中科技大学出版社出版，2014年1月
《设计超高层》载《地产》，2012年8月

主要设计作品

烟台祥隆万象城	苏州工业园区唯亭政府行政办公大楼
南京马台街立面改造	重庆金科大竹林
印度古吉拉特GIFT-CBD区双子塔	成都宜华大东展中心
宁波绿地老外滩桃渡	大理云路中心
烟台证大大拇指广场	哈尔滨凯盛源广场
都江堰蓝光万豪酒店	成都晨旭省图书馆改造
红星宁波芦港地块	

上海三益建筑设计有限公司始于1984年，曾被中国建筑协会评为“中国十大民营建筑设计企业”。总部设于上海，在南京、济南、西安、成都、郑州等地设有办事处，设计项目覆盖全国各大区域200余座城市。

专注于城市综合体&商业地产、高品质住宅、城市更新及产业园区、文旅地产、大健康产业、BIM设计及咨询等多类型设计领域，并通过构建商业地产全产业链服务模式、住宅、城市更新等板块专项研究，形成自身核心竞争力。

经过多年的专业耕耘，三益用百余项荣誉、奖项，见证了30多年的发展历程。设计无限梦想，更多“未来”正待三益创造。

地址：上海市愚园路1107号创邑 · 国际园2号楼 (200050)
电话：021-62112350
传真：021-62112353
网址：www.sunyat.com
电子邮箱：market@sunyat.com

祥隆中心

烟台祥隆万象城

Yantai Xianglong Wanxiang City

项目业主：山东华都置业有限公司
建设地点：山东 烟台
建筑功能：商业建筑
用地面积：52 000平方米
建筑面积：210 000平方米
设计时间：2012 年
项目状态：建成
设计单位：三益中国
主创设计：卢晓刚、蒋文俊、孙静雅

一层平面图

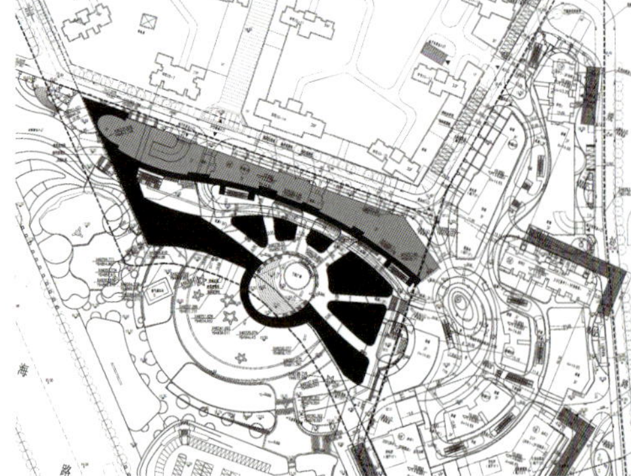
总平面图

烟台祥隆万象城位于山东烟台莱山区核心地段，项目是集高端住宅、大型商业、城市公寓于一体的超大规模城市综合体。本案为祥隆万象城11区，为其核心商业区域，以综合型时尚街区为定位，集商业、办公、公寓于一体。

作为整个祥隆万象城项目的点睛之处，本案将商业街区与公园景观相结合，形成别样的商业购物观感，力求打造烟台前所未有的大型体验式商业群，全面升级烟台商业业态和生活方式。

项目设计上充分尊重地域文化，遵循场地原有的地域脉络，将烟台海滨城市所富有的海洋文化提炼、抽象、运用，充分利用场地条件，打造层次丰富的垂直空间系统，同时将海洋元素贯穿始终，以建筑形态、立面、景观小品等加以呈现，寓意生长、生态、生命。

项目中商业地块呈现“T”字不规则形状，且有9米的高差。顺应地势，设计上打造多层次商业广场空间、下沉式商业内街，并将其布置成“购物公园”，于内部设计多处休闲、游乐节点，配以丰富的多层次垂直交通体系，打造“赶海拾贝”的空间体验。

办公和酒店塔楼部分，采用玻璃幕墙与石材相结合的立面设计，为酒店及办公楼带来了良好采光与景观视野。公寓塔楼为Art-Deco 风格立面，塑造典雅的建筑形象。

该项目于2018年建成并投入使用，商业部分“祥隆上市里”也于2018年4月正式开业。

绿城·长兴商业广场二期

Greentown Changxing Commercial Plaza Phase II

项目业主：绿城集团　　建设地点：浙江 湖州
建筑功能：商业建筑　　用地面积：13 610平方米
建筑面积：40 000平方米
设计时间：2015 年
项目状态：建成
设计单位：三益中国
主创设计：卢晓刚、李卫、蒋文俊、孙静雅

绿城·长兴商业广场二期位于浙江省湖州市长兴城区，与南面的八佰伴、西南的绿城·长兴商业广场一期，共同组成了该地区的传统商业核心区域。本案与早已建成投入使用的一期毗邻且共享内广场，更有当地地标性集中商业八佰伴与之紧邻，如何打造建筑外观辨识度，在设计中显得尤为重要。

项目设计采用简洁明快的线条勾勒出现代建筑的气质，选用超常规大尺度穿孔板，使建筑在城市界面中获得优雅的可识别性。辅以少量古典建筑细部线条的加入，以求在低调中彰显经典。

基于本案主体购物中心面宽大、进深浅的地形限制，设计方案巧用多个流线柔美且狭长的小尺度中庭，串联起一、二两层的商业主线。各类零售商铺及大型商业分布于主动线两侧，营造高端时尚的购物氛围。在室外设置多个功能性的节点广场，增强空间主题性及趣味性的同时，打造人流聚合再分配的空间，更实现铺位均好性。

针对商业人流导入不佳的问题，设计团队在保证主要展示面完整的基础上，于二期地块的东北及西北角设置主要商业出入口，从两个主要展示面街角高效引入人流，带动内部商业动线。同时，设计上还为购物中心一层南面中部设置出入口，将人流导入一期商业广场，进而盘活整个地块的商业价值。

项目沿建筑南北和西边的主入口面实现了层层退台，打造层次分明立面系统的同时，大面积的露台也有利于提升店铺的附加值、增加溢价空间。

项目3~4层位置，设计露天的开放式大中庭，10平方米左右的小型商铺沿中庭天街形成组团，为布置美食街做预留，以求业态多元化。2层设置了商业天桥，用以连通一期与二期商业，带动人流。

盐城市解放南路3A地块

Yancheng Jiefang South Road Land 3A

项目业主：江苏水之源置业有限公司
建设地点：江苏 盐城
建筑功能：商业建筑
用地面积：50 946平方米
建筑面积：200 000平方米
设计时间：2019年
项目状态：方案
设计单位：三益中国
主创设计：卢晓刚、李卫、蒋文俊、赵金彪

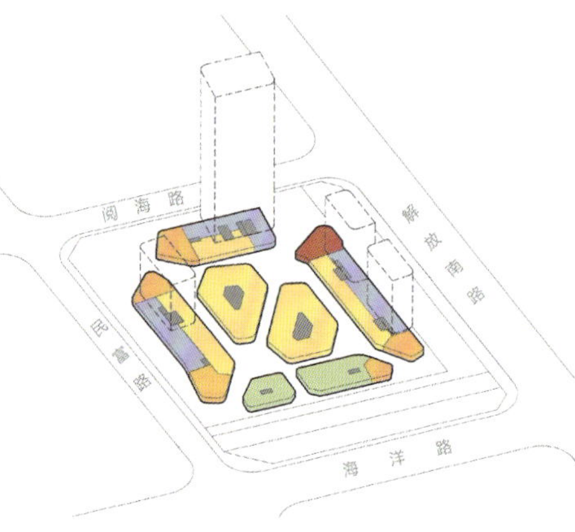

一层平面图

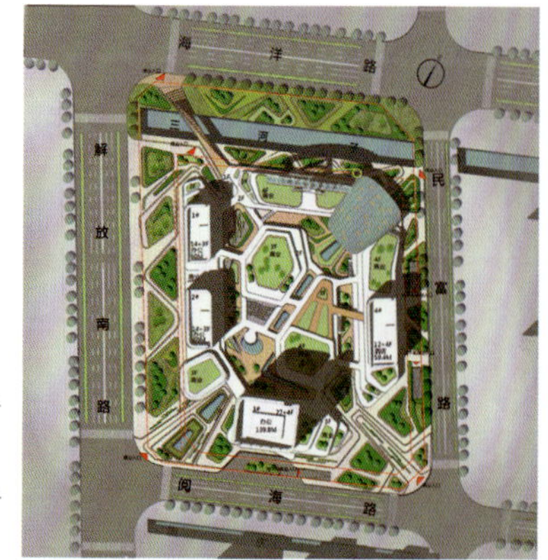
总平面图

本项目位于盐城市城南新区，城南新区是盐城市核心板块。项目旨在打造一座国际化绿色生态乐园型商业综合体，在强调生态与绿色的同时，更注重个性化定位与体验性消费。

项目通过引入中心广场，形成了一个汇聚人气，聚合各个部分建筑的空间。商业内部设计创建两大主题公园：童话世界与时尚空间，为商业购物提供了良好的视觉环境和休憩场所。中心广场和商业屋顶，构成丰富的商业空间，为吸引消费者停留创造可能。

商业街立面设计呼应整体规划理念，以流动性和现代感的元素勾勒出具有时代气息的建筑外表皮，塔楼整体建筑取鹤之造型，轻盈灵动宛若一只展翅飞翔的丹顶鹤与西侧体育中心形成“双鹤”概念，一立一卧，一动一静，遥相呼应。设计中力求简约的设计手法，通过玻璃与石材墙面以及铝板的虚实对比，以及烘托商业氛围的广告、橱窗、灯光设计，创造完整的商业购物群体形象，展现出现代化的商业表情。

景观结合城市公共景观的整体风貌和商业入口广场空间共同来打造，达到步移景异的效果，进而使地块景观氛围与商业融为一体；以“点、线、面”的设计手法，形成人性化的情景购物空间。

成都宜华大东展中心

Chengdu Yihua East Exhibition Center

项目业主：成都宜华置业有限公司
建设地点：四川 成都
建筑功能：商业街、购物中心、酒店、住宅、办公建筑
用地面积：65 112平方米
建筑面积：500 000平方米
设计时间：2014年
项目状态：方案
设计单位：三益中国
主创设计：卢晓刚、蒋文俊、李卫、黄湖、孙静雅、叶绿野

成都宜华大东展中心作为新一代展贸商业中心，项目定位为西南第一产业综合体。

项目东临建材路快速干道与中环路；东南侧有成都首条环线地铁7号线的崔家店站，可进行零距离换乘；东北角毗邻城市公园。此外周边大量的住宅区为本案的商业提供了有力的支撑。项目包含办公、公寓、会展中心、商业街、购物中心等功能区域，旨在打造一站式购物中心。

成都宜华大东展中心在建筑设计上最大的特色是，屋顶自带的弧线造型，建筑师在屋顶用钢架架空，设计搭建初级道、专业道、滑圈道。

而在整个布局上，设计师为了将商业价值最大化，从五方面着手：

1．商业与地铁对接

将购物中心置于地块东南角，与地铁对接，有利于人流导入。

2．会展中心布局

会展中心与商业对接，保持界面的连续性。

3．办公、酒店塔楼集约化布局

为了保证各个部分功能集约化，将办公置于购物中心一端，便于人流流线组织，五星级酒店置于展会中心一侧，方便展会人员的到达。

4．商业街置于住宅区一侧

与规划居住区比邻，沿长边组成两排商业街，有利于商业氛围的形成，并能更好地与购物中心形成人流的互动。

5．公寓垂直布局

公寓垂直于道路布置，底层商业得以充分利用。同时，商业街也随形态变为两个围合的“院子”，空间形态趣味丰富。

重庆金科大竹林

Chongqing Jinke Big Bamboo Forest

项目业主：金科地产集团股份有限公司
建设地点：重庆
建筑功能：商业建筑
用地面积：43 132平方米
建筑面积：118 449平方米
设计时间：2015年
项目状态：建成
设计单位：三益中国
主创设计：卢晓刚、叶绿野、蒋文俊、黄湖、李卫

重庆金科大竹林商业位于重庆北部新区核心地段，作为公园式商业综合体，设计在考虑商业价值最大化的同时，注重公共休闲娱乐的体验式功能。

城市方面——奇幻体验性的休闲购物公园

为城市提供一座新奇独特非凡的新型商业综合体，同时有一定的公园广场空间，提供公共休闲娱乐功能，并与商业有较强互动。

设计方面——高效合理且别具一格的建筑设计

商业动线合理高效，有效利用覆盖率规则增加商业街容量与价值，曲线布置方式拓展商业界面，增加商业动力，合理设置商业节点，使整体动线更富有节奏；平面设计上，购物中心需要满足各主力店平面需求，同时空间合理，满足展示性要求，商业街布置上增加临街铺商业价值，控制铺位进深与层数，保证商铺的可销性与易销性。

造型设计——高塔不单单是造型也是商业增值点

方案设计中高塔的设置，丰富了整个项目的氛围，使整个项目造型富有层次，并且增加了项目的魔幻气息。而这些高塔并非只是单纯的造型元素，高塔高出屋面的部分，未来可以在其中放置设备；也可以改造局部高塔变成屋顶商业进行租赁，直接增加了项目的商业价值。

材料选用——科技高档

材料的选用上采用反射系数较高的铝板与石材组合，体现商业的高档次，同时提升项目的科技感与未来感。

湖南省金融中心创新示范区

Innovation Demonstration Area of Hunan Financial Center

项目业主：湖南秀龙地产置业集团有限公司
建设地点：湖南 长沙
建筑功能：商业建筑
用地面积：60 872平方米
建筑面积：480 000平方米
设计时间：2019年
项目状态：方案
设计单位：三益中国
主创设计：卢晓刚、张伟伟、俞潇潇、蒋文俊、黄湖、李卫

项目沿城市道路南北向约320米，东西向约250米，被城市规划路划分为四个地块。南北纵向有一条长约300米，宽约50米的城市绿廊穿过，串联起四个地块。

周边以商务金融密集区及住宅为主，作为创新型滨江金融副中心，市场条件成熟。项目业态包括豪华大平层公寓、LOFT公寓、超五星酒店以及生态情景商业街。

设计创意上，项目整体以一立一卧的蝶形缩影为设计理念，结合地块优质的外部景观资源（湘江与谷山、岳麓山），由灵动的设计手法形成“湘江蝶冠，山水福地”的美好期许。

超五星级豪华酒店及服务式公寓，位于地块西侧，沿潇湘中路设置，满足社会精英的商务出行需求，同时入住服务式公寓可享受超五星级酒店的服务配套。

LOFT公寓，实现白领社群的滨江置业梦想，体验以房养房的双钥匙生活模式。豪华大平层公寓，则充分利用江景，沿滨江景观大道设计；一线江景的奢华体验，从挑空的入口大堂搭乘专属电梯可到达串联大平层楼宇的空中服务会所，在此可以享受豪华的生活休闲服务体验。当再次搭乘专属电梯，270°全江景大平层将会是客人理想的居所和身份的象征。

情景商业街区，结合酒店与LOFT公寓，打造复合型城市商业集群。

宜昌万豪中心商业综合体

Yichang Marriott Center Business Complex

项目业主：宜昌豪信置业有限公司
建设地点：湖北 宜昌
建筑功能：商业建筑
用地面积：74 969平方米
建筑面积：440 000平方米
设计时间：2018年
项目状态：方案
设计单位：三益中国
主创设计：卢晓刚、李卫、黄湖、蒋文俊、陆益婷

本项目位于宜昌市伍家岗新区三峡高速与城东大道交会处，北临宜昌东站与长途汽车站，西临三峡高速出口，通过城市高架与老城区紧密联系，距离宜昌老城区仅10分钟车程，交通便利，是宜昌市重要对外门户。

宜昌山地较多，并以水利发电闻名。基地北侧为城市主干道，毗邻东站，呈现完整展示面。南侧毗邻住宅区，顺应住宅布局形式，以起伏动势，寓意“山水起伏”。同时商业内侧逐层退台，布置绿化，呼应山林及水势。即“一面城市一面山水”，旨在以城市门户区打造宜昌新名片。

造型设计灵感来源于山水，与项目的定位相匹配；而空间上将“一面山一面水”进行提炼，建筑与环境有机地融为一体；而在细节与材料的选择上，为了体现建筑的未来感与时尚感，立面上采用金属铝板材料并形成一定的曲面。整体上造型将未来元素与传统元素有机地融合在一起，代表了宜昌这座城市的过去、现在与未来。

建筑师为未来城市描绘新的理想，将城市的密度与功能和山水意境结合起来，建造以人的精神和文化价值观为核心的未来城市，并可以为每一个城市居民所共享，或可称其为“自然城市”。

其中，购物中心的设计上，设计师把生态绿色结合特色业态，焕发出新型的特色商业气息，创造出更为吸引人的积极的城市商业空间和建筑形象。